DeepSeek

高效数据分析

从数据清洗到行业案例

王国平 / 著

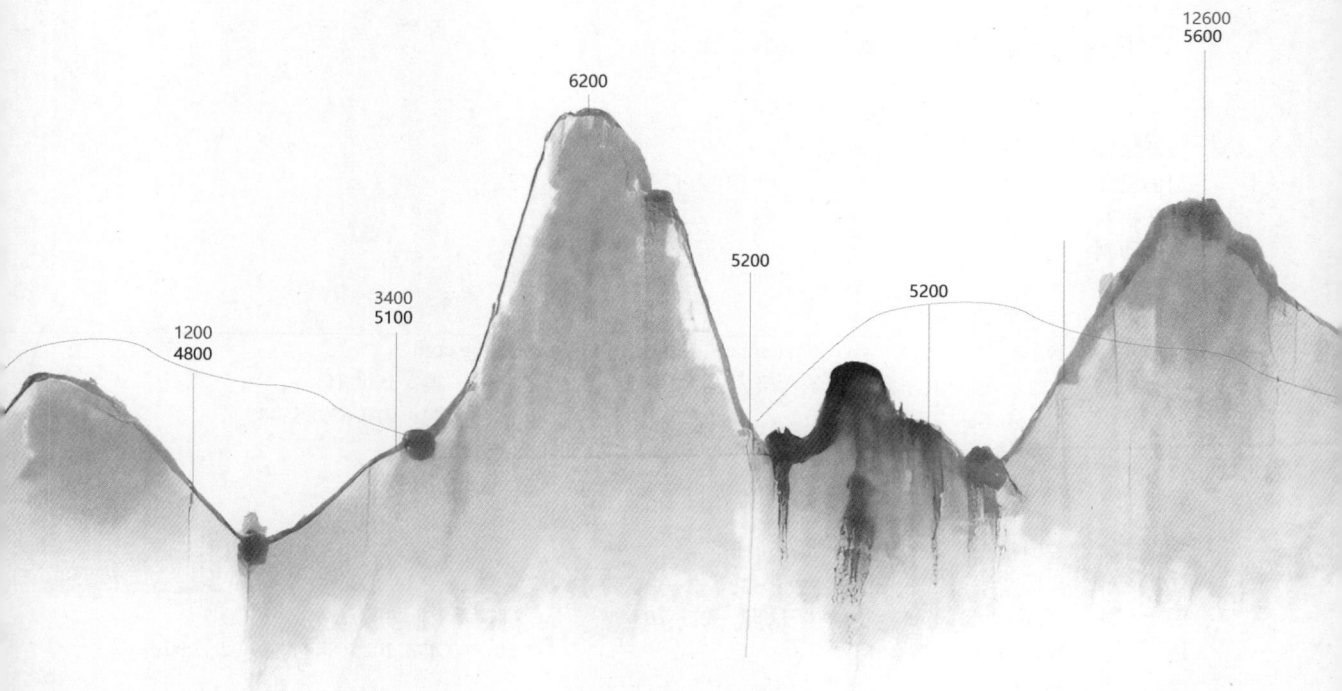

清华大学出版社

北京

内 容 简 介

本书以 DeepSeek 大模型为核心工具，系统讲解其在数据分析与可视化中的创新应用。本书共 12 章。第 1 章简要介绍 DeepSeek 的技术架构、本地部署与在线开发环境，为后续分析奠定技术基础。第 2~4 章聚焦多源数据获取、数据清洗及预处理，提供标准化操作流程与代码实例。第 5~8 章介绍描述性统计、频数分析、相关性分析、线性/曲线/逻辑回归、K-Means 聚类、时间序列分析等核心算法，结合 GDP 分析、商品评论挖掘等案例解析其应用逻辑。第 9、10 章通过混淆矩阵、ROC 曲线、交叉验证等工具评估模型效果，剖析欠拟合/过拟合现象，并讲述如何生成结构化分析报告。第 11、12 章以金融量化和电商平台为场景，串联 Jieba 分词、词云生成、雷达图等工具，还原真实业务问题的解决路径。

本书内容新颖，案例丰富，每章配备可复用的实战代码，适合数据分析师及相关从业者，以及对 AI 数据分析感兴趣的人员阅读，也可作为各类学校相关专业的教学用书或参考书。

图书在版编目（CIP）数据

DeepSeek 高效数据分析：从数据清洗到行业案例 /
王国平著.-- 北京：清华大学出版社，2025. 11.
　　ISBN 978-7-302-70378-5
　　Ⅰ. TP274
中国国家版本馆 CIP 数据核字第 20251G2R64 号

责任编辑：王金柱
封面设计：王　翔
责任校对：冯秀娟
责任印制：刘　菲

出版发行：清华大学出版社
　　　　网　　址：https://www.tup.com.cn，https://www.wqxuetang.com
　　　　地　　址：北京清华大学学研大厦 A 座　　　　邮　　编：100084
　　　　社 总 机：010-83470000　　　　　　　　　邮　　购：010-62786544
　　　　投稿与读者服务：010-62776969，c-service@tup.tsinghua.edu.cn
　　　　质 量 反 馈：010-62772015，zhiliang@tup.tsinghua.edu.cn

印 装 者：三河市人民印务有限公司
经　　销：全国新华书店
开　　本：185mm×235mm　　　　印　张：20　　　　字　　数：480 千字
版　　次：2025 年 11 月第 1 版　　　　　　　　　印　　次：2025 年 11 月第 1 次印刷
定　　价：89.00 元

产品编号：114558-01

前　言

在当今数字化飞速发展的时代，数据已然成为驱动决策、推动创新的核心要素。海量的数据如潮水般涌来，蕴含着巨大的价值等待我们来挖掘。然而，要从这纷繁复杂的数据海洋中提取出有意义的信息并非易事，传统的数据处理方法在面对大规模、高维度的数据时往往显得力不从心。此时，人工智能（AI）技术的崛起为我们带来了新的曙光，而 DeepSeek 作为一款强大的 AI 工具，正逐渐成为数据分析领域的佼佼者。

本书旨在全面系统地介绍如何运用 DeepSeek 进行高效的数据分析，帮助读者掌握这一前沿技术，提升工作效率和决策质量。

内容介绍

本书涵盖了从数据加载、清洗、预处理、探索，到各类高级分析方法以及模型评估和报告撰写的完整流程。通过详细的章节安排，逐步引导读者深入了解每个环节的操作技巧与应用场景。

例如，在第 2 章中，我们将学习如何利用 DeepSeek 读取多种格式的数据源，包括本地离线数据（如 CSV、Excel、图片、PDF、XML 等）、数据库数据（Oracle、MySQL、SQL Server、Kingbase、OceanBase 等）以及 Web 在线数据；第 3 章专注于数据清洗，涉及重复值、缺失值和异常值的检测与处理方法；后续章节则依次展开数据预处理、探索性分析、回归分析、聚类分析、时间序列分析等内容，并结合实际案例进行深入浅出的讲解。

此外，书中还特别设置了两个行业案例——金融量化数据分析和电商平台数据分析，让读者能够亲身体验 DeepSeek 在不同领域的应用魅力。

特色亮点

- 实践导向：本书注重理论与实践相结合，每一章都配备了丰富的实例和案例研究。这些案例不仅覆盖了常见的业务场景，还提供了详细的代码实现步骤和结果解读，使读者能够快速上手并应用于实际工作中。

- 全面覆盖：从基础的数据操作到高级建模分析，本书对数据分析的各个阶段进行了全方位的讲解。无论是初学者还是有一定经验的专业人士，都能在本书中找到适合自己的学习路径和实用技巧。

- 工具整合：除了详细介绍 DeepSeek 的功能外，本书还融入了其他相关工具的使用，如 Ollama、Chatbox、Cursor、Python 等，帮助读者掌握综合运用这些工具的实战能力，提高工作效率。

- 行业洞察：本书结合作者十余年的从业经验，并通过真实的行业案例，展示了如何将 DeepSeek 应用于金融、电商等领域的具体问题解决过程中，为读者提供了宝贵的行业经验和启示。

读者对象

- 数据分析师：希望提升数据处理效率和分析能力的职场人士或专业人员，可以通过本书学习如何使用 DeepSeek 解决工作中的数据分析问题及优化现有工作流程。
- 业务经理：需要基于数据作出决策的企业管理者，本书提供的分析报告撰写指南和行业案例将有助于他们更好地理解数据背后的商业价值。
- 学生及爱好者：对数据分析感兴趣的在校学生或个人爱好者，本书可作为入门教材，帮助他们建立扎实的基础并激发进一步探索的兴趣。

配书资源

本书提供源代码、PPT 课件，请读者用微信扫描右侧的二维码下载。如果在学习本书的过程中发现问题或有疑问，可发送邮件至 booksaga@126.com，邮件主题为"DeepSeek 高效数据分析：从数据清洗到行业案例"。

现代 AI 工具的出现彻底改变了我们的工作方式。它们不仅能够自动化烦琐的任务，减少人为错误，还能以前所未有的速度处理大量数据，揭示隐藏的模式和趋势。更重要的是，AI 工具使得复杂的数据分析技术变得触手可及，即使是没有深厚数学背景的用户也能轻松应用。在这个竞争激烈的时代，掌握 AI 工具已成为职场人士必备的技能之一。无论是提高工作效率、增强竞争力，还是开拓新的职业机会，学习和运用 AI 工具都将为你带来显著的优势。因此，人人都应当积极拥抱 AI 技术，将其融入日常工作中，以实现更高效、更智能的工作模式。

在编写本书的过程中，作者深切体会到 DeepSeek 所展现出的强大威力与便捷性。当我们借助 DeepSeek 进行数据分析时，能够极大地提升工作效率。与此同时，DeepSeek 所具备的智能生成能力，使得非专业人士也能迅速掌握，极大地降低了数据分析和人工智能领域的准入门槛。

总之，《DeepSeek 高效数据分析：从数据清洗到行业案例》是一本集实用性、系统性和前瞻性于一体的专业图书。无论你是数据分析领域的新手还是资深人士，都能从中获得有价值的知识和灵感。让我们一起踏上这场充满挑战与机遇的数据之旅，借助 DeepSeek 的力量解锁数据的无限潜能！

作　者
2025 年 8 月

目　　录

## 第 1 章

DeepSeek概述

1

在当今数字化时代，数据分析对于企业和个人都至关重要，而DeepSeek作为一种强大的大语言模型，在高效数据分析方面发挥着重要作用。为了助力后续深入学习DeepSeek，本章着重介绍DeepSeek相关基础知识，包括DeepSeek简介、本地部署DeepSeek以及在线开发环境。

1.1　DeepSeek 大模型：重塑数据分析范式

DeepSeek基于自主研发的千亿级参数认知大模型，具备强大的自然语言交互能力和多模态数据处理能力。与传统BI工具或编程语言不同，用户可通过自然对话方式直接下达数据分析指令，系统自动完成从数据清洗到可视化的完整流程。例如，输入"分析电商用户复购率并预测下季度趋势"，DeepSeek可自动执行数据关联、特征工程、时序建模等操作，输出包含统计指标、趋势图和预测结果的综合分析报告。

该模型突破了传统工具的三大局限：

（1）交互革命：支持中英文混合指令，理解业务语境。

（2）流程自动化：自动识别数据质量问题并智能修复。

（3）算法普惠化：内置200+机器学习算法，非专业人士也可调用。

典型案例：某零售企业上传销售数据后，通过简单对话"找出影响客单价的关键因素"，系统自动完成特征筛选、相关性分析、回归建模，并生成可解释性强的决策建议报告，将传统需要数周的分析工作缩短至几分钟。

1.2　核心技术体系：构建智能分析闭环

DeepSeek的核心技术架构包含4大创新组件。

1. 智能数据引擎

- 多源异构数据处理：兼容CSV/Excel/SQL/API等30+数据源。
- 实时ETL转换：毫秒级完成千万级数据清洗与特征工程。
- 语义解析引擎：将自然语言精准映射为SQL/Python代码。

2. 自适应分析系统

- 动态图表推荐：根据数据特征自动匹配最佳可视化形式。
- 智能洞察发现：运用NLP技术提取数据中的隐藏模式。
- 场景化模板库：预置金融、电商、制造等垂直领域分析模板。

3. 协同建模平台

- AutoML自动化建模：支持从线性回归到深度学习的全栈算法。
- 可解释性保障：提供SHAP值、特征重要性等透明化分析。
- 模型优化迭代：自动进行超参数调优与交叉验证。

4. 知识增强系统

- 行业知识图谱：整合宏观经济、行业基准等外部数据。
- 智能诊断顾问：实时检测和分析逻辑漏洞并给出优化建议。
- 持续学习机制：基于用户反馈不断优化分析策略。

这些技术的协同作用，使得DeepSeek既能满足专业分析师的深度需求，也能赋能业务人员进行自助式分析。某金融机构的实战数据显示，使用DeepSeek进行风控建模，较传统方式效率提升8倍，模型AUC指标提升12%。

DeepSeek贯穿数据分析的全生命周期，其价值体现如表1-1所示。

表 1-1   在数据分析价值链中的独特定位

分析阶段	传统方式痛点	DeepSeek 解决方案
数据准备	80%时间用于数据清洗	智能识别缺失值/异常值，自动提出修复建议
探索性分析	盲目试错，效率低下	引导式分析，推荐关键分析维度
建模与验证	算法选择困难，过拟合风险高	AutoML+可解释性保障，自动生成验证报告
成果交付	静态报告，交互性差	动态叙事报告，支持多维钻取分析

以上介绍了DeepSeek在数据分析领域的核心能力。接下来，我们将通过本地部署实践、数据加载实战、清洗预处理案例等具体内容，深入展现这个智能分析平台如何将数据分析从"技术活"转变为"对话艺术"。

1.3　本地部署 DeepSeek

通过DeepSeek的本地化部署，可以实现敏感数据和代码的本地处理与存储，从而确保数据的安全性，并能够让开发者灵活调试、测试代码，加快迭代速度，推动开发工作高效、稳定地开展。

本节介绍如何在本地部署DeepSeek大模型，具体内容包括安装Ollama、DeepSeek和ChatBox，以及使用API调用本地大模型。

1.3.1　安装 Ollama

本地部署DeepSeek可借助Ollama实现。Ollama是一款能在本地轻松运行大模型的工具，它支持快速下载、管理模型，操作简单，让用户无须复杂配置就能在本地使用。下面我们来介绍具体的安装步骤。

01 进入 Ollama 网站，直接单击 Download 按钮，如图 1-1 所示。

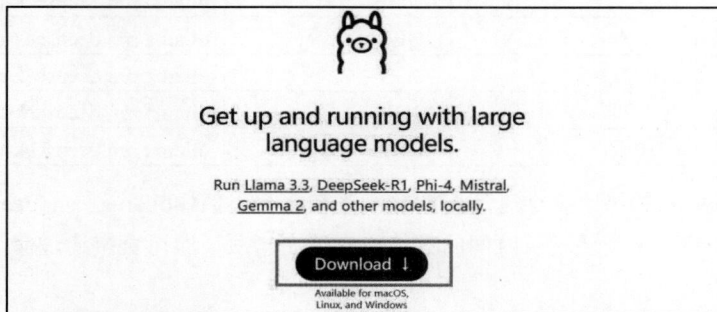

图 1-1　下载 Ollama

然后，根据你的操作系统类型（Windows、macOS或Linux）选择下载安装包。下面以Windows系统为例进行说明，其他操作系统的操作步骤大同小异，如图1-2所示。

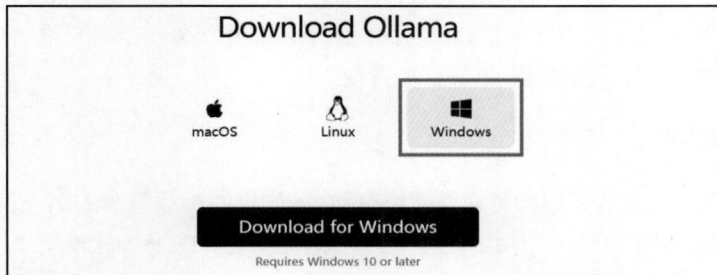

图 1-2　下载 Windows 版本

02 下载完成后，找到安装程序文件并双击运行。在弹出的安装向导中，按提示逐步完成安装，如选择安装路径等。

03 安装完成后，为方便使用，可将 Ollama 的安装目录添加到系统的环境变量中。

04 打开 Windows 命令提示符或 PowerShell 窗口，输入"ollama"命令。若显示相关帮助信息，说明安装成功，之后你就能使用 Ollama 管理和运行模型了。

1.3.2　安装 DeepSeek

目前DeepSeek提供了V3和R1两个版本，其中DeepSeek-R1又根据参数量的大小提供多种选择，例如1.5B、7B、8B、14B、32B、70B、671B，如表1-2所示。每个版本都有特定的硬件要求，具体内容可以在其网站进行查阅。

表 1-2　DeepSeek-R1 类型信息

类型名称	参数数量	文件大小	Ollama 下载命令
1.5B	15 亿	1.1GB	ollama run deepseek-r1:1.5b
7B	70 亿	4.7GB	ollama run deepseek-r1:7b
8B	80 亿	4.7GB	ollama run deepseek-r1:8b
14B	140 亿	9GB	ollama run deepseek-r1:14b
32B	320 亿	20GB	ollama run deepseek-r1:32b
70B	700 亿	43GB	ollama run deepseek-r1:70b
671B	6710 亿	404GB	ollama run deepseek-r1:671b

通过命令行下载R1模型，在命令行窗口输入下载命令，例如ollama run deepseek-r1:8b，再按Enter键执行即可。接下来需要较长时间的等待。安装完毕后，即可直接通过命令行与大模型进行交互，如图1-3所示。

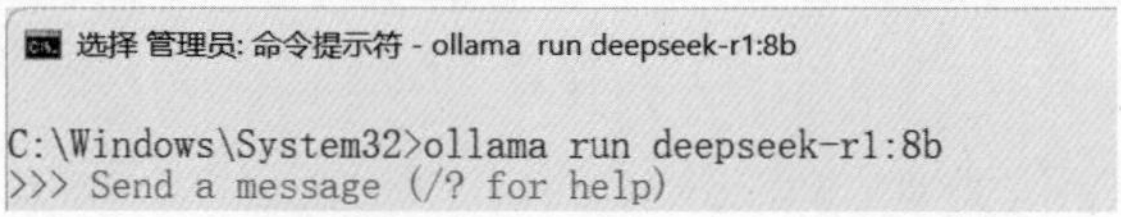

```
选择 管理员: 命令提示符 - ollama run deepseek-r1:8b

C:\Windows\System32>ollama run deepseek-r1:8b
>>> Send a message (/? for help)
```

图 1-3　安装 DeepSeek

当然，这种交互方式还是不够人性化。因此，接下来需要安装一个客户端来连接本地大模型，并提供一个美观的交互UI，这样使用起来更加方便。

1.3.3　安装 Chatbox

Chatbox是一款AI客户端应用和智能助手，支持众多先进的AI模型和API，可在Windows、macOS、Android、iOS、Linux和网页版上使用。这个客户端就是我们和DeepSeek模型"沟通"的工具，直接关系到后续开发工作能否顺利进行。

打开浏览器，在地址栏中输入Chatbox官网网址，进入官网下载页面后，根据安装软件的设备系统，单击对应的下载按钮，如图1-4所示。

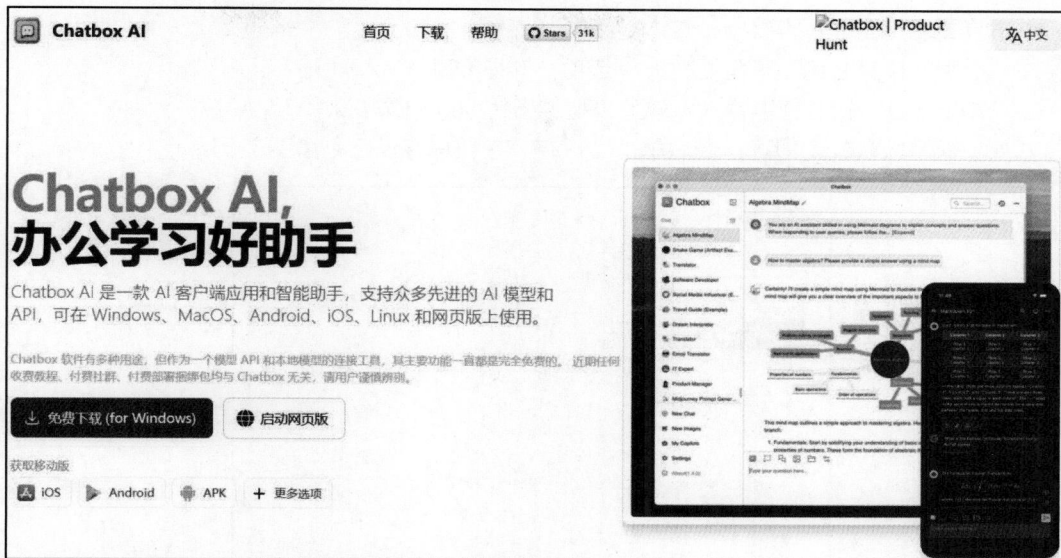

图 1-4　下载 Chatbox

　　安装过程其实非常简单，就像平常安装任何软件一样。下载软件后，打开安装包，按照提示进行安装，单击"下一步"按钮即可。安装Chatbox后，双击程序的图标即可打开客户端，可以看到一个非常简洁的界面，如图1-5所示，在界面下方输入你的问题。

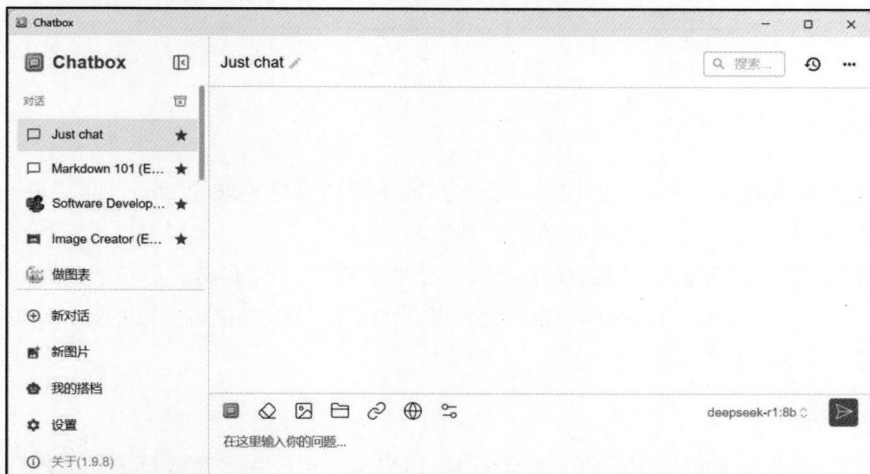

图 1-5　Chatbox 界面

　　在Windows环境下完成Chatbox的安装后，需要添加API密钥。Chatbox支持多个大模型，不同的模型需要不同的API密钥。在Chatbox中添加API密钥的步骤如下：

01 打开 Chatbox 应用程序。

02 单击界面左下角的"设置"，进入"设置"界面。

03 在"模型"中，找到"模型提供方"选项，选择 OLLAMA API。

04 在"API 域名"输入框中输入本地大模型的密钥 http://127.0.0.1:11434。

05 其他项保持默认设置即可。最后单击"保存"按钮保存设置，如图 1-6 所示。

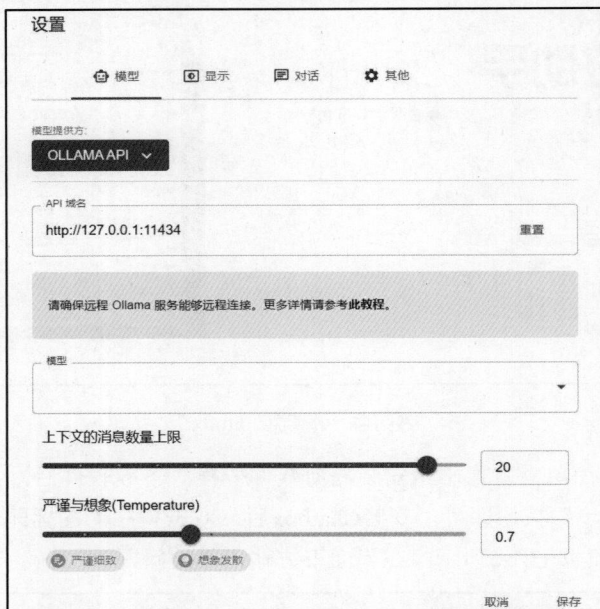

图 1-6   设置 Chatbox

1.3.4   API 调用实战

对于有开发需求的读者来说，仅使用一个客户端是无法满足需求的。此时，可以开启API模式。通过API集成，可以将各种功能集成到第三方系统和应用中。

以下我们通过示例来演示API的调用方法。在本实例中，由于我们是基于Ollama框架运行了DeepSeek-R1模型，Ollama在这里相当于一个代理。因此，只需直接调用Ollama的API，即可实现DeepSeek大模型接口的调用。

1. 代码生成

如果我们需要依据一定规则，调用大模型的API来生成一段用于完成特定功能的代码。这种方法能够显著提升开发效率，减少重复劳动。它可以根据需求描述、模型、模板等方式生成代码，应用于项目场景。

案例 1-1   请帮我用 HTML 生成一个五子棋游戏，所有代码都保存在一个 HTML 中

API调用代码如下：

```
from openai import OpenAI

client = OpenAI(
    base_url="http://127.0.0.1:11434/v1/",          #设置本地API服务地址
    api_key="ollama"                                 #调用本地Ollama
)

completion = client.chat.completions.create(
    model="deepseek-r1:8b",                          #设置DeepSeek模型
    messages=[
        {
            "role": "user",
            "content": "请帮我用HTML生成一个五子棋游戏,所有代码都保存在一个HTML中。"
        }
    ]
)

print(completion.choices[0].message.content)
```

程序输出如下:

当然!下面是一个简单的五子棋游戏的HTML代码。这个代码包含一个基本的五子棋棋盘,玩家可以通过点击棋盘上的格子来下棋。游戏会检测是否有玩家获胜。

```
<!DOCTYPE html>
<html lang="zh-CN">
<head>
    <meta charset="UTF-8">
    <meta name="viewport" content="width=device-width, initial-scale=1.0">
    <title>五子棋游戏</title>
    <style>
        body {
            display: flex;
            justify-content: center;
            align-items: center;
            height: 100vh;
            background-color: #f0f0f0;
            font-family: Arial, sans-serif;
        }
        #board {
            display: grid;
            grid-template-columns: repeat(15, 30px);
            grid-template-rows: repeat(15, 30px);
            gap: 1px;
            background-color: #d18b47;
            padding: 10px;
            border-radius: 5px;
        }
        .cell {
            width: 30px;
```

```
        height: 30px;
        background-color: #ffce9e;
        border: 1px solid #d18b47;
        display: flex;
        justify-content: center;
        align-items: center;
        cursor: pointer;
    }
    .cell.black::before, .cell.white::before {
        content: '';
        width: 20px;
        height: 20px;
        border-radius: 50%;
    }
    .cell.black::before {
        background-color: black;
    }
    .cell.white::before {
        background-color: white;
    }
    #message {
        margin-top: 20px;
        font-size: 24px;
        font-weight: bold;
    }
    </style>
</head>
<body>
    <div id="board"></div>
    <div id="message"></div>

    <script>
        const boardSize = 15;
        let currentPlayer = 'black';
        let board = Array.from({ length: boardSize }, () =>
Array(boardSize).fill(null));

        function createBoard() {
            const boardElement = document.getElementById('board');
            for (let i = 0; i < boardSize; i++) {
                for (let j = 0; j < boardSize; j++) {
                    const cell = document.createElement('div');
                    cell.classList.add('cell');
                    cell.dataset.row = i;
                    cell.dataset.col = j;
                    cell.addEventListener('click', handleCellClick);
                    boardElement.appendChild(cell);
                }
            }
        }
```

```
function handleCellClick(event) {
    const row = parseInt(event.target.dataset.row);
    const col = parseInt(event.target.dataset.col);

    if (board[row][col] !== null) return;

    board[row][col] = currentPlayer;
    event.target.classList.add(currentPlayer);

    if (checkWin(row, col, currentPlayer)) {
        document.getElementById('message').textContent = '${currentPlayer ===
'black' ? '黑棋' : '白棋'}获胜！';
        document.querySelectorAll('.cell').forEach(cell =>
cell.removeEventListener('click', handleCellClick));
        return;
    }

    currentPlayer = currentPlayer === 'black' ? 'white' : 'black';
}

function checkWin(row, col, player) {
    const directions = [
        { dr: 0, dc: 1 },   // 水平
        { dr: 1, dc: 0 },   // 垂直
        { dr: 1, dc: 1 },   // 主对角线
        { dr: 1, dc: -1 }   // 副对角线
    ];

    for (const { dr, dc } of directions) {
        let count = 1;

        // 检查一个方向
        for (let i = 1; i < 5; i++) {
            const r = row + dr * i;
            const c = col + dc * i;
            if (r < 0 || r >= boardSize || c < 0 || c >= boardSize || board[r][c] !==
player) break;
            count++;
        }

        // 检查相反方向
        for (let i = 1; i < 5; i++) {
            const r = row - dr * i;
            const c = col - dc * i;
            if (r < 0 || r >= boardSize || c < 0 || c >= boardSize || board[r][c] !==
player) break;
            count++;
        }
```

```
          if (count >= 5) return true;
        }

        return false;
    }

    createBoard();
    </script>
</body>
</html>
```

代码说明：
1. HTML结构：
board是棋盘的容器，使用grid布局来创建15×15的格子。
cell是每个格子的样式，点击时会触发handleCellClick事件。
message用于显示游戏结果。

2. CSS样式：
棋盘和格子的样式，包括背景色、边框、棋子的样式等。

3. JavaScript逻辑：
createBoard函数用于生成棋盘。
handleCellClick函数用于处理格子的点击事件，更新棋盘状态并检查是否获胜。
checkWin函数用于检查当前玩家是否在点击的位置上连成五子。

如何使用：
1. 将上述代码复制到一个.html文件中。
2. 在浏览器中打开该文件，即可开始游戏。

这个代码是一个简单的五子棋实现，你可以根据需要进一步扩展和优化。

2. 代码解释

通过调用API可以对代码的逻辑、功能、实现步骤等进行清晰阐述。它能够帮助开发者和非技术人员理解代码的用途与工作原理，便于后续维护、调试和协作开发。

案例 1-2　请解释下面这段代码的逻辑，并说明完成了什么功能

API调用代码如下：

```python
from openai import OpenAI

client = OpenAI(
    base_url="http://127.0.0.1:11434/v1/",        #设置本地API服务地址
    api_key="ollama"                              #调用本地Ollama
)

completion = client.chat.completions.create(
    model="deepseek-r1:8b",                       #设置DeepSeek模型
    messages=[
        {
```

01

```
                    "role": "user",
                    "content": "请解释下面这段代码的逻辑，并说明完成了什么功能"

// weight数组的大小就是物品的个数
for(int i = 1; i < weight.size(); i++) { // 遍历物品
    for(int j = 0; j <= bagweight; j++) { // 遍历背包容量
        if (j < weight[i]) dp[i][j] = dp[i - 1][j];
        else dp[i][j] = max(dp[i - 1][j], dp[i - 1][j - weight[i]] + value[i]);
    }
}

"
        }
    ]
)

print(completion.choices[0].message.content)
```

程序输出如下：

这段代码实现了一个经典的动态规划问题，通常用于解决"0/1背包问题"。下面是对代码逻辑的详细解释：

代码逻辑解释：

1. 初始化与遍历：

weight 数组表示每个物品的重量。

value 数组表示每个物品的价值。

bagweight 表示背包的最大容量。

dp 是一个二维数组，dp[i][j] 表示前 i 个物品在背包容量为 j 时的最大价值。

2. 外层循环：

```
    for(int i = 1; i < weight.size(); i++) { // 遍历物品
```
外层循环从第1个物品开始遍历到最后一个物品（weight.size()）。

3. 内层循环：

```
    for(int j = 0; j <= bagweight; j++) { // 遍历背包容量
```
内层循环从背包容量为0开始遍历到背包的最大容量（bagweight）。

4. 状态转移方程：

```
    if (j < weight[i]) dp[i][j] = dp[i - 1][j];
    else dp[i][j] = max(dp[i - 1][j], dp[i - 1][j - weight[i]] + value[i]);
```
如果当前背包容量 j 小于第 i 个物品的重量 weight[i]，则无法放入该物品，状态保持不变，即 dp[i][j] = dp[i - 1][j]。

否则，可以选择放入或不放入第 i 个物品：

不放入第 i 个物品时，最大价值为 dp[i - 1][j]。

放入第 i 个物品时，最大价值为 dp[i - 1][j - weight[i]] + value[i]，即在放入物品前的最大价值加上当前物品的价值。

取两者的最大值，即 dp[i][j] = max(dp[i - 1][j], dp[i - 1][j - weight[i]] + value[i])。

功能说明：

这段代码的功能是计算在给定背包容量 bagweight 下，选择不同物品组合所能获得的最大价值。具体来说，它通过动态规划的方法，逐步构建一个二维数组 dp，其中 dp[i][j] 表示前 I 个物品在背包容量为 j 时的最大价值。

最终，`dp[weight.size() - 1][bagweight]` 就是所求的最大价值。

总结：
输入：`weight` 数组（物品重量），`value` 数组（物品价值），`bagweight`（背包容量）。
输出：在背包容量为 `bagweight` 时，选择不同物品组合所能获得的最大价值。
算法：动态规划，通过构建二维数组 `dp` 来记录每一步的最优解。

1.4 使用 DeepSeek 在线开发环境进行工作

DeepSeek在线开发环境为开发者带来了极大便利，无须进行本地复杂配置，通过网页即可访问使用，能实时与云端资源交互，利用强大的计算能力快速完成任务。

DeepSeek的在线开发环境可以借助AI代码编程器Cursor来实现，我们只要安装好Cursor，即可通过Cursor调用DeepSeek开始数据分析工作。

1.4.1 AI 代码编辑器——Cursor

Cursor是一款AI智能代码编辑器，其将强大的大模型融入代码编辑流程，实现了通过自然语言交互生成代码的功能，从而让编程变得更加高效，目前已在个人和企业开发环境中得到广泛使用。

Cursor支持多种主流编程语言，包括 Python、Java、C/C#、JavaScript等，功能强大且实用，能够辅助开发者进行智能代码生成、智能纠错以及测试代码生成等操作。

1. 下载并安装Cursor

首先，打开Cursor官方网站，单击页面上的"下载WINDOWS"按钮进行下载，如图1-7所示。Cursor的安装过程较简单，此处不再赘述。需要注意的是，Cursor的版本更新速度较快，因此在使用过程中建议定期检查并进行升级，以确保获取该软件最新的功能。

图 1-7   下载 Cursor

2. Cursor的使用方法

1）注册账号

01 登录系统。单击界面右上方的 Sign in 按钮登录软件，如果有账号，需要输入邮箱，然后单击 Continue 按钮，再输入用户名和密码，如图 1-8 和图 1-9 所示。

图 1-8　输入邮箱地址 　　　　　　　　　　图 1-9　输入密码

02 创建账号。如果没有账号，需要创建自己的账号。单击 Sign up 按钮，输入姓名、邮箱地址等信息，方便后续的邮箱验证。然后，单击 Continue 按钮进行后续操作，如图 1-10 所示。

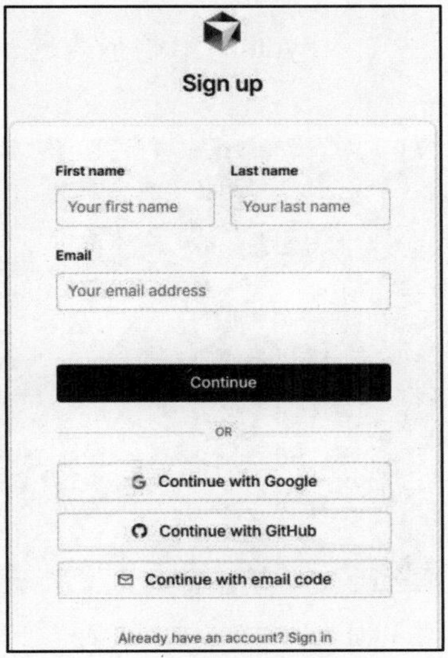

图 1-10　创建账号

2）安装插件

01 选择 Extensions 选项。

单击软件菜单栏中的View选项卡，找到Extensions选项，如图1-11所示。

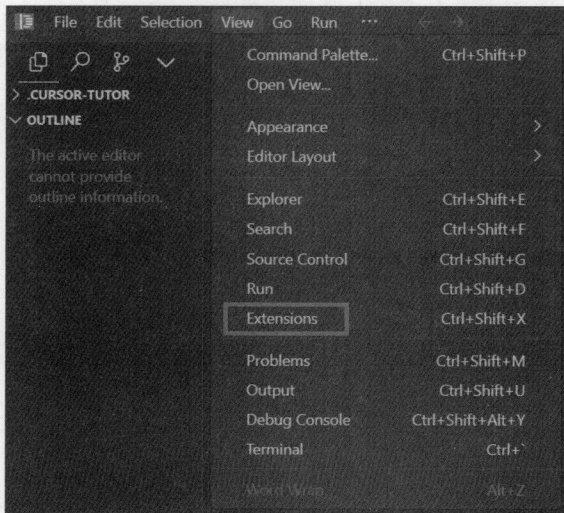

图 1-11   选择 Extensions 选项

02 安装编译插件。

同样单击扩展按钮，在搜索框内输入Python（其他语言选择相应的插件），单击Install按钮，如图1-12所示。

图 1-12   安装编译插件

03 设置解释器。

如果尚未配置解释器，需要选择对应的解释器，或者单击Enter interpreter path...，输入你想指定的解释器的路径。这里配置Python解释器，根据需要配置Python版本，如图1-13所示。

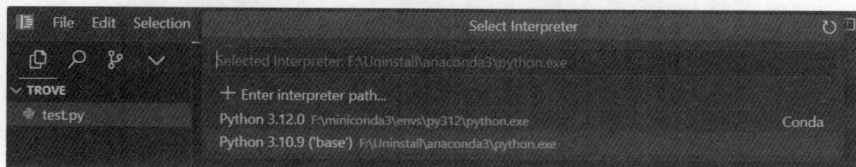

图 1-13　配置解释器

3）开始使用Cursor

01 新建文件。如果要打开已有的文件，可以单击菜单栏中的 File 选项卡，找到 Open File...选项，如图 1-14 所示。如果要新建文件，需要单击 New File...图标新建文件，命名文件时需要添加扩展名，例如 Python 加.py，C 语言加.c，如图 1-15 所示。

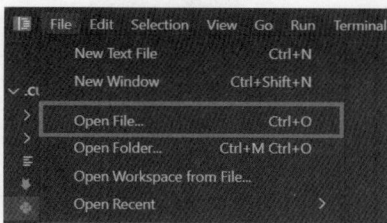

图 1-14　打开文件

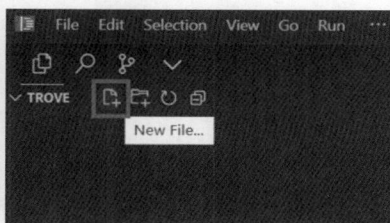

图 1-15　新建文件

02 召唤 AI。在打开的 Python 文件中，可以按 Ctrl+K 组合键呼出聊天对话框，选择大模型为 deepseek-r1，如图 1-16 所示。这是本书默认的开发环境。受制于本地硬件环境，不能安装较高版本的 DeepSeek，只能使用在线开发环境。

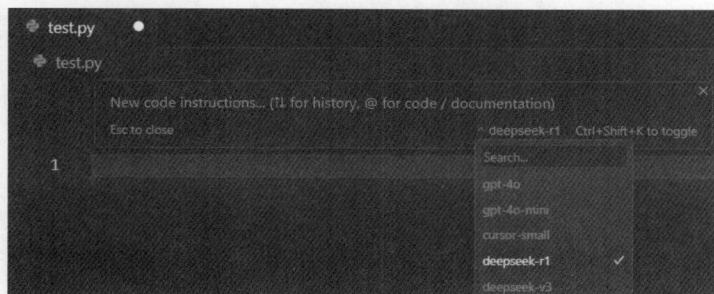

图 1-16　聊天对话框

03 输入提示语，例如"数据集为[17.23,15.23,14.65,12.00,10.62]，请输出该数据集的垂直条形图"。然后按 Enter 键开始编译代码，自动生成对应的 Python 代码，如图 1-17 所示。

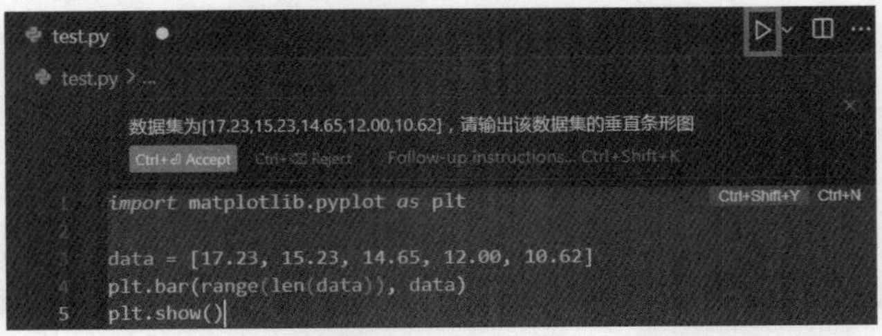

图 1-17　输入提示语

04 运行代码。单击图 1-17 右上方的▷按钮运行 Python 代码，输出的条形图如图 1-18 所示。

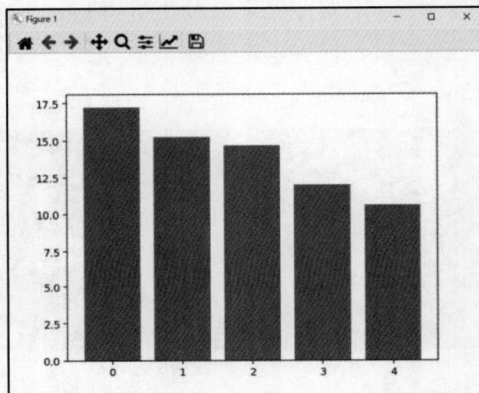

图 1-18　条形图

05 确认代码。如果输出的结果满足分析要求，可以按 Ctrl+Enter 组合键进行确认；如果不符合分析要求，可以按 Ctrl+Backspace 组合键修改提示语。

06 询问代码。如果对代码存在疑惑，可以框选存疑代码片段，使用 Ctrl+L 组合键呼出聊天框进行询问，还可以找出代码中存在的问题。

1.4.2　如何用 DeepSeek 开始数据分析

本小节我们来介绍如何使用DeepSeek进行数据分析。

案例 1-3　某企业 2024 年经营业绩预测分析

下面我们以"某企业2024年经营业绩数据报告"为例，深入介绍如何巧妙地利用提示工程，从纷繁复杂的文本数据中准确地提取出关键信息，并基于这些提取出的信息对相关数据进行科学合理的预测。

在实际应用中，文本数据往往量大且内容繁杂，要从中快速锁定关键信息并非易事，而提示工程就如同一把锐利的工具，能够帮助我们在其中精准导航。例如，当我们面对一份冗长的市场调研报告时，通过精心设计提示，可以引导大模型聚焦于特定的方面，如市场趋势、消费者需求、竞

01

争对手分析等。我们可以提出明确的问题，如"请从这份报告中提取出当前市场的主要趋势有哪些？"或者给出具体的指令，如"找出报告中提到的消费者最关注的三个问题"。这样能够促使大模型对文本数据进行深入分析，筛选出关键的信息点。

提示语和输出如下。

提示语

你作为一名资深数据分析专家，具备以下技能。

业务理解能力：具备行业和业务领域的知识，能够理解业务需求本质，解决实际问题，并提供数据驱动的建议和解决方案。

数据清洗能力：能够识别和处理数据中的缺失值、异常值和重复值，对数据进行标准化和归一化处理，使数据具有可比性。

数据分析能力：能够运用统计学和数据建模技术分析数据，理解数据之间的关系，识别模式和趋势，从中提取有用的信息。

数据可视化能力：掌握绘图工具与技术，将复杂数据转换为直观图表，以清晰美观的形式呈现数据，助力有效沟通与决策。

数据挖掘能力：掌握常见的机器学习算法及应用场景，具备数据处理、分析及模式识别能力，善于从庞杂的数据中探寻规律。

程序开发技能：精通数据分析算法并熟练运用编程语言及开发工具，能够高效设计、编码和测试程序，满足复杂业务需求。

工具使用能力：熟练使用数据读取工具和软件，如数据库管理工具、数据分析软件、数据可视化工具等，掌握其基本操作。

学习创新能力：伴随技术和行业发展，学习新工具和技术，不断更新自己的知识和技能，并不断创新和改进数据分析的方法。

某企业 2024 年的经营业绩数据报告如下：

一、企业资产状况统计

2024 年企业总资产为 197552.14 万元，相比 2023 年减少了 7528.79 万元，同比下降 3.67%；净资产为 151685.38 万元，相比 2023 年增长了 4857.12 万元，同比增长 3.31%。2024 年企业总负债为 45866.76 万元，相比 2023 年减少了 12385.91 万元，同比下降 21.26%。

二、企业营收情况统计

2024 年企业营业收入为 70776.24 万元，相比 2023 年增长了 2442.32 万元，同比增长 3.57%；营业成本为 63402.17 万元，相比 2023 年增长了 1487.14 万元，同比增长 2.4%。

三、企业利润情况统计

2024 年企业归属母公司净利润为 7248.01 万元，相比 2023 年增长了 6651.59 万元，同比增长 1115.25%。2024 年企业每股收益为 0.036 元，相比 2023 年增长了 0.009 元，同比增长 1100.00%。

请你从专业的角度，概述上述文本的内容，并用表格形式列出其中的所有指标，包括指标数据、变化量和变化率，不能有遗漏，然后阐述所预测的这些指标在 2024 年的趋势。

输　出

根据提供的企业 2024 年经营数据，我将从专业角度进行结构化分析：

一、核心指标概览

企业呈现"资产结构优化、利润爆发增长"的显著特征：

- 总资产规模收缩 3.67%，但净资产增长 3.31%，显示资产质量提升。
- 负债规模大幅下降 21.26%，资产负债率显著改善。
- 净利润实现 11 倍爆发式增长，利润率结构明显优化。
- 营收增长 3.57%，但成本仅增加 2.4%，体现了经营效率的提升。

二、完整指标数据表

指标名称	2024 年数值	变化量	变化率
资产状况			
总资产（万元）	197552.14	−7528.79	−3.67%
净资产（万元）	151685.38	4857.12	3.31%
总负债（万元）	45866.76	−12385.91	−21.26%
营收情况			
营业收入（万元）	70776.24	2442.32	3.57%
营业成本（万元）	63402.17	1487.14	2.40%
利润情况			
归属母公司净利润（万元）	7248.01	6651.59	1115.25%
每股收益（元）	0.036	0.009	1100.00%

三、2025 年趋势预测

1. 资产结构持续优化

- 预测净资产增长率：4%~5%（持续轻资产转型）。
- 负债率可能降至 20% 以下（当前负债率为 23.2%）。

2. 利润增长回归理性

- 净利润增速预计回落至 30%~50% 区间（基数效应减弱）。

01

- 每股收益有望达 0.045~0.048 元（需关注股本变动）。

3. 运营效率持续提升

- 营收增速或提升至 5%~6%（资产结构优化释放产能）。
- 成本控制能力增强，成本增速可能低于营收增速 1~1.5 个百分点。

4. 风险关注点

- 超高利润增长的可持续性得到验证。
- 资产规模收缩对业务扩展的潜在影响。
- 行业竞争格局变化对利润空间的挤压。

（注：上述预测基于当前数据趋势，实际发展需结合行业环境、企业战略调整等动态因素。）

我们看到，DeepSeek凭借其强大的语言处理能力和智能分析算法，根据具体的需求，自动对企业2024年经营业绩数据报告展开了全面而深入的分析与挖掘。在这个过程中，DeepSeek以高效的运算速度和精准的逻辑判断，对这份涵盖了众多关键数据和复杂信息的经营业绩报告进行逐行逐句的解读与剖析。

首先，DeepSeek输出了一份详细的核心指标概览，将企业2024年经营业绩的整体情况生动地展现在人们眼前。通过清晰的文字描述和准确的数据引用，让读者能够快速了解企业2024年经营业绩的亮点与不足。

接着，DeepSeek生成了一个条理清晰的数据指标表格。它将企业的各项关键数据指标进行了系统的整理和分类，包括总资产、净资产、总负债、营业收入、营业成本、归属母公司净利润、每股收益等，每一个数据指标都以简洁明了的方式呈现，方便企业管理者和投资者快速掌握企业的财务状况和经营成果。

最后，DeepSeek基于对2024年经营业绩数据的深入分析，对企业2025年的发展趋势进行了科学合理的预测。它综合考虑了市场动态、行业竞争态势、企业自身的发展战略等多方面因素，对企业在2025年的总资产、净资产、总负债、营业收入、营业成本、归属母公司净利润、每股收益等方面进行了前瞻性的预测。这些预测信息为企业制定未来的发展规划提供了重要的参考依据，帮助企业在激烈的市场竞争中提前做好准备，把握发展机遇。

1.5　本章小结

本章从理论到实践全面介绍了DeepSeek的基础认知与操作入门，既帮助读者建立对工具的整体理解，又通过动手实验积累经验，为后续章节的高级分析打下坚实基础。

第 2 章

利用DeepSeek进行数据加载

由于数据的格式不同，其存储形式也呈现多样化，要获取这些数据，需要采用不同的方法。本章介绍如何利用DeepSeek读取不同存储形态的数据，包括离线数据、数据库数据、Web在线数据等，为后续数据分析时方便读取各种类型数据奠定基础。

2.1 读取本地离线数据

本节介绍如何利用DeepSeek读取本地离线数据，包括CSV文本数据、Excel文件数据、本地图片数据、PDF文件数据、XML格式数据等。

2.1.1 读取 CSV 文本数据

CSV（Comma-Separated Values）文本数据是一种常用的数据存储格式，全称为逗号分隔值。CSV文件以纯文本形式存储表格数据，每行代表一条记录，每个字段之间用逗号或其他分隔符（如分号、制表符等）进行分隔。

CSV文本数据通常用于在不同系统或软件之间传输数据，以及在电子表格软件中进行导入和导出操作，CSV格式简单易用，可以被大多数文本编辑器和电子表格软件打开和编辑，CSV文件的扩展名通常为.csv。

案例 2-1　读取 CSV 文本数据

下面通过具体的案例详细介绍如何利用DeepSeek读取本地指定目录下的"客户信息表.csv"数据。客户信息表是企业用于记录和管理客户相关信息的重要工具，通常包含一系列关键数据字段，例如客户的性别、年龄、教育程度、职业等，旨在全面了解客户的特征、需求和行为，以便更好地为客户提供服务、开展市场营销活动以及进行业务决策。

首先，需要明确指定本地目录的路径，确保DeepSeek能够准确地找到"客户信息表.csv"文件。例如，如果文件存储在"D:\工作文档\客户数据"目录下，我们就需要将这个路径明确地告知DeepSeek。

接着，通过精心设计提示语，引导DeepSeek对"客户信息表.csv"文件进行读取和分析。提示语的作用就如同一把钥匙，能够打开DeepSeek与本地文件数据之间的通道。

提示语和输出如下。

提示语	你作为一名资深数据分析专家，具备以下技能。 业务理解能力：具备行业和业务领域的知识，能够理解业务需求本质，解决实际问题，并提供数据驱动的建议和解决方案。 编程语言技能：熟悉至少一种编程语言，了解如何使用文件操作函数和数据读取函数，以便准确地指定路径、格式和参数。 数据格式理解：熟悉常见的数据格式，如 Excel、CSV、JSON 等，理解这些格式的结构和特点，以便能正确地解析和读取数据。 数据库技能：熟悉数据库知识，能够编写查询语句以获取特定的数据表中的数据，精通如何连接多个表以获取更全面的信息。 数据清洗能力：能够识别和处理数据中的缺失值、异常值和重复值，对数据进行标准化和归一化处理，使数据具有可比性。 数据转换能力：能够熟练运用各种工具和技术，对不同格式、类型的数据进行清洗、整理和转换，以满足分析和建模需求。 工具使用能力：熟练使用数据读取工具和软件，如数据库管理工具、数据分析软件、数据可视化工具等，掌握其基本操作。 学习创新能力：伴随技术和行业发展，学习新工具和技术，不断更新自己的知识和技能，并不断创新和改进数据分析方法。 请你从专业的角度，读取和输出"D:\\DeepSeek 高效数据分析\\ch02\\客户信息表.csv"中的前 6 条数据，为代码添加中文注释，并对程序进行详细解释。

02

输　出

　　要完成这个任务，我们将使用 Python 的 pandas 库来读取 CSV 文件，并使用 head() 方法来获取前 6 条数据。pandas 是 Python 中用于数据分析和操作的一个非常强大的库，它提供了快速、灵活和表达式丰富的数据结构，旨在使"关系"或"标签"数据的处理既简单又直观。

　　首先，确保已经安装了 Pandas 库。如果未安装，可以运行以下命令进行安装：

```
pip install pandas
```

下面是读取 CSV 文件并输出前 6 条数据的代码，包括中文注释：

```
import pandas as pd  # 导入Pandas库，并简写为pd

# 使用Pandas的read_csv函数读取CSV文件
# 这里的文件路径为"D:\\DeepSeek高效数据分析\\ch02\\客户信息表.csv"，根据实际情况
可能需要调整
df = pd.read_csv("D:\\DeepSeek高效数据分析\\ch02\\客户信息表.csv")

# 使用head方法获取前6条数据
# head()函数默认返回前5条数据，传入参数6来指定返回前6条数据
first_six_rows = df.head(6)

# 输出前6条数据
print(first_six_rows)
```

　　这段代码首先导入了 Pandas 库，并给它取了一个别名 pd，这是一种常见的做法，可以让后续的代码更简洁。然后，使用 pd.read_csv()函数读取指定路径的 CSV 文件。这个函数会返回一个 DataFrame 对象，这是 Pandas 中用于存储和操作表格数据的主要数据结构。接着，我们调用了 DataFrame 对象的 head()方法来获取前 6 条数据。最后，使用 print()函数将这些数据打印出来。

　　这个过程不仅展示了如何读取和初步查看 CSV 文件中的数据，也是数据分析初步探索数据的常见步骤之一。通过查看前几行数据，我们可以对数据的结构和内容有一个基本的了解，为后续的数据清洗、分析和可视化工作奠定基础。

　　其中，read_csv()函数是Pandas库中用于读取CSV文件的函数，它可以将CSV文件中的数据读取到Pandas的DataFrame中，方便进行数据分析和处理。这个函数非常灵活，支持多种参数来适应不同的CSV格式。

　　read_csv()函数最基本的用法是直接传入一个文件路径：

```
import pandas as pd
df = pd.read_csv('filename.csv')
```

　　主要参数如下：

- filepath_or_buffer: CSV文件的路径或URL，也可以是一个类文件对象（比如StringIO）。
- sep: CSV文件中的分隔符，默认为逗号。
- delimiter: 同sep，用于指定分隔符。
- header: 指定CSV文件中的哪一行作为列名，如果为None，则会自动识别列名。默认为0，即第一行为列名。
- names: 如果header=None，则可以通过names参数指定列名。
- index_col: 指定哪一列作为行索引。
- usecols: 指定读取哪些列。
- dtype: 指定每一列的数据类型。
- skiprows: 跳过哪些行。
- skipfooter: 跳过文件末尾的几行。
- encoding: 指定文件的编码方式。
- na_values: 将指定的值视为缺失值。
- parse_dates: 将指定的列解析为日期格式。
- infer_datetime_format: 自动推断日期格式。
- 返回值: 返回一个DataFrame对象，其中包含读取的CSV文件的数据。

2.1.2 读取 Excel 文件数据

Excel文件数据是指存储在Microsoft Excel电子表格软件中的数据。Excel文件通常以.xlsx或.xls作为文件扩展名。Excel是一种广泛使用的电子表格软件，可以用于创建、编辑和分析数据表格。

Excel文件可以包含各种类型的数据，如文本、数字、日期、公式等。Excel提供了丰富的功能和工具，如排序、筛选、计算、图表等，可以方便地对数据进行处理和分析。

Excel文件通常用于存储和管理各种类型的数据，如财务数据、客户信息、销售记录等。Excel文件也可以与其他软件进行数据交换和共享，如导入数据库中进行进一步分析。

下面通过一个具体的案例详细介绍如何利用DeepSeek读取本地指定目录下的"股票交易表.xlsx"文件数据。

案例 2-2 读取 Excel 文件数据

股票交易表是记录股票交易相关信息的重要工具，它涵盖多个关键方面的数据，例如股票代码、交易时间、交易价格、交易量等，对于投资者、分析师以及金融机构来说都具有极大的价值。

首先，需要明确本地指定目录的具体路径，确保DeepSeek能够准确地找到"股票交易表.xlsx"文件。例如，如果文件存储在"E:\金融数据\股票交易记录"目录下，我们需要将这个路径明确地告知DeepSeek。

接着，通过精心设计的提示语，引导DeepSeek对"股票交易表.xlsx"文件进行读取和分析。提示语和输出如下。

提示语

你作为一名资深数据分析专家，具备以下技能。

业务理解能力：具备行业和业务领域的知识，能够理解业务需求本质，解决实际问题，并提供数据驱动的建议和解决方案。

编程语言技能：熟悉至少一种编程语言，了解如何使用文件操作函数和数据读取函数，以便准确地指定路径、格式和参数。

数据格式理解：熟悉常见的数据格式，如 Excel、CSV、JSON 等，理解这些格式的结构和特点，以便能正确地解析和读取数据。

数据库技能：熟悉数据库知识，能够编写查询语句以获取特定的数据表中的数据，精通如何连接多个表以获取更全面的信息。

数据清洗能力：能够识别和处理数据中的缺失值、异常值和重复值，对数据进行标准化和归一化处理，使数据具有可比性。

数据转换能力：能够熟练运用各种工具和技术，对不同格式、类型的数据进行清洗、整理和转换，以满足分析和建模需求。

工具使用能力：熟练使用数据读取工具和软件，如数据库管理工具、数据分析软件、数据可视化工具等，掌握其基本操作。

学习创新能力：伴随技术和行业发展，学习新工具和技术，不断更新自己的知识和技能，并不断创新和改进数据分析方法。

请你从专业的角度，读取和输出 "D:\\DeepSeek 高效数据分析\\ch02\\股票交易表.xlsx" 中的前 6 条数据，为代码添加中文注释，并对程序进行详细解释。

输出

要完成这个任务，我们将使用 Python 的 Pandas 库来读取 Excel 文件，因为它提供了强大的数据处理能力，以及 openpyxl 库，它是处理 Excel 文件的一个依赖库。如果还没有安装这些库，可以运行以下命令来安装：

```
pip install pandas openpyxl
```

下面是读取指定 Excel 文件并输出前 6 条数据的代码，包括中文注释和详细解释：

```
import pandas as pd  # 导入Pandas库，用于数据处理
# 使用Pandas的read_excel函数读取Excel文件中的数据
# 需要指定文件路径和引擎为openpyxl，因为我们正在处理一个.xlsx文件
df = pd.read_excel("D:\\DeepSeek高效数据分析\\ch02\\股票交易表.xlsx",
engine='openpyxl')
# 使用head方法获取前6条数据。head方法默认返回前5条数据，传入参数6来获取前6条
first_six_rows = df.head(6)

# 输出前6条数据
print(first_six_rows)
```

详细解释

1. **导入Pandas库**：首先，我们导入了Pandas库并简写为pd，这是一个常用的数据处理库，可以帮助我们方便地处理和分析数据。

2. **读取Excel文件**：使用pd.read_excel函数读取指定路径的Excel文件。这个函数非常强大，可以直接读取Excel文件到一个DataFrame对象中。这里指定了文件的完整路径，并且由于文件是.xlsx格式的，我们使用engine=openpyxl来确保兼容性。

3. **获取前6条数据**：通过head方法，我们可以获取DataFrame的前N条数据。在这个例子中，我们通过传递参数6给head方法来获取前6条数据。如果不传递参数，head方法默认返回前5条数据。

4. **输出数据**：最后，我们使用print函数输出这6条数据。在Jupyter Notebook或其他Python交互环境中，这将以表格的形式显示，便于观察和分析。

通过这个过程，我们不仅读取了 Excel 文件中的数据，还展示了如何简单地查看数据的一部分，这对于初步的数据分析和了解数据结构非常有用。

其中，read_excel()函数是Pandas库中用于读取Excel文件的函数。它可以读取Excel文件中的一个或多个工作表，并将其转换为DataFrame对象。这个函数非常灵活，支持多种参数来定制数据读取的过程。

read_excel()函数的基本用法如下：

```
import pandas as pd
df = pd.read_excel('filename.xlsx')
```

主要参数如下：

- io：Excel文件的路径或URL，也可以是Excel文件的二进制数据。
- sheet_name：要读取的工作表的名称或索引。默认为0，表示读取第一个工作表。
- header：指定哪一行作为列名。默认为0，表示使用第一行作为列名。
- index_col：指定哪一列作为行索引。默认为None，表示不使用行索引。
- usecols：指定要读取的列。可以是列名或列索引。
- dtype：指定每列的数据类型。
- converters：指定每列的转换器函数。
- na_values：指定哪些值应该被视为缺失值。
- parse_dates：指定哪些列应该被解析为日期。
- date_parser：指定日期解析函数。
- nrows：指定要读取的行数。
- skiprows：指定要跳过的行数。
- skipfooter：指定要跳过的尾部行数。
- engine：指定解析引擎。默认为auto，表示自动选择最佳引擎。

2.1.3　读取本地图片数据

图像数据与文本数据在本质上有很大的不同，图像数据是由像素组成的二维或三维矩阵，包含颜色、形状、纹理等视觉信息。

下面我们通过案例来演示如何使用DeepSeek来读取本地图片上的数据。

案例 2-3　读取本地图片数据

为了让DeepSeek读取本地图片数据，首先，用户需要将图片文档上传到平台，这可以通过单击"上传"按钮并选择要上传的文件来完成。图片文档可以是一个图表、图像等，例如图2-1中的2023年天气质量等级分布的堆积条形图。

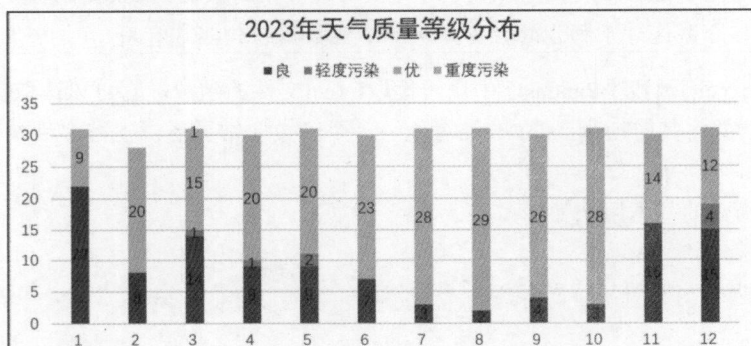

图 2-1　2023 年天气质量等级分布

接下来，DeepSeek将读取上传的图片文档。它使用计算机视觉技术来分析图片内容，并提取其中的信息。这可能包括识别图像中的文字、形状、颜色和其他视觉元素。

提取的信息将被输入DeepSeek中进行处理和分析。DeepSeek使用其训练有素的人工智能模型来理解输入的信息，并根据其编程指令进行分析。这可能包括对数据的解释、分类、计数或其他类型的分析。

最后，DeepSeek将生成一个输出，向用户展示其分析结果。这可能是一个文本描述、图表、表格或其他形式的可视化，以便用户可以理解和利用分析结果。用户可以根据这些结果来做出决策、解决问题或进一步探索数据。

提示语和输出如下：

提示语	你作为一名资深数据分析专家，具备以下技能。 业务理解能力：具备行业和业务领域的知识，能够理解业务需求本质，解决实际问题，并提供数据驱动的建议和解决方案。 编程语言技能：熟悉至少一种编程语言，了解如何使用文件操作函数和数据读取函数，以便准确地指定路径、格式和参数。

02

数据格式理解：熟悉常见的数据格式，如 Excel、CSV、JSON 等，理解这些格式的结构和特点，以便能正确地解析和读取数据。

数据库技能：熟悉数据库知识，能够编写查询语句以获取特定的数据表中的数据，精通如何连接多个表以获取更全面的信息。

数据清洗能力：能够识别和处理数据中的缺失值、异常值和重复值，对数据进行标准化和归一化处理，使数据具有可比性。

数据转换能力：能够熟练运用各种工具和技术，对不同格式、类型的数据进行清洗、整理和转换，以满足分析和建模需求。

工具使用能力：熟练使用数据读取工具和软件，如数据库管理工具、数据分析软件、数据可视化工具等，掌握其基本操作。

学习创新能力：伴随技术和行业发展，学习新工具和技术，不断更新自己的知识和技能，并不断创新和改进数据分析方法。

请你从专业的角度，从图像中提取文本数据，并描述一下这张图表的主要内容。

输　出

图片描述：

这张图片展示了 2023 年每个月的天气质量等级分布情况。图表使用堆叠柱状图的形式，分别显示了"优""良""轻度污染"和"重度污染"4 个等级的天数。

数据提取：

月份	优	良	轻度污染	重度污染
1 月	9	22	0	0
2 月	20	8	0	0
3 月	15	14	1	1
4 月	20	9	1	0
5 月	20	9	2	0
6 月	23	7	0	0
7 月	28	3	0	0
8 月	29	2	0	0
9 月	26	4	0	0
10 月	28	3	0	0
11 月	14	16	0	0
12 月	12	15	4	0

主要内容：

1. 优的天数：全年大部分月份的"优"天数都在 20 天以上，尤其是 7 月和 8 月，分别达到了 28 天和 29 天。

2. 良的天数：1 月和 11 月的"良"天数较多，分别为 22 天和 16 天。

3. 轻度污染：全年只有 3 月、4 月、5 月和 12 月出现了轻度污染天数，分别为 1 天、1 天、2 天和 4 天。

4. 重度污染：仅在 3 月出现了 1 天的重度污染。

总结：

从图表中可以看出，2023 年大部分时间的空气质量较好，优和良的天数占据了绝大多数。轻度污染和重度污染的天数较少，表明整体空气质量状况良好。

2.1.4　读取 PDF 文件数据

DeepSeek本身具有强大的语言理解和生成能力，但它无法直接读取PDF文件。我们可借助PyPDF2库，让DeepSeek获取PDF文件中的文本内容。

PyPDF2库是一个功能强大且广泛应用于Python编程中的工具，专门用于处理PDF文件，其主要功能如下：

- 读取PDF文件：PyPDF2能够轻松打开和读取各种PDF文件，无论其大小和复杂程度如何。它可以提取PDF文件中的文本内容、图像以及元数据等信息。例如，通过简单的代码调用，就可以将PDF中的文本提取出来进行进一步的分析和处理。
- 合并与拆分PDF：该库允许用户将多个PDF文件合并成一个，或者将一个大型的PDF文件拆分成多个较小的部分。这在需要整理和管理大量PDF文档时非常实用。例如，将一系列相关的报告合并为一个综合文档，或者将一个庞大的手册拆分成易于管理的章节。
- 加密与解密PDF：对于需要保护敏感信息的PDF文件，PyPDF2可以进行加密操作，设置密码来限制对文件的访问。同时，也可以对加密的PDF文件进行解密，以便在授权的情况下进行读取和处理。
- 旋转页面：如果PDF文件中的页面方向不正确，PyPDF2可以方便地对页面进行旋转操作，使其以正确的方向显示。这对于处理扫描文档或格式不规范的PDF非常有帮助。
- 提取特定页面：可以从一个PDF文件中提取特定的页面，以便单独进行处理或保存。这在只需要部分内容时可以节省时间和存储空间。

下面是DeepSeek读取PDF格式的医院患者随访数据的例子。

案例 2-4　读取 PDF 文件数据

医院患者随访数据是一种重要的医疗信息资源，承载着大量关于患者康复情况、治疗效果以及后续需求的宝贵数据。通常由医院的随访部门精心整理和生成，其中包含众多关键信息，如患者的基本信息，包括姓名、年龄、性别、联系方式等，这些信息为后续的随访工作提供了基础的识别和联系依据。

在与治疗相关的数据方面，文件中详细记录了患者的疾病诊断、接受的治疗方式、手术情况（如果有）、用药情况等。这些信息对于评估治疗效果、总结医疗经验以及进行医学研究都具有不可替代的价值。例如，通过分析不同治疗方式下患者的康复情况，可以为医生在未来的治疗决策中提供参考。

此外，患者随访数据的PDF文件还会记录患者在随访期间的各项指标和反馈。这可能包括患者的身体状况变化，如症状是否缓解、体力是否恢复、是否出现新的症状等；心理状态的评估，如焦虑、抑郁程度等；以及对医疗服务的满意度评价。这些数据不仅有助于医生及时调整治疗方案和提供更好的护理服务，还能帮助医院提升整体的医疗质量和患者体验。

图2-2是某医院患者随访PDF文件数据，包括病人号、随访天数、随访月数、治疗方式等关键信息。

病人号	随访天数	随访月数	是否死亡	治疗方式
1	8	1	1	1
2	181	7	1	2
3	632	22	1	2
4	852	29	0	1
5	52	2	1	1
6	2240	75	1	2
7	220	8	1	1
8	63	3	1	1
9	195	7	1	2
10	76	3	1	2
11	70	3	1	1
12	8	1	1	1
13	13	1	1	2
14	1990	67	0	2
15	1976	66	0	1
16	18	1	1	2
17	700	24	1	2
18	1296	44	0	1
19	1460	49	0	1
20	211	8	1	2
21	63	3	1	1
22	1328	45	0	1
23	1296	44	1	2
24	365	13	0	1
25	23	1	1	2

图 2-2　医院患者随访数据

提示语和输出如下。

提示语

你作为一名资深数据分析专家，具备以下技能。

业务理解能力：具备行业和业务领域的知识，能够理解业务需求本质，解决实际问题，并提供数据驱动的建议和解决方案。

编程语言技能：熟悉至少一种编程语言，了解如何使用文件操作函数和数据读取函数，以便准确地指定路径、格式和参数。

数据格式理解：熟悉常见的数据格式，如 Excel、CSV、JSON 等，理解这些格式的结构和特点，以便能正确地解析和读取数据。

数据库技能：熟悉数据库知识，能够编写查询语句获取特定的数据表中的数据，精通如何连接多个表以获取更全面的信息。

数据清洗能力：能够识别和处理数据中的缺失值、异常值和重复值，对数据进行标准化和归一化处理，使数据具有可比性。

数据转换能力：能够熟练运用各种工具和技术，对不同格式、类型的数据进行清洗、整理和转换，以满足分析和建模需求。

工具使用能力：熟练使用数据读取工具和软件，如数据库管理工具、数据分析软件、数据可视化工具等，掌握其基本操作。

学习创新能力：伴随技术和行业发展，学习新工具和技术，不断更新自己的知识和技能，并不断创新和改进数据分析方法。

请你从专业的角度，使用 PyPDF2 库读取@D://DeepSeek 高效数据分析//ch02//某医院患者随访数据.pdf 中的数据，将数据另存到本地"D://DeepSeek 高效数据分析//ch02//"中，并命名为某医院患者随访数据，格式为 Excel 表格。

输 出

要使用 Python 的 PyPDF2 库读取 PDF 文件中的数据，并将其保存为 Excel 格式，你可以按照以下步骤操作：

1. 安装必要的库，如果还没有安装，可以使用以下命令进行安装：

```
pip install PyPDF2 pandas openpyxl
```

2. 使用 PyPDF2 库读取 PDF 文件中的文本数据。
3. 将读取的数据处理成适合保存到 Excel 的格式。
4. 使用 Pandas 将数据保存为 Excel 文件。

下面是一个示例代码，展示如何实现这个过程：

```python
import PyPDF2
import pandas as pd

# PDF文件路径
pdf_path = "D://DeepSeek高效数据分析//ch02//某医院患者随访数据.pdf"
# Excel文件保存路径
excel_path = "D://DeepSeek高效数据分析//ch02//某医院患者随访数据.xlsx"

# 打开PDF文件
with open(pdf_path, 'rb') as file:
    reader = PyPDF2.PdfReader(file)
    num_pages = len(reader.pages)
    text = ''
```

```
# 读取每一页的文本数据
for page_num in range(num_pages):
    page = reader.pages[page_num]
    text += page.extract_text()

# 假设PDF文本数据是以某种固定格式存储的，这里需要根据实际格式进行解析和处理
# 这里只是一个示例，假设每行是一个记录，字段之间用逗号分隔
data = [line.split(',') for line in text.split('\n') if line]

# 创建 DataFrame
df = pd.DataFrame(data[1:], columns=data[0])

# 保存到 Excel文件中
df.to_excel(excel_path, index=False)
```

注意：

（1）这个示例假设 PDF 中的文本数据是以逗号分隔的格式存储的。实际情况可能不同，你需要根据实际的数据格式调整数据解析的逻辑。

（2）PyPDF2 的 extract_text()方法可能无法完美地从所有 PDF 文件中提取文本，特别是那些包含复杂布局或图像的 PDF 文件。如果提取的文本质量不高，可能需要考虑使用其他更高级的 PDF 处理工具，如 pdfplumber。

运行上述Python代码，就会将"某医院患者随访数据.pdf"文件中的数据另存为"某医院患者随访数据.xlsx"文件中解析的表2-1所示的随访数据。

表2-1　患者随访数据

病　人　号	随访天数	随访月数	是否死亡	治疗方式
1	8	1	1	1
2	181	7	1	2
3	632	22	1	2
4	852	29	0	1
5	52	2	1	1
6	2240	75	1	2
7	220	8	1	1
8	63	3	1	2
9	195	7	1	2
10	76	3	1	2
11	70	3	1	2
12	8	1	1	1
13	13	1	1	1
14	1990	67	0	2

（续表）

病 人 号	随访天数	随访月数	是否死亡	治疗方式
15	1976	66	0	1
16	18	1	1	2
17	700	24	1	2
18	1296	44	0	1
19	1460	49	0	1
20	211	8	1	1
21	63	3	1	1
22	1328	45	0	1
23	1296	44	1	2
24	365	13	0	1
25	23	1	1	2

2.1.5　读取 XML 格式数据

XML（Extensible Markup Language，可扩展标记语言）格式的数据常常因其良好的结构化和可扩展性而被广泛应用。DeepSeek可以通过结合Python中的xml.etree.ElementTree模块来读取XML格式数据，从而实现更丰富的应用场景。

下面通过案例介绍如何利用DeepSeek读取本地指定目录下的"企业商品颜色编码表.xml"格式数据。

案例 2-5　读取 XML 格式数据

企业商品颜色编码表是企业在商品管理和生产过程中至关重要的工具，它为不同颜色的商品赋予了特定的编码，以便于准确识别、分类和追踪。商品颜色编码表通常以表格的形式呈现，每一行代表一种特定的颜色，每一列则对应不同的信息字段。

商品颜色编码表中常见的字段包括颜色编码、颜色名称等，是企业实现高效管理和精准营销的重要工具。它通过标准化的编码体系，为企业的库存管理、生产计划、市场营销和质量控制等环节提供了有力的支持。

提示语和输出如下。

提示语	你作为一名资深数据分析专家，具备以下技能。 业务理解能力：具备行业和业务领域的知识，能够理解业务需求本质，解决实际问题，并提供数据驱动的建议和解决方案。 编程语言技能：熟悉至少一种编程语言，了解如何使用文件操作函数和数据读取函数，以便准确地指定路径、格式和参数。 数据格式理解：熟悉常见的数据格式，如 Excel、CSV、JSON 等，理解这些格式

的结构和特点，以便能正确地解析和读取数据。

数据库技能：熟悉数据库知识，能够编写查询语句获取特定的数据表中的数据，精通如何连接多个表以获取更全面的信息。

数据清洗能力：能够识别和处理数据中的缺失值、异常值和重复值，对数据进行标准化和归一化处理，使数据具有可比性。

数据转换能力：能够熟练运用各种工具和技术，对不同格式、类型的数据进行清洗、整理和转换，以满足分析和建模需求。

工具使用能力：熟练使用数据读取工具和软件，如数据库管理工具、数据分析软件、数据可视化工具等，掌握其基本操作。

学习创新能力：伴随技术和行业发展，学习新工具和技术，不断更新自己的知识和技能，并不断创新和改进数据分析方法。

请你从专业的角度，读取@D://DeepSeek 高效数据分析//ch02//企业商品颜色编码表.xml 中的数据，将数据另存到本地"D://DeepSeek 高效数据分析//ch02//"，并命名为颜色编码表，格式为 Excel 表格。

输　出

从您提供的代码片段来看，您已经实现了从 XML 文件中读取数据并将其保存为 Excel 文件的功能。以下是您的代码，它已经符合您的需求：

```python
(python:test.py)
import xml.etree.ElementTree as ET
import pandas as pd

# 解析 XML 文件
tree = ET.parse(D://DeepSeek高效数据分析//ch02//企业商品颜色编码表.xml)
root = tree.getroot()

# 提取数据
data = []
for child in root:
    record = {subchild.tag: subchild.text for subchild in child}
    data.append(record)

# 转换为 DataFrame
df = pd.DataFrame(data)

# 保存为 Excel 文件
excel_path = D://DeepSeek高效数据分析//ch02//颜色编码表.xlsx
df.to_excel(excel_path, index=False)
```

这段代码已经完全符合您的要求：从指定路径读取 XML 文件，解析并提取数据，然后将数据保存为 Excel 文件，存储到指定的路径并使用指定的文件名。如果您有其他具体的需求或遇到问题，请提供更多信息。

其中，xml.etree.ElementTree是Python中一个非常实用的用于处理XML数据的库，主要功能如下：

- 高效的XML解析：能够快速地读取和解析XML文档，将其转换为易于操作的Python对象结构。通过解析，XML文档中的各个元素、属性和文本内容被组织成树状结构，方便开发者进行遍历和访问。
- 灵活的元素操作：可以方便地创建、修改和删除XML文档中的元素。开发者可以根据需求添加新的元素、修改元素的属性值或文本内容，以及删除不需要的元素。例如，可以轻松地为一个XML文档添加新的子元素，或者修改某个特定元素的属性以满足不同的业务需求。
- 属性管理：能够有效地管理XML元素的属性。可以读取和修改元素的属性值，也可以添加新的属性或删除不需要的属性。这在处理具有复杂属性结构的XML文档时非常有用。
- 文本内容处理：对于XML元素中的文本内容，xml.etree.ElementTree库提供了简单而直接的方法进行读取和修改。可以轻松地获取元素的文本内容，并在需要时进行修改或替换。
- 遍历和搜索：支持对XML树结构的遍历和搜索操作。可以通过深度优先或广度优先的方式遍历整个XML树，访问每个元素及其子元素。同时，还可以根据特定的元素标签、属性值或文本内容进行搜索，快速定位到需要的元素。

运行上述Python代码，就会将"企业商品颜色编码表.xml"文件中的数据解析并另存到"颜色编码表.xlsx"文件中，如表2-2所示。

表2-2　颜色编码表

ColourID	Colour
1	Red
2	Blue
3	Green
4	Silver
5	Canary Yellow
6	Night Blue
7	Black
8	British Racing Green
9	Dark Purple
10	Pink

2.2　读取数据库数据

本节介绍如何利用DeepSeek读取数据库中的数据，包括Oracle数据库、MySQL数据库、SQL Server数据库、Kingbase数据库、OceanBase数据库、TIDB数据库等。

2.2.1　读取 Oracle 数据库数据

Oracle是一款功能强大、广泛应用的关系数据库管理系统。它具有高度的可靠性、安全性和可扩展性。Oracle支持大规模数据存储和处理，适用于企业级应用。Oracle提供了丰富的工具和功能，如强大的SQL语言支持、事务处理、备份与恢复等。

Oracle在金融、电信、制造业等众多行业中发挥着关键作用，能够帮助企业高效管理和利用数据，为业务决策提供有力支持。Python读取Oracle数据库数据的流程较复杂，需要安装第三方cx_Oracle包，还需要注意Python版本与Oracle版本的对应关系，以及数据库的权限配置等问题。

案例 2-6　读取 Oracle 数据库数据

下面将详细介绍如何从Oracle数据库读取数据，其中连接名为Oracle，端口号是1521，服务名为ORCL，数据表是极为重要的订单表（orders）。

在本地环境中，要成功地从这样的数据库中读取特定的数据表内容，需要准确地配置连接参数并使用合适的方法进行操作。

首先，明确连接名Oracle代表着与特定数据库实例的连接标识，确保能够准确地指向所需的数据库。端口号1521是Oracle数据库的默认端口之一，通过这个端口，应用程序可以与数据库进行数据传输和交互。服务名ORCL则进一步确定了要连接的具体数据库服务，帮助数据库系统准确地识别和定位所需的数据库实例。

其次，订单表（orders）作为本次操作的目标数据表，其中可能包含丰富的业务信息，如订单编号、客户信息、订单日期、产品详情、订单金额等。这些数据对于企业的销售分析、库存管理、客户关系管理等都具有至关重要的价值。

提示语和输出如下。

提示语	你作为一名资深数据分析专家，具备以下技能。 **业务理解能力**：具备行业和业务领域的知识，能够理解业务需求本质，解决实际问题，并提供数据驱动的建议和解决方案。 **编程语言技能**：熟悉至少一种编程语言，了解如何使用文件操作函数和数据读取函数，以便准确地指定路径、格式和参数。 **数据格式理解**：熟悉常见的数据格式，如 Excel、CSV、JSON 等，理解这些格式的结构和特点，以便能正确地解析和读取数据。 **数据库技能**：熟悉数据库知识，能够编写查询语句获取特定的数据表中的数据，精通如何连接多个表以获取更全面的信息。 **数据清洗能力**：能够识别和处理数据中的缺失值、异常值和重复值，对数据进行标准化和归一化处理，使数据具有可比性。 **数据转换能力**：能够熟练运用各种工具和技术，对不同格式、类型的数据进行清

洗、整理和转换，以满足分析和建模需求。

工具使用能力：熟练使用数据读取工具和软件，如数据库管理工具、数据分析软件、数据可视化工具等，掌握其基本操作。

学习创新能力：伴随技术和行业发展，学习新工具和技术，不断更新自己的知识和技能，并不断创新和改进数据分析方法。

使用 cx_Oracle 库从本地 Oracle 数据库读取数据，连接名是 Oracle，端口号是 1521，服务名是 ORCL，用户名是 sales，密码是 Wren2014。订单表（orders）字段包括订单编号（OrderID）、订单日期（OrderDate）、客户姓名（CustomerName）、产品名称（ProductName）、销售额（Sales）、数量（Amount），字段加上双引号，以表格的形式输出前 6 条数据（使用 ROWNUM 实现），添加代码中文注释，并对程序进行详细解释。

输 出

要使用 cx_Oracle 库从本地 Oracle 数据库读取数据并以表格形式输出前 6 条订单数据，你需要按照以下步骤进行：

1. **安装 cx_Oracle 库**：如果你还没有安装 cx_Oracle 库，可以运行 pip install cx_Oracle 命令进行安装。

2. **连接数据库**：使用提供的数据库连接信息（连接名、端口号、服务名、用户名和密码）来建立与 Oracle 数据库的连接。

3. **执行 SQL 查询**：编写一个 SQL 查询，使用 ROWNUM 来限制结果只返回前 6 条数据。

4. **数据展示**：使用 Python 的 Pandas 库（如果未安装，可以运行 pip install pandas 命令进行安装）可以更方便地以表格形式展示数据。

下面是完成上述步骤的示例代码：

```python
import cx_Oracle
import pandas as pd

# 数据库连接信息
dsn_tns = cx_Oracle.makedsn('localhost', 1521, service_name='ORCL')
conn = cx_Oracle.connect(user='sales', password='Wren2014',
dsn=dsn_tns)

# SQL查询，获取前6条订单数据
query = """
SELECT "OrderID", "OrderDate", "CustomerName", "ProductName",
"Sales", "Amount"
FROM "orders"
WHERE ROWNUM <= 6
"""
```

```
# 使用Pandas读取数据
df = pd.read_sql(query, conn)

# 关闭数据库连接
conn.close()

# 输出数据表格
print(df)

### 代码说明:
```

- **导入库**: 首先导入cx_Oracle和Pandas库。cx_Oracle用于与Oracle数据库交互,Pandas用于数据处理和展示。
- **建立数据库连接**: 使用cx_Oracle.connect()方法建立到Oracle数据库的连接。makedsn函数用于生成数据源名称(DSN),其中包括主机名(这里假设数据库在本地主机上,所以是localhost)、端口号(1521)和服务名(ORCL)。
- **执行SQL查询**: 定义一个SQL查询,选取orders表中的特定字段,并使用ROWNUM限制结果集只包含前6条记录。
- **读取数据**: 使用Pandas的read_sql函数执行SQL查询并将结果加载到DataFrame中,这样可以方便地以表格形式展示数据。
- **关闭连接**: 在数据读取完成后,关闭数据库连接以释放资源。
- **展示数据**: 最后,使用print函数打印出DataFrame,以表格形式展示前6条订单数据。

请确保你的 Oracle 数据库服务正在运行,并且 sales 用户有权访问 orders 表。此外,根据你的环境配置,可能需要调整数据库连接信息。

其中,cx_Oracle是Python中连接Oracle数据库的模块,connect()函数用于创建一个数据库连接。主要参数包括:

- user: 连接数据库的用户名。
- password: 连接数据库的密码。
- dsn: 数据源名称,指定连接的数据库及其他信息。
- mode: 连接模式,默认为cx_Oracle.DEFAULT_AUTH。
- encoding: 连接编码方式,默认为None。
- nencoding: 连接NLS编码方式,默认为None。
- events: 指定事件处理器。
- threaded: 是否使用多线程,默认为False。
- **kwargs: 其他参数,如: handleerror、pooling等。

运行上述Python代码,输出结果如下:

```
      OrderID    OrderDate  CustomerName      ProductName        Sales  Amount
0  CN-2023-103607  2023-12-31      潘盛    Advantus_按钉_每包_12_个  258.72    4
1  CN-2023-103618  2023-12-31      洪强    Cuisinart_烤面包机_黑色    246.82    1
2  CN-2023-103614  2023-12-31      范恒    GlobeWeis_搭扣信封_回收    121.8     3
```

3	CN-2023-103617	2023-12-31	洪强	Avery_装订机_透明	57.68	1
4	CN-2023-103615	2023-12-31	洪强	Hon_折叠椅_红色	1899.8	5
5	CN-2023-103606	2023-12-31	韩莞颖	Accos_回形针_整包	524.16	8

2.2.2　读取 MySQL 数据库数据

MySQL是一种广泛使用的开源关系数据库管理系统。它具有高性能、高可靠性和易于使用的特点。MySQL支持多种操作系统，适用于中小型企业以及个人开发者。它提供了强大的SQL语言支持，可进行高效的数据存储、查询和管理。

使用Python读取MySQL数据库的数据十分便捷。首先需要安装MySQL驱动程序，如pymysql。通过导入该库，建立与数据库的连接。然后使用SQL查询语句获取所需数据，执行查询后返回结果集。可以遍历结果集，提取每一行的数据。

案例 2-7　读取 MySQL 数据库数据

下面将详细介绍如何从MySQL数据库中读取数据。本次连接的目标数据库连接名为MySQL，端口号是3306，数据库名称为trove，具体要读取的数据表是供应商信息表（suppliers）。

供应商信息表（suppliers）在业务系统中起着关键作用。这个表中可能包含供应商的各种详细信息，如供应商编号、供应商名称、联系方式、地址、供应产品类别等。这些信息对于企业的采购管理、供应链优化以及合作伙伴关系的维护都具有极其重要的价值。

提示语和输出如下。

提示语	你作为一名资深数据分析专家，具备以下技能。
	业务理解能力：具备行业和业务领域的知识，能够理解业务需求本质，解决实际问题，并提供数据驱动的建议和解决方案。
	编程语言技能：熟悉至少一种编程语言，了解如何使用文件操作函数和数据读取函数，以便准确地指定路径、格式和参数。
	数据格式理解：熟悉常见的数据格式，如 Excel、CSV、JSON 等，理解这些格式的结构和特点，以便能正确地解析和读取数据。
	数据库技能：熟悉数据库知识，能够编写查询语句获取特定的数据表中的数据，精通如何连接多个表以获取更全面的信息。
	数据清洗能力：能够识别和处理数据中的缺失值、异常值和重复值，对数据进行标准化和归一化处理，使数据具有可比性。
	数据转换能力：能够熟练运用各种工具和技术，对不同格式、类型的数据进行清洗、整理和转换，以满足分析和建模需求。
	工具使用能力：熟练使用数据读取工具和软件，如数据库管理工具、数据分析软件、数据可视化工具等，掌握其基本操作。

02

　　学习创新能力：伴随技术和行业发展，学习新工具和技术，不断更新自己的知识和技能，并不断创新和改进数据分析方法。

　　使用 pymysql 库从本地 MySQL 数据库读取数据，连接名是 MySQL，端口号是 3306，用户名是 root，密码是 root，数据库是 trove。供应商信息表（suppliers）字段包括供应商编号（SupplierID）、公司名称（CompanyName）、联系人姓名（ContactName）、联系人头衔（ContactTitle）、公司所在城市（City）、公司邮编（PostalCode），以表格的形式输出前 6 条数据，添加代码中文注释，并对程序进行详细解释。

输　出

　　要使用 pymysql 库从本地 MySQL 数据库中读取数据并以表格形式输出前 6 条供应商信息，首先确保你已经安装了 pymysql 和 Pandas 库。如果未安装，可以使用以下命令进行安装：

```
pip install pymysql pandas
```

　　以下是一个简单的 Python 脚本，展示了如何连接到 MySQL 数据库，执行查询，并以表格形式输出结果。

```python
import pymysql
import pandas as pd
# 连接数据库
# 使用pymysql.connect()方法连接MySQL数据库，参数包括主机名、端口号、用户名、
密码和数据库名
connection = pymysql.connect(host='localhost',
                             port=3306,
                             user='root',
                             password='root',
                             database='trove')

try:
    # 创建一个游标对象，使用游标来执行SQL查询
    with connection.cursor() as cursor:
        # SQL查询语句，选择suppliers表的前6条记录
        sql = "SELECT SupplierID, CompanyName, ContactName,
ContactTitle, City, PostalCode FROM suppliers LIMIT 6"

        # 执行SQL查询
        cursor.execute(sql)

        # 使用fetchall()获取所有查询结果
        result = cursor.fetchall()

        # 将查询结果转换为DataFrame，以便更容易地进行数据处理和显示
        # 指定列名以匹配查询结果
```

```
                    df = pd.DataFrame(result, columns=['SupplierID',
    'CompanyName', 'ContactName', 'ContactTitle', 'City', 'PostalCode'])

                    # 输出DataFrame，即以表格形式显示查询结果
                    print(df)
        finally:
            # 关闭数据库连接
            connection.close()
```

这段代码首先导入了必要的库：pymysql 用于连接 MySQL 数据库，Pandas 用于数据处理和显示。

接着，使用 pymysql.connect()方法建立到 MySQL 数据库的连接。这里需要提供数据库的主机名（localhost）、端口号（3306）、用户名（root）、密码（root）以及要连接的数据库名（trove）。

然后，创建一个游标对象，通过游标执行 SQL 查询。这里的查询是选择 suppliers 表的前 6 条记录。

使用 cursor.fetchall()方法获取查询结果，然后将这些结果转换为 Pandas 的 DataFrame。这样做的好处是可以利用 Pandas 强大的数据处理和显示功能，比如这里直接打印 DataFrame 以表格形式展示查询结果。

最后，不要忘记关闭数据库连接，释放资源。

Python可以直接读取MySQL数据库，需要安装pymysql库。create_engine(mysql+pymysql)是Python中用于连接MySQL数据库的函数，它使用了pymysql驱动程序来实现MySQL的连接和操作。主要参数如下：

- dialect：指定数据库类型，这里是mysql。
- driver：指定驱动程序，这里是pymysql。
- host：指定数据库主机名或IP地址。
- port：指定数据库端口号，默认为3306。
- user：指定连接数据库的用户名。
- password：指定连接数据库的密码。
- database：指定连接的数据库名称。
- charset：指定字符集，常用的有UTF8、GBK等。
- pool_size：指定连接池大小，即同时打开的连接数。
- max_overflow：指定连接池中最多可以创建的连接数，当连接池中的连接数达到这个值时，新的连接请求将被阻塞。

运行上述Python代码，输出结果如下。

```
SupplierID CompanyName ContactName ContactTitle City PostalCode
```

0	1	佳佳乐	邢宁	采购经理	北京	100023
1	2	康富食品	彭博	订购主管	北京	170117
2	3	妙生	薛磊	销售代表	上海	248104
3	4	为全	洪毅	市场经理	北京	100045
4	5	日正	黄丽	出口主管	北京	133007
5	6	德昌	白婵	市场代表	北京	100545

2.2.3　读取 SQL Server 数据库数据

SQL Server是由微软推出的关系数据库管理系统，它具有强大的性能和可靠性，适用于企业级应用。SQL Server支持大规模数据存储和复杂的查询操作，提供丰富的安全功能以保护数据。它拥有直观的管理工具，方便管理员进行数据库维护。

在Python中读取SQL Server数据库数据可以通过安装pymssql库来实现。首先，建立与SQL Server数据库的连接，指定服务器地址、数据库名称、用户名和密码等参数。然后，使用SQL查询语句获取所需数据，执行查询操作后会返回一个结果集。可以遍历这个结果集，提取每一行的数据进行处理。Python的灵活性使得读取到的数据可以进行各种分析和操作，为数据分析和应用开发提供有力支持。

案例 2-8　读取 SQL Server 数据库

下面将详细介绍如何从本地的SQL Server数据库中读取数据，该数据库的端口号为1400，数据库名称是SALES，目标数据表为客户信息表（customers）。

客户信息表（customers）在销售业务中起着核心作用。这个表中可能存储了客户的详细信息，包括客户编号、姓名、联系方式、地址、购买历史等。这些信息对于企业了解客户需求、进行市场分析、制定营销策略以及提供个性化的客户服务都具有极其重要的价值。

提示语和输出如下。

提示语

你作为一名资深数据分析专家，具备以下技能。

业务理解能力：具备行业和业务领域的知识，能够理解业务需求本质，解决实际问题，并提供数据驱动的建议和解决方案。

编程语言技能：熟悉至少一种编程语言，了解如何使用文件操作函数和数据读取函数，以便准确地指定路径、格式和参数。

数据格式理解：熟悉常见的数据格式，如 Excel、CSV、JSON 等，理解这些格式的结构和特点，以便能正确地解析和读取数据。

数据库技能：熟悉数据库知识，能够编写查询语句获取特定的数据表中的数据，精通如何连接多个表以获取更全面的信息。

数据清洗能力：能够识别和处理数据中的缺失值、异常值和重复值，对数据进行标准化和归一化处理，使数据具有可比性。

数据转换能力：能够熟练运用各种工具和技术，对不同格式、类型的数据进行清洗、整理和转换，以满足分析和建模需求。

工具使用能力：熟练使用数据读取工具和软件，如数据库管理工具、数据分析软件、数据可视化工具等，掌握其基本操作。

学习创新能力：伴随技术和行业发展，学习新工具和技术，不断更新自己的知识和技能，并不断创新和改进数据分析方法。

使用 pymssql 库从本地 SQL Server 数据库中读取数据，端口号是 1400，数据库是 SALES，用户名是 sa，密码是 SA@12345。客户信息表（customers）字段包括客户编号（CustomerID）、性别（Gender）、年龄（Age）、教育程度（Education）、客户职业（Occupation）、价值等级（Custcat），以表格的形式输出前 6 条数据，添加代码中文注释，并对程序进行详细解释。

输 出

要使用 pymssql 库从 SQL Server 数据库读取数据并以表格形式输出，首先需要确保已经安装了 pymssql 和 Pandas 库。如果未安装，可以使用以下命令进行安装：

```
pip install pymssql pandas
```

以下是一个示例代码，展示如何连接到数据库、执行查询并以表格形式输出前 6 条客户信息记录。

```python
import pymssql
import pandas as pd

# 连接到SQL Server数据库
conn = pymssql.connect(server='localhost', user='sa',
password='SA@12345', database='SALES', port='1400')

# 创建一个cursor对象，用于执行查询
cursor = conn.cursor()

# 执行SQL查询，选择客户信息表（customers）的前6条记录
cursor.execute('SELECT TOP 6 CustomerID, Gender, Age, Education,
Occupation, Custcat FROM customers')

# 使用Pandas的DataFrame来格式化输出结果
# fetchall()获取所有查询结果，列名直接作为参数传递给DataFrame
df = pd.DataFrame(cursor.fetchall(), columns=['CustomerID', 'Gender',
'Age', 'Education', 'Occupation', 'Custcat'])

# 关闭数据库连接
conn.close()

# 输出表格
print(df)
```

```
### 代码说明：
    1. **导入必要的库**：首先导入pymssql和Pandas库。pymssql用于与SQL Server数据库进
行交互，Pandas用于数据处理和输出表格。
    2. **建立数据库连接**：使用pymssql.connect()方法连接到本地SQL Server数据库。这
里需要提供服务器地址（localhost）、端口号（1400）、数据库名称（SALES）、用户名（sa）和密
码（SA@12345）。
    3. **创建cursor对象**：通过数据库连接创建一个cursor对象，它允许我们执行SQL查询。
    4. **执行SQL查询**：使用cursor.execute()方法执行SQL查询，这里选择customers表的
前6条记录。查询的字段包括客户编号（CustomerID）、性别（Gender）、年龄（Age）、教育程度
（Education）、客户职业（Occupation）、价值等级（Custcat）。
    5. **使用Pandas格式化输出**：通过cursor.fetchall()获取查询结果，并使用
pandas.DataFrame将结果转换为表格形式。指定列名以匹配查询结果。
    6. **关闭数据库连接**：使用conn.close()关闭数据库连接，释放资源。
    7. **输出表格**：最后，使用print(df)输出查询结果的表格。
```

　　这段代码展示了如何使用 pymssql 和 Pandas 从 SQL Server 数据库读取数据，并以表格形式展示。这对于数据分析和处理非常有用，可以轻松地查看和分析数据。

create_engine(mssql+pymssql)是Python中用于创建与Microsoft SQL Server数据库进行交互的引擎。其中，mssql是数据库类型，pymssql是Python的MSSQL数据库驱动。主要参数如下：

- dialect：数据库类型，此处为mssql。
- driver：数据库驱动，此处为pymssql。
- username：登录数据库的用户名。
- password：登录数据库的密码。
- host：数据库服务器的地址。
- port：数据库服务器的端口号。
- database：要连接的数据库名称。
- echo：是否开启SQL语句的输出，默认为False。
- pool_size：连接池中的连接数，默认为5。
- max_overflow：连接池中最多可以创建的连接数，默认为10。
- pool_timeout：连接池中连接的超时时间，默认为30秒。
- connect_args：连接数据库时的其他参数，例如字符集等。
- kwargs：其他可选参数，例如ssl等。

运行上述Python代码，输出结果如下。

```
   CustomerID  Gender  Age  Education  Occupation  Custcat
0  Cust-10015  男      34   本科        普通工人       高价值客户
1  Cust-10030  男      54   硕士及以上    技术工人       低价值客户
2  Cust-10045  男      37   高中        普通工人       低价值客户
3  Cust-10060  女      60   大专        普通工人       低价值客户
4  Cust-10075  男      28   本科        公司白领       一般价值客户
5  Cust-10090  女      36   高中        普通工人       一般价值客户
```

2.2.4　读取 Kingbase 数据库数据

Kingbase是一款国产数据库管理系统，它具有高可靠性、高性能和高安全性等特点。Kingbase支持多种数据类型和复杂查询，适用于各类企业应用场景。其提供了强大的事务处理能力和数据备份恢复机制，用于确保数据的完整性和可用性。Kingbase还具备良好的兼容性，可与多种操作系统和开发工具配合使用。

在Python中读取Kingbase数据库数据，可使用psycopg2库等工具。首先安装所需库并建立与Kingbase数据库的连接，设置好数据库地址、端口、用户名、密码等参数。使用SQL查询语句获取所需数据，执行查询后得到结果集。通过遍历结果集，能提取每一行的数据进行处理。Python的灵活性可对读取到的数据进行分析、可视化等操作，为基于Kingbase数据库的应用开发和数据分析提供有力支持。

案例 2-9　读取 Kingbase 数据库

下面将详细介绍如何从Kingbase数据库中读取数据，该数据库的端口号为54321，数据库名称是test，目标数据表为客户信息表（customers）。

端口号54321是连接到Kingbase数据库的特定通道标识，它就像是一扇门，允许外部程序与数据库进行通信，实现数据的传输和交互。数据库名称test明确了我们要操作的具体数据库实例，这个数据库中可能存储着各种与业务相关的数据表和信息。

提示语和输出如下。

提示语

你作为一名资深数据分析专家，具备以下技能。

业务理解能力：具备行业和业务领域的知识，能够理解业务需求本质，解决实际问题，并提供数据驱动的建议和解决方案。

编程语言技能：熟悉至少一种编程语言，了解如何使用文件操作函数和数据读取函数，以便准确地指定路径、格式和参数。

数据格式理解：熟悉常见的数据格式，如 Excel、CSV、JSON 等，理解这些格式的结构和特点，以便能正确地解析和读取数据。

数据库技能：熟悉数据库知识，能够编写查询语句以获取特定的数据表中的数据，精通如何连接多个表以获取更全面的信息。

数据清洗能力：能够识别和处理数据中的缺失值、异常值和重复值，对数据进行标准化和归一化处理，使数据具有可比性。

数据转换能力：能够熟练运用各种工具和技术，对不同格式、类型的数据进行清洗、整理和转换，以满足分析和建模需求。

工具使用能力：熟练使用数据读取工具和软件，如数据库管理工具、数据分析软件、数据可视化工具等，掌握其基本操作。

学习创新能力：伴随技术和行业发展，学习新工具和技术，不断更新自己的知识和技能，并不断创新和改进数据分析方法。

从本地 Kingbase 数据库读取数据，端口号是 54321，数据库是 test，用户名是 system，密码是 654321。客户信息表（customers）字段包括客户编号（CustomerID）、性别（Gender）、年龄（Age）、教育程度（Education）、客户职业（Occupation）、价值等级（Custcat），以表格的形式输出前 6 条数据，添加代码中文注释，并对程序进行详细解释，数据库编码是 UTF-8。

输出

要从本地的 Kingbase 数据库读取数据并输出前 6 条客户信息表的数据，可以使用 Python 中的 psycopg2 库来连接和查询数据库。以下是一个示例代码，包含中文注释和详细解释：

```python
import psycopg2
import pandas as pd

# 连接到 Kingbase 数据库
try:
    # 创建数据库连接
    connection = psycopg2.connect(
        host="localhost",  # 数据库主机地址
        port="54321",      # 数据库端口号
        database="test",   # 数据库名称
        user="system",     # 用户名
        password="654321", # 密码
        options="-c client_encoding=UTF8"  # 设置客户端编码为 UTF-8
    )

    # 创建游标对象
    cursor = connection.cursor()

    # SQL 查询语句，获取前 6 条数据
    query = """
    SELECT CustomerID, Gender, Age, Education, Occupation, Custcat
    FROM customers
    LIMIT 6;
    """

    # 执行查询
    cursor.execute(query)

    # 获取查询结果
    rows = cursor.fetchall()

    # 将结果转换为 Pandas DataFrame
    df = pd.DataFrame(rows, columns=['CustomerID', 'Gender', 'Age',
'Education', 'Occupation', 'Custcat'])
```

```
        # 输出前 6 条数据
        print(df)

except Exception as e:
    print("数据库连接或查询出现错误:", e)

finally:
    # 关闭游标和连接
    if cursor:
        cursor.close()
    if connection:
        connection.close()
```

代码说明：

1. **导入库**：
   - psycopg2：用于连接和操作PostgreSQL数据库（Kingbase是基于PostgreSQL的）。
   - Pandas：用于数据处理和表格化输出。

2. **连接数据库**：
   - 使用psycopg2.connect()方法连接到数据库，指定主机、端口、数据库名称、用户名、密码和客户端编码。

3. **创建游标**：
   - 使用connection.cursor()创建游标对象，用于执行SQL查询。

4. **执行查询**：
   - 编写SQL查询语句，选择customers表中的前6条记录。
   - 使用cursor.execute(query)执行查询。

5. **获取结果**：
   - 使用cursor.fetchall()获取查询结果。
   - 将结果转换为 Pandas DataFrame以便于表格化输出。

6. **输出结果**：
   - 使用print(df)输出 DataFrame，显示前6条数据。

7. **异常处理**：
   - 使用try-except块捕获并处理可能的异常。

8. **关闭连接**：
   - 在 finally 块中关闭游标和数据库连接，确保资源释放。

通过这种方式，你可以从 Kingbase 数据库中读取数据并以表格形式输出。

psycopg2库是Python开发者在处理PostgreSQL数据库时的得力工具，它的功能丰富、易用性强、可靠性高，为开发高效、稳定的数据库应用程序提供了有力支持。

运行上述Python代码，输出结果如下。

```
     CustomerID  Gender  Age  Education   Occupation  Custcat
  0  Cust-10015  男      34   本科        普通工人      高价值客户
  1  Cust-10030  男      54   硕士及以上   技术工人      低价值客户
  2  Cust-10045  男      37   高中        普通工人      低价值客户
  3  Cust-10060  女      60   大专        普通工人      低价值客户
  4  Cust-10075  男      28   本科        公司白领      一般价值客户
  5  Cust-10090  女      36   高中        普通工人      一般价值客户
```

02

2.2.5　读取 OceanBase 数据库数据

OceanBase是一款专为分布式环境设计的数据库，其通过多副本存储机制，能够确保数据的安全性和可靠性。它在金融、电商等领域有广泛应用，例如在金融领域，它能够支持高频交易和数据一致性要求；在电商领域，它能够处理海量订单和用户数据，满足复杂业务的需求。OceanBase还提供丰富的管理工具和接口，方便用户进行数据库的部署、监控和管理，为企业数字化转型提供强大的数据库支持。

在Python中读取OceanBase数据库数据可借助相关驱动或库。首先安装适配的库，并配置连接参数，如数据库地址、端口、用户名、密码等以建立连接。使用SQL查询语句向OceanBase数据库发送请求，执行后获取结果集。接着遍历结果集，提取每一行的数据进行处理。

案例 2-10　读取 OceanBase 数据库数据

下面将详细介绍如何从OceanBase数据库中读取数据，该数据库的端口号为2881，数据库名称是test，目标数据表为客户信息表（customers）。

从OceanBase数据库中提取客户信息表中的数据，可以进一步用于数据分析、报表生成、客户关系管理等多个领域，为企业的决策制定和业务发展提供有力的支持。

提示语和输出如下。

提示语	你作为一名资深数据分析专家，具备以下技能。 业务理解能力：具备行业和业务领域的知识，能够理解业务需求本质，解决实际问题，并提供数据驱动的建议和解决方案。 编程语言技能：熟悉至少一种编程语言，了解如何使用文件操作函数和数据读取函数，以便准确地指定路径、格式和参数。 数据格式理解：熟悉常见的数据格式，如 Excel、CSV、JSON 等，理解这些格式的结构和特点，以便能正确地解析和读取数据。 数据库技能：熟悉数据库知识，能够编写查询语句以获取特定的数据表中的数据，精通如何连接多个表以获取更全面的信息。 数据清洗能力：能够识别和处理数据中的缺失值、异常值和重复值，对数据进行标准化和归一化处理，使数据具有可比性。 数据转换能力：能够熟练运用各种工具和技术，对不同格式、类型的数据进行清洗、

整理和转换，以满足分析和建模需求。

工具使用能力：熟练使用数据读取工具和软件，如数据库管理工具、数据分析软件、数据可视化工具等，掌握其基本操作。

学习创新能力：伴随技术和行业发展，学习新工具和技术，不断更新自己的知识和技能，并不断创新和改进数据分析方法。

从本地 OceanBase 数据库读取数据，端口号是 2881，数据库是 test，用户名是 root，密码为空。客户信息表（customers）字段包括客户编号（CustomerID）、性别（Gender）、年龄（Age）、教育程度（Education）、客户职业（Occupation）、价值等级（Custcat），以表格的形式输出前 6 条数据，添加代码中文注释，并对程序进行详细解释。

输 出

根据您的需求，您需要从本地的 OceanBase 数据库读取客户信息表的前 6 条数据，并以表格形式输出。下面是一个使用 Python 和 Pandas 库来实现这一需求的示例代码。请注意，您提到的数据库是 OceanBase，但在 Python 中通常使用 psycopg2 库连接 PostgreSQL 数据库。对于 OceanBase 或其他类型的数据库，您可能需要使用不同的库（如 PyMySQL 或 cx_Oracle 等）。在这里，假设您可以使用类似的连接方式。

```python
(python:test.py)
import pandas as pd
import pymysql

def fetch_data():
    # 连接到本地OceanBase数据库
    connection = pymysql.connect(
        host='localhost',
        port=2881,
        database='test',
        user='root',
        password='',
        charset='utf8mb4'
    )

    # 创建一个cursor对象来执行查询
    cursor = connection.cursor()

    # 执行SQL查询，获取前6条客户信息
    query = """
    SELECT 'CustomerID', 'Gender', 'Age', 'Education', 'Occupation',
'Custcat'
    FROM customers
    LIMIT 6;
    """
    cursor.execute(query)

    # 使用Pandas的DataFrame来格式化输出表格
```

```
        df = pd.read_sql_query(query, connection)

        # 关闭数据库连接
        cursor.close()
        connection.close()

        # 打印结果
        print(df)

# 调用函数
fetch_data()

### 程序解释：
    1. **数据库连接**：使用pymysql.connect建立与本地OceanBase数据库的连接，指定了主
机地址、端口号、数据库名、用户名和密码。
    2. **查询执行**：创建一个cursor对象，用于执行SQL查询。查询语句选取了customers表中
的前6条记录。
    3. **数据处理**：使用Pandas的read_sql_query函数，直接将SQL查询的结果加载到
DataFrame中，这样可以方便地进行数据处理和分析。
    4. **资源清理**：查询完成后，关闭cursor和数据库连接，释放资源。
    5. **结果输出**：打印DataFrame，以表格形式展示查询结果。
```

这段代码展示了如何从数据库中提取数据并利用 Pandas 进行格式化，适用于数据分析和数据处理的初步阶段。

运行上述Python代码，输出结果如下。

```
    CustomerID  Gender  Age  Education  Occupation  Custcat
0   Cust-10015   男     34   本科        普通工人      高价值客户
1   Cust-10030   男     54   硕士及以上   技术工人      低价值客户
2   Cust-10045   男     37   高中        普通工人      低价值客户
3   Cust-10060   女     60   大专        普通工人      低价值客户
4   Cust-10075   男     28   本科        公司白领      一般价值客户
5   Cust-10090   女     36   高中        普通工人      一般价值客户
```

2.3　读取 Web 在线数据

Web在线数据至关重要，它能为企业提供市场洞察、助力决策，为用户带来个性化体验，提升服务质量，推动数字经济发展。本节介绍如何利用DeepSeek读取Web在线数据，包括如何获取并解析Web数据、读取UCI红酒在线数据案例等。

2.3.1　如何获取并解析 Web 数据

DeepSeek在获取并解析Web信息方面具有强大的能力。通过信息抽取、语义理解和数据清洗等环节，它能够为用户提供准确、有用的Web信息，帮助用户在信息海洋中快速找到所需的内容。

1. 信息抽取

DeepSeek通过先进的自然语言处理技术，能够高效地从网页中提取出关键信息。当面对复杂的网页结构时，它如同一位精准的信息猎手，敏锐地捕捉到重要元素。

标题是网页内容的重要概括，DeepSeek可以准确地识别并提取出网页的标题信息。无论是简洁明了的新闻标题，还是富有创意的博客标题，它都能迅速抓取，为用户提供对网页主题的初步认知。例如，在浏览新闻网站时，DeepSeek能快速提取出各个新闻稿件的标题，让用户一眼就能了解到主要的新闻事件。

正文内容是网页的核心部分，DeepSeek运用其强大的文本理解能力，从冗长的网页正文中提取出关键语句和段落。它能够区分重要信息和次要内容，将最有价值的部分抽取出来。对于包含大量文字的学术论文网页，DeepSeek可以提取出核心观点、研究方法和结论等关键内容，为用户节省阅读时间。

链接在网页中起着连接不同页面和资源的作用，DeepSeek也能有效地提取出网页中的链接信息。这些链接可能指向相关的文章、资料或者其他网页，为用户提供进一步的信息拓展。例如，在知识分享平台上，DeepSeek可以提取出网页中的相关链接，帮助用户深入了解特定主题。

2. 语义理解

DeepSeek能够深入理解网页内容的语义，这是其准确提取用户所需信息的关键。与传统的信息提取方法不同，它不仅仅是机械地提取文字，而是真正理解文本的含义。

通过对自然语言的分析和理解，DeepSeek可以判断网页内容的主题、情感倾向和重要程度。例如，在阅读一篇评论文章时，它能够理解作者的观点和态度，提取出关键的评价内容。对于技术文档网页，它可以理解专业术语和概念，准确提取出用户关心的技术要点。

这种语义理解能力使得DeepSeek能够根据用户的具体需求，有针对性地提取信息。如果用户询问关于某个特定产品的评价，DeepSeek可以在网页中搜索相关内容，并理解评价的语义，提取出正面和负面的评价信息，为用户提供全面的了解。

3. 数据清洗

在从网页中提取出信息后，DeepSeek会对提取出的数据进行清洗和整理。网页中常常包含大量的无用信息和噪声数据，这些数据会干扰用户对关键信息的获取。

DeepSeek能够去除这些无用信息和噪声数据，使提取出的信息更加纯净和准确。它可以识别并删除广告、重复内容、无关的链接等干扰因素。对于格式不规范的文本，它也能进行整理和规范化处理。例如，在提取网页中的数据时，DeepSeek会去除网页中的广告弹窗和侧边栏广告，只保留与用户需求相关的内容。

通过数据清洗，DeepSeek为用户提供了高质量的信息，提高了信息的可读性和可用性。用户不再需要花费大量时间筛选和整理信息，能够更加高效地获取所需内容。

2.3.2　读取 UCI 红酒在线数据

UCI红酒数据通常指的是UCI机器学习库中的红酒数据集，这些数据集被广泛用于机器学习、数据挖掘和统计分析等领域的研究和教学。UCI机器学习库是一个广泛使用的机器学习数据集仓库，其中包含多种类型的数据集，包括红酒数据集。这些数据集被用于训练和测试机器学习算法，以评估其性能和准确性。

UCI机器学习库中的红酒数据集通常包括以下两个主要的数据集。

（1）Wine Recognition Dataset：

- 样本数量：178个。
- 特征数量：13个。
- 目标变量：葡萄酒的类别（共3类）。
- 数据集描述：该数据集包含不同化学成分的测量值，这些化学成分被用作特征来预测葡萄酒的类别。特征包括酒精含量、苹果酸含量、灰分含量、灰分碱度、镁含量、总酚含量、类黄酮含量、非类黄酮酚含量、原花青素含量、颜色强度、色调、稀释葡萄酒样品的光密度比值以及脯氨酸含量。

（2）Wine Quality Dataset：

- 样本数量：红葡萄酒1599个，白葡萄酒4898个（分别对应两个数据集）。
- 特征数量：12个。
- 目标变量：葡萄酒的质量评分（得分在0~10）。
- 数据集描述：该数据集包含红葡萄酒和白葡萄酒的理化性质，如固定酸度、挥发性酸度、柠檬酸、残糖、氯化物、游离二氧化硫、总二氧化硫、密度、pH值、硫酸盐和酒精度等。目标变量是葡萄酒的质量评分，由葡萄酒专家至少3次评估的中值给出。

案例 2-11　读取 UCI 红酒数据

这里选取的数据集是Wine Recognition Dataset，原始数据集共有178个样本、3种数据类别，每个样本有13个属性。

使用Wine Recognition Dataset可以训练机器学习算法来预测葡萄酒的类别，这对于葡萄酒生产商和消费者来说都很有用，可以帮助他们更好地了解和识别不同类型的葡萄酒。

提示语和输出如下。

提示语	你作为一名资深数据分析专家，具备以下技能。
	业务理解能力：具备行业和业务领域的知识，能够理解业务需求本质，解决实际问题，并提供数据驱动的建议和解决方案。
	编程语言技能：熟悉至少一种编程语言，了解如何使用文件操作函数和数据读取函

数，以便准确地指定路径、格式和参数。

数据格式理解：熟悉常见的数据格式，如 Excel、CSV、JSON 等，理解这些格式的结构和特点，以便能正确地解析和读取数据。

数据库技能：熟悉数据库知识，能够编写查询语句以获取特定的数据表中的数据，精通如何连接多个表以获取更全面的信息。

数据清洗能力：能够识别和处理数据中的缺失值、异常值和重复值，对数据进行标准化和归一化处理，使数据具有可比性。

数据转换能力：能够熟练运用各种工具和技术，对不同格式、类型的数据进行清洗、整理和转换，以满足分析和建模需求。

工具使用能力：熟练使用数据读取工具和软件，如数据库管理工具、数据分析软件、数据可视化工具等，掌握其基本操作。

学习创新能力：伴随技术和行业发展，学习新工具和技术，不断更新自己的知识和技能，并不断创新和改进数据分析方法。

请你从专业的角度，从 UCI 机器学习库中（@http://archive.ics.uci.edu//ml//machine-learning-databases//wine//wine.data）读取葡萄酒数据集，以表格的形式输出，为代码添加中文注释，并对程序进行详细解释。

输 出

要从 UCI 机器学习库中读取葡萄酒数据集并以表格形式输出，我们可以使用 Python 的 Pandas 库。Pandas 是一个强大的数据处理和分析工具，非常适合处理和分析结构化数据。以下是实现步骤：

1.**安装 Pandas 库**，使用以下命令进行安装:

```
pip install pandas
```

2.**编写 Python 代码读取数据**:
葡萄酒数据集是一个 CSV 格式的文件（尽管它的扩展名可能不是.csv），没有包含列名。根据 UCI 的描述，数据集的第一列是类别标签，接下来的列分别代表了葡萄酒的不同化学特性。

```python
import pandas as pd

def load_and_display_wine_dataset():
    # 数据集URL
    url = "http://archive.ics.uci.edu/ml/machine-learning-databases/
wine/wine.data"

    # 定义列名
    column_names = ['Class', 'Alcohol', 'Malic acid', 'Ash',
```

```
'Alcalinity of ash', 'Magnesium', 'Total phenols', 'Flavanoids',
'Nonflavanoid phenols', 'Proanthocyanins', 'Color intensity', 'Hue',
'OD280/OD315 of diluted wines', 'Proline']

        # 使用Pandas读取数据
        wine_data = pd.read_csv(url, names=column_names)

        # 显示前几行数据以确认加载成功
        print(wine_data.head())

    # 调用函数
    load_and_display_wine_dataset()
```

　　这段代码首先导入了 Pandas 库，并定义了一个 load_and_display_wine_dataset 函数。在这个函数中，我们首先指定了数据集的 URL 和列名。列名是根据 UCI 数据集的描述手动定义的，以确保数据表格的可读性。然后，我们使用 Pandas 的 read_csv 函数读取数据，其中 names 参数用于指定列名。最后，我们使用 head 方法打印出数据集的前几行，以确认数据已成功加载并显示。

　　这个过程不仅展示了如何从网络资源加载数据，还展示了如何使用 Pandas 处理和展示数据，这对于数据分析和数据科学的实践非常重要。通过这种方式，我们可以快速获取数据集的概览，为进一步的数据分析和机器学习模型开发做准备。

　　这里使用urlopen()函数和loadtxt()函数加载了Web在线数据。urlopen()函数是Python标准库中urllib.request模块中的一个函数，用于打开URL并获取其内容。该函数的主要参数如下：

- url: 要打开的URL，可以是字符串类型的URL或一个Request对象。
- data: 向URL发送的数据，如果不提供该参数，则默认为None。
- timeout: 设置超时时间，单位为秒，如果不指定，则使用全局默认超时时间。
- cafile: 指定CA证书文件的路径，用于验证服务器证书。
- capath: 指定CA证书文件夹的路径，用于验证服务器证书。
- cadefault: 指定是否使用操作系统默认的CA证书。
- context: 指定SSL上下文，用于HTTPS请求。

loadtxt()函数是Python中NumPy模块中的一个函数，用于从文本文件中加载数据到NumPy数组中。该函数的主要参数如下：

- fname: 要加载的文件名或文件路径。
- dtype: 返回的NumPy数组的数据类型。
- delimiter: 指定分隔符，默认为任何空格字符。
- skiprows: 跳过文件的前几行。
- usecols: 要加载的列的索引或列名，可以是一个整数、一个元组或一个列表。

- unpack: 如果为True，则返回的数组会被解包为多个数组，每个数组对应一列。
- ndmin: 返回数组的最小维度。

运行上述Python代码，输出结果如下：

```
   Class  Alcohol  Malic acid  Ash  Alcalinity of ash  Magnesium  \
0      1    14.23        1.71  2.43               15.6        127
1      1    13.20        1.78  2.14               11.2        100
2      1    13.16        2.36  2.67               18.6        101
3      1    14.37        1.95  2.50               16.8        113
4      1    13.24        2.59  2.87               21.0        118

   Total phenols  Flavanoids  Nonflavanoid phenols  Proanthocyanins  \
0           2.80        3.06                  0.28             2.29
1           2.65        2.76                  0.26             1.28
2           2.80        3.24                  0.30             2.81
3           3.85        3.49                  0.24             2.18
4           2.80        2.69                  0.39             1.82

   Color intensity   Hue  OD280/OD315 of diluted wines  Proline
0             5.64  1.04                          3.92     1065
1             4.38  1.05                          3.40     1050
2             5.68  1.03                          3.17     1185
3             7.80  0.86                          3.45     1480
4             4.32  1.04                          2.93      735
```

2.4　本章小结

　　本章围绕"如何高效加载多源异构数据"展开，系统讲解了使用DeepSeek从不同渠道获取数据的完整方案，涵盖本地文件、关系数据库及网络资源三大类场景，为后续的数据分析流程奠定基础。

## 第 3 章

利用DeepSeek进行数据清洗

在真实数据中，数据可能包含大量的重复值、缺失值和异常值，这非常不利于后续分析，因此需要对各种"脏数据"进行针对性的处理，以获得干净的数据。本章将介绍如何利用DeepSeek进行数据检测和处理，包括重复值、缺失值、异常值的检测和处理等。

3.1 重复值的检测与处理

重复值检测至关重要，它能确保数据的准确性和唯一性，通过特定算法识别重复内容，可进行删除、合并等处理，优化数据质量，提升数据分析效率。

3.1.1 重复值的检测方法

重复值是指在数据集中出现多次完全相同或相似的数据记录，可能会对数据分析的准确性和效率产生影响。在数据处理和分析过程中，重复值的检测是一项重要任务。重复值可能会导致数据分析结果不准确，影响决策的正确性。因此，有效的重复值检测方法和技术对于保证数据质量至关重要。

1. 基于规则匹配方法

1）精确匹配

精确匹配是最简单直接的重复值检测方法。它通过比较两个数据项是否完全相同来判断是否重复。例如，如果两个字符串完全一致，或者两个数字完全相等，就可以认为它们是重复值。

精确匹配适用于数据格式规范、内容明确的情况。但是，对于一些稍微不同但实际上表示相同内容的数据，精确匹配可能会漏检。

例如，"Apple Inc."和"APPLE INC."在精确匹配下会被认为是不同的值，但实际上它们表示的是同一家公司。

2）模糊匹配

模糊匹配考虑到了数据中的一些不精确性和变化。它允许在一定程度的差异下判断两个数据项是否重复。

模糊匹配可以通过多种方式实现，例如编辑距离算法、Levenshtein距离算法等。这些算法用于计算两个字符串之间的差异程度，当差异小于一定阈值时，就认为它们是重复值。

例如，Apple和Appel在模糊匹配下可能会被认为是重复值，因为它们的差异较小。

3）正则表达式匹配

正则表达式是一种强大的文本匹配工具，可以用于检测重复值。通过定义特定的正则表达式模式，可以匹配具有相似结构或特征的数据项。

正则表达式匹配可以灵活地适应不同的数据格式和内容。例如，可以使用正则表达式来检测电话号码、电子邮件地址等特定格式的数据是否重复。

例如，正则表达式"^\d{3}-\d{3}-\d{4}$"可以匹配美国电话号码格式的数据，如果两个电话号码都符合这个格式，就可以进一步比较和判断是否重复。

2. 基于相似度计算方法

1）词频统计

词频统计是一种基于文本内容的相似度计算方法。它通过统计文本中各个单词出现的频率，来计算两个文本之间的相似度。

词频统计可以使用向量空间模型（Vector Space Model，VSM）来实现。将每个文本表示为一个向量，向量的维度是词汇表的大小，每个维度的值是对应单词在文本中出现的频率。然后，通过计算两个向量之间的距离或相似度来判断文本是否重复。

例如，对于两个文档，统计其中每个单词出现的频率，从而得到两个向量。如果两个向量之间的距离较小，就可以认为这两个文档的内容相似，可能存在重复值。

2）余弦相似度

余弦相似度是一种常用的向量相似度计算方法。它通过计算两个向量之间的夹角余弦值来衡量它们的相似度。

余弦相似度的取值范围为-1~1，值越接近1，表示两个向量越相似。在重复值检测中，可以将文本表示为向量，然后使用余弦相似度来计算它们之间的相似度。

例如，对于两个文档，将它们表示为向量后，计算它们之间的余弦相似度。如果相似度较高，就认为这两个文档可能存在重复。

3）Jaccard相似度

Jaccard相似度是一种基于集合的相似度计算方法。它通过计算两个集合的交集与并集的比例来衡量它们的相似度。

在重复值检测中，可以将文本中的单词看作一个集合，然后计算两个文本的单词集合之间的

Jaccard相似度。如果相似度较高，就认为这两个文本可能存在重复。

例如，对于两个文档，将它们中的单词分别组成两个集合。计算这两个集合的交集和并集的大小，然后用交集的大小除以并集的大小得到Jaccard相似度。

3. 机器学习算法在重复值检测中的应用

机器学习算法可以自动学习数据中的模式和特征，从而实现更准确的重复值检测。

1）监督学习算法

监督学习算法需要有标注的训练数据，通过学习训练数据中的重复和非重复样本的特征，来预测新数据是否重复。

例如，可以使用支持向量机（Support Vector Machine，SVM）、决策树、随机森林等算法进行重复值检测。首先，准备一批标注好的重复和非重复数据作为训练集，然后训练机器学习模型。在预测阶段，将新数据输入模型，模型会输出该数据是否重复的预测结果。

2）无监督学习算法

无监督学习算法不需要标注的训练数据，它通过发现数据中的潜在模式和结构来进行重复值检测。

例如，可以使用聚类算法将数据分成不同的簇，同一簇中的数据可能具有较高的相似度，从而可以判断是否存在重复值。还可以使用主成分分析（Principal Component Analysis，PCA）等降维算法，将高维数据投影到低维空间，然后在低维空间中进行重复值检测。

重复值检测方法和技术多种多样，每种方法都有其适用的场景和局限性。作为职业的数据分析师要想掌握上述方法还需要花时间来学习，如果使用AI数据分析工具，则会省去大量学习的时间。

我们来看下面的商品订单信息表处理重复值的例子。

案例 3-1　重复值的检测

商品订单信息表记录了客户需求、交易详情等关键信息，便于平台管理销售流程、安排生产与发货，同时为客户提供订单跟踪服务，准确的订单信息表能提升客户满意度，促进企业高效运营与可持续发展。

分析师小王在统计分析商品订单时，遇到了难题，他仔细筛查数据后，发现商品订单信息表中存在重复值，如表3-1所示。这些重复的订单记录就像闯入整齐队列的不速之客，打乱了原本有序的数据排列，给小王的分析工作带来了极大的困扰。

表 3-1　商品订单信息表

OrderID	CustomerID	CustomerName	Sales	Amount
CN-2023-103607	Cust-20380	潘盛	258.72	4
CN-2023-103618	Cust-19345	洪强	246.82	1

（续表）

OrderID	CustomerID	CustomerName	Sales	Amount
CN-2023-103614	Cust-13615	范恒	121.80	3
CN-2023-103617	Cust-19345	洪强	57.68	1
CN-2023-103617	Cust-19345	洪强	57.68	1
CN-2023-103606	Cust-13255	韩莞颖	524.16	8
CN-2023-103605	Cust-12010	王丹	99.18	5
CN-2023-103608	Cust-12970	佘凤	963.06	3
CN-2023-103610	Cust-20005	韦绅	91.91	4
CN-2023-103611	Cust-13090	常刚	472.08	4

小王不得不花费大量的时间和精力来甄别这些重复记录，确定哪些是真正的重复数据，哪些可能是系统错误或其他原因导致的看似重复实则不同的记录。他需要逐一核对订单的详细信息，包括订单编号、客户信息、下单时间等，以确保准确地识别出重复数据。这个过程不仅烦琐枯燥，而且充满了不确定性，因为稍有疏忽就可能导致错误的判断。

为了确保分析结果的准确性，避免在分析过程中出现任何偏差，小王经过深思熟虑后，决定借助当下极为热门的人工智能工具DeepSeek来对数据进行检测。小王怀着一丝期待，精心准备了提示语，详细地描述了自己的需求。

提示语和输出如下。

提示语	你作为一名资深数据分析专家，具备以下技能。 业务理解能力：具备行业和业务领域的知识，能够理解业务需求本质，解决实际问题，并提供数据驱动的建议和解决方案。 编程语言技能：熟悉至少一种编程语言，了解如何使用文件操作函数和数据读取函数，以便准确地指定路径、格式和参数。 数据探索能力：熟悉数据分析与可视化工具，敏锐洞察数据的特征，发现数据中的潜在模式和趋势，为深入分析提供方向。 数据清洗能力：能够识别和处理数据中的缺失值、异常值和重复值，对数据进行标准化和归一化处理，使数据具有可比性。 数据转换能力：能够熟练运用各种工具和技术，对不同格式、类型的数据进行清洗、整理和转换，以满足分析和建模需求。 数据分析能力：能够运用统计学和数据建模技术分析数据，理解数据之间的关系，识别模式和趋势，从中提取有用的信息。 工具使用能力：熟练使用数据读取工具和软件，如数据库管理工具、数据分析软件、

数据可视化工具等，掌握其基本操作。

　　学习创新能力：伴随技术和行业发展，学习新工具和技术，不断更新自己的知识和技能，并不断创新和改进数据分析方法。

　　首先读取 "D:\\DeepSeek 高效数据分析\\ch03\\订单明细表(重复值).xlsx" 中的数据，然后请你从专业的角度帮我找出和输出该数据集中的重复值，为代码添加中文注释，并对程序进行详细解释说明。

输　出

　　好的，我将使用 Python 和 Pandas 库来读取 Excel 文件并找出数据集中的重复值。以下是代码和详细解释：

```python
import pandas as pd

# 读取Excel文件中的数据
file_path = "D:\\DeepSeek高效数据分析\\ch03\\订单明细表(重复值).xlsx"
df = pd.read_excel(file_path)

# 查找重复值
# keep=False表示标记所有重复值
duplicates = df[df.duplicated(keep=False)]

# 输出重复值
print("重复值如下：")
print(duplicates)
```

代码说明：

1. **导入Pandas库**：

```python
import pandas as pd
```

Pandas是一个强大的数据分析库，提供了高效的数据结构和数据分析工具。

2. **读取Excel文件**：

```python
file_path = "D:\\DeepSeek高效数据分析\\ch03\\订单明细表(重复值).xlsx"
df = pd.read_excel(file_path)
```

使用pd.read_excel函数读取指定路径的Excel文件，并将其存储在DataFrame对象df中。

3. **查找重复值**：

```python
duplicates = df[df.duplicated(keep=False)]
```

df.duplicated(keep=False)返回一个布尔Series，标记所有重复的行。keep=False表示标记所有重复值（包括第一个出现的值）。然后使用布尔索引将这些重复行提取出来。

4. **输出重复值**：

```
print("重复值如下：")
print(duplicates)
```

打印出找到的重复值。

通过这段代码，你可以读取指定的 Excel 文件并找出其中的重复值。希望这对你有帮助！如果有其他问题，请随时告诉我。

DeepSeek根据需求，自动输出检测重复值的Python代码，运行上述代码，即可实现打印输出商品订单信息表中的重复值数据，如表3-2所示。

表 3-2   重复值数据

OrderID	CustomerID	CustomerName	Sales	Amount
CN-2023-103617	Cust-19345	洪强	57.68	1
CN-2023-103617	Cust-19345	洪强	57.68	1

3.1.2   重复值的处理

在数据处理过程中，重复值的存在可能会影响数据分析的准确性和效率。因此，对重复值进行恰当的处理是非常重要的。以下将详细介绍重复值的3种主要处理方法：合并操作、删除操作和替换操作。

1．合并操作

对于具有相同或相似含义的重复值，可以进行合并操作，以保留一个具有代表性的值。这种方法在很多场景下都非常有用。

例如，在处理聊天记录数据时，可能会出现多个相同的聊天记录。这些重复的聊天记录可能是由于网络延迟、系统故障或用户重复发送等原因产生的。如果不进行处理，这些重复的聊天记录会占用大量的存储空间，并且在进行数据分析时可能会导致结果的偏差。通过合并操作，可以将这些重复的聊天记录合并为一个聊天记录，从而减少数据量，提高数据分析的准确性。

具体的合并操作可以根据数据的特点和需求进行定制。例如，可以选择保留最早出现的聊天记录，或者选择保留最后出现的聊天记录，也可以选择将多个聊天记录的内容进行合并，生成一个更完整的聊天记录。

2．删除操作

对于无用的重复值，可以直接进行删除操作，以净化数据集。这种方法在数据清理阶段非常常见。

然而，在进行删除操作时，需要格外小心，确保不会误删有用的信息，并保留数据集的完整性。在删除重复值之前，应该对数据进行仔细的分析和评估，确定哪些重复值是无用的，哪些重复值可能包含重要的信息。

例如，在处理客户订单数据时，可能会出现一些重复的订单记录。如果这些重复的订单记录是由于系统故障或用户误操作产生的，并且没有实际的业务意义，那么可以考虑将这些重复的订单记录删除。但是，如果这些重复的订单记录是由于客户多次下单或者系统自动生成的备份订单，那么就不能轻易删除，需要进一步分析和处理。

3. 替换操作

对于需要修正的重复值，可以进行替换操作，将错误或不一致的值替换为正确的值。这种方法在数据修复和数据标准化过程中非常有用。

替换操作需要根据实际情况进行，确保替换后的数据准确无误。在进行替换操作之前，应该对数据进行仔细的检查和分析，确定哪些重复值需要进行替换，以及应该用什么值进行替换。

例如，在处理产品库存数据时，可能会出现一些重复的库存记录，其中一些记录中的库存数量可能是错误的或者不一致的。如果不进行处理，这些错误的库存记录会影响库存管理和销售决策。通过替换操作，可以将这些错误的库存数量替换为正确的值，从而保证库存数据的准确性。

案例 3-2 重复值的处理

在上述重复值检测过程中，分析师小王发现商品订单信息表中存在重复订单数据，这些重复的记录犹如数据海洋中的暗礁，对整体数据的准确性产生了极大的冲击。原本被寄予厚望的商品订单信息表，本应是准确反映商品销售情况和客户购买行为的重要依据，然而这些重复的订单数据却让其可靠性大打折扣。

小王原本期待能够顺利地从商品订单信息表中提取有价值的信息，进行深入的市场分析和业务洞察。然而，现在这些重复的数据就像一团乱麻，让分析的路径变得错综复杂。小王深知，如果不能妥善解决这个问题，后续的分析工作将无法顺利进行，企业的决策也将失去可靠的依据。因此，他不得不全力以赴地投入更多的精力来攻克这个棘手的难题，为恢复数据的准确性和可靠性而努力奋斗。

在深思熟虑之后，小王选择了人工智能工具 DeepSeek 来处理数据，他精心构思了一段提示语，明确阐述了自己的具体需求。

提示语和输出如下。

提示语	你作为一名资深数据分析专家，具备以下技能。 业务理解能力：具备行业和业务领域的知识，能够理解业务需求本质，解决实际问题，并提供数据驱动的建议和解决方案。 编程语言技能：熟悉至少一种编程语言，了解如何使用文件操作函数和数据读取函数，以便准确地指定路径、格式和参数。 数据探索能力：熟悉数据分析与可视化工具，敏锐洞察数据的特征，发现数据中的

潜在模式和趋势，为深入分析提供方向。

数据清洗能力：能够识别和处理数据中的缺失值、异常值和重复值，对数据进行标准化和归一化处理，使数据具有可比性。

数据转换能力：能够熟练运用各种工具和技术，对不同格式、类型的数据进行清洗、整理和转换，以满足分析和建模需求。

数据分析能力：能够运用统计学和数据建模技术分析数据，理解数据之间的关系，识别模式和趋势，从中提取有用的信息。

工具使用能力：熟练使用数据读取工具和软件，如数据库管理工具、数据分析软件、数据可视化工具等，掌握其基本操作。

学习创新能力：伴随技术和行业发展，学习新工具和技术，不断更新自己的知识和技能，并不断创新和改进数据分析方法。

首先读取 "D:\\DeepSeek 高效数据分析\\ch03\\订单明细表(重复值).xlsx" 中的数据，然后请你从专业的角度帮我丢弃含有重复值的行，为代码添加中文注释，并对程序进行详细解释说明。将处理后的数据另存到本地 "D:\\DeepSeek 高效数据分析\\ch03\\"，命名为订单明细表(重复值)_处理后，格式为 Excel 表格。

输 出

好的，我会使用 Python 和 Pandas 库来完成这个任务。以下是代码示例：

```python
import pandas as pd

# 读取Excel文件中的数据
file_path = "D:\\DeepSeek高效数据分析\\ch03\\订单明细表(重复值).xlsx"
data = pd.read_excel(file_path)

# 丢弃含有重复值的行
data_cleaned = data.drop_duplicates()

# 将处理后的数据另存为Excel文件
output_path = "D:\\DeepSeek高效数据分析\\ch03\\订单明细表(重复值)_处理后.xlsx"
data_cleaned.to_excel(output_path, index=False)

print("数据处理完成, 已保存到:", output_path)
```

代码说明：
1. **导入Pandas库**: import pandas as pd
   - Pandas是一个强大的数据分析和处理库。

2. **读取Excel文件**: data = pd.read_excel(file_path)
   - 使用pd.read_excel函数读取指定路径的Excel文件。

3. **丢弃含有重复值的行**: data_cleaned = data.drop_duplicates()
   - 使用drop_duplicates方法删除数据中的重复行。

4. **保存处理后的数据**: data_cleaned.to_excel(output_path, index=False)
   - 使用to_excel方法将处理后的数据保存为新的Excel文件,index=False表示不保存行索引。

5. **打印完成信息**: print("数据处理完成,已保存到:", output_path)
   - 打印处理完成的信息和保存路径。

这样,你就可以读取指定路径的 Excel 文件,丢弃重复值,并将处理后的数据保存到新的 Excel 文件中。

运行上述Python代码,输出重复值处理后的数据如表3-3所示。

表 3-3　订单明细表(重复值)_处理后

OrderID	CustomerID	CustomerName	Sales	Amount
CN-2023-103607	Cust-20380	潘盛	258.72	4
CN-2023-103618	Cust-19345	洪强	246.82	1
CN-2023-103614	Cust-13615	范恒	121.8	3
CN-2023-103617	Cust-19345	洪强	57.68	1
CN-2023-103606	Cust-13255	韩莞颖	524.16	8
CN-2023-103605	Cust-12010	王丹	99.18	5
CN-2023-103608	Cust-12970	佘凤	963.06	3
CN-2023-103610	Cust-20005	韦绅	91.91	4
CN-2023-103611	Cust-13090	常刚	472.08	4

3.2　缺失值的检测与处理

缺失值检测至关重要,可通过统计方法、可视化等手段发现缺失值。处理缺失值的方式有删除、填充等,需根据具体情况选择合适的方法,确保数据的完整性和准确性。本节介绍如何利用DeepSeek检测和处理缺失值数据。

3.2.1　缺失值的检测

缺失值是指在数据集中某些观测或变量的特定值未能被记录或获取到的情况,它可能影响数据分析的可靠性。在数据处理和分析过程中,准确检测缺失值是至关重要的一步。直观检测法作为一种常用的缺失值检测方法,具有简单直观、易于理解的特点。

1. 数据审查

直接观察数据,通过肉眼识别出缺失值或异常值,是一种最直接的缺失值检测方法。

当面对较小规模的数据集时，数据审查可以快速有效地发现缺失值。工作人员可以逐行逐列地查看数据，注意那些空白的单元格、不完整的记录或者明显不符合逻辑的数据点。例如，在一份客户信息表中，如果某个客户的年龄字段为空，或者地址字段只填写了部分内容，就可以很容易地通过肉眼识别出来。

然而，对于大规模的数据集，数据审查可能会变得非常耗时且容易出现遗漏。此外，人的视觉疲劳也可能导致一些缺失值被忽略。

2. 数据报告

通过生成数据报告，统计缺失值的数量和比例，以及缺失值在数据中的分布情况，可以更系统地了解数据中缺失值的情况。

数据报告可以使用各种数据分析工具生成，这些工具能够快速准确地统计出数据集中缺失值的数量，并计算出缺失值在整个数据集中的比例。同时，还可以分析缺失值在不同字段、不同数据分组中的分布情况。例如，在一份销售数据报告中，可以统计出每个产品类别的销售记录中缺失值的比例，以及不同地区销售数据中缺失值的分布情况。

通过数据报告，我们可以更全面地了解缺失值对数据分析的影响程度，从而有针对性地采取措施进行处理。

3. 数据可视化

利用图表等可视化手段，直观地展示数据中缺失值的情况，是一种非常有效的缺失值检测方法。

常见的数据可视化方法包括柱状图、饼图、热力图等。例如，使用柱状图可以展示不同字段中缺失值的数量分布，饼图可以直观地显示缺失值在整个数据集中的比例，热力图可以突出显示数据矩阵中缺失值的位置。通过这些可视化手段，我们可以更快速地发现数据中的缺失值模式和趋势。

例如，在一个热力图中，缺失值可以用不同的颜色或标记表示，这样可以一目了然地看出哪些区域的数据缺失较为严重。

总之，直观检测法中的数据审查、数据报告和数据可视化3种方法各有优缺点，在实际应用中可以结合使用，以便更准确地检测数据中的缺失值，为后续的数据处理和分析提供可靠的基础。

案例 3-3   缺失值的检测

在公司的日常业务运作中，客户信息的整理与管理是至关重要的一环。公司分析师小王作为客户信息整理工作的主要负责人之一，以高度的责任心和专业精神投入这项任务中。然而，在他精心整理客户信息的过程中，却发现收集到的数据中存在着一些令人担忧的缺失值。

小王秉持着严谨的工作态度，对每一条客户信息都进行了细致入微的审查。当他逐步深入地分析这些数据时，那些缺失值就如同不和谐的音符，突兀地呈现在他的眼前。这些缺失值可能出现在客户的基本信息领域，例如客户的年龄、收入情况等关键数据点上出现了空白，数据如表3-4所示。

表 3-4　客户信息表

CustomerID	Gender	Age	Education	Income
Cust-10015	男	34	本科	16000
Cust-10030	男	41	硕士	
Cust-10045	男	37	大专	12000
Cust-10060	女		大专	20000
Cust-10075	男	28	本科	15000
Cust-10090	女	36	本科	
Cust-10105	女	27	硕士	25000
Cust-10120	女		大专	16000
Cust-10135	男	40	本科	18000
Cust-10150	女	48	大专	10000

　　为了确保数据分析的准确性和可靠性，避免任何可能的偏差，小王决定利用当下极为热门的人工智能工具DeepSeek来检测数据集中的缺失值。他深知，缺失值作为数据清洗过程中的一大挑战，若处理不当，极易对后续的分析结果产生误导。

　　因此，小王准备借助DeepSeek的强大能力，快速而准确地识别出数据中的缺失部分，从而为后续的数据处理和分析工作奠定坚实的基础。

　　提示语和输出如下。

提示语

你作为一名资深数据分析专家，具备以下技能。

　　业务理解能力：具备行业和业务领域的知识，能够理解业务需求本质，解决实际问题，并提供数据驱动的建议和解决方案。

　　编程语言技能：熟悉至少一种编程语言，了解如何使用文件操作函数和数据读取函数，以便准确地指定路径、格式和参数。

　　数据探索能力：熟悉数据分析与可视化工具，敏锐洞察数据的特征，发现数据中的潜在模式和趋势，为深入分析提供方向。

　　数据清洗能力：能够识别和处理数据中的缺失值、异常值和重复值，对数据进行标准化和归一化处理，使数据具有可比性。

　　数据转换能力：能够熟练运用各种工具和技术，对不同格式、类型的数据进行清洗、整理和转换，以满足分析和建模需求。

　　数据分析能力：能够运用统计学和数据建模技术分析数据，理解数据之间的关系，识别模式和趋势，从中提取有用的信息。

工具使用能力：熟练使用数据读取工具和软件，如数据库管理工具、数据分析软件、数据可视化工具等，掌握其基本操作。

学习创新能力：伴随技术和行业发展，学习新工具和技术，不断更新自己的知识和技能，并不断创新和改进数据分析方法。

首先读取"D:\\DeepSeek 高效数据分析\\ch03\\客户信息表(缺失值).xlsx"中的数据，然后请你从专业的角度帮我找出和输出该数据集中含有缺失值的行，为代码添加中文注释，对程序进行详细解释说明，并将异常值数据另存到本地"D:\\DeepSeek 高效数据分析\\ch03\\"，命名为客户信息表(缺失值)_检测，格式为 Excel 表格。

输　出

好的，我将使用 Python 和 Pandas 库来完成这个任务。以下是详细的代码和解释：

```python
import pandas as pd

# 读取Excel文件中的数据
file_path = "D:\\DeepSeek高效数据分析\\ch03\\客户信息表(缺失值).xlsx"
data = pd.read_excel(file_path)

# 查找含有缺失值的行
missing_data = data[data.isnull().any(axis=1)]

# 输出含有缺失值的行
print("含有缺失值的行: ")
print(missing_data)

# 将含有缺失值的行另存为新的Excel文件
output_path = "D:\\DeepSeek高效数据分析\\ch03\\客户信息表(缺失值)_检测.xlsx"
missing_data.to_excel(output_path, index=False)

print(f"含有缺失值的行已保存到 {output_path}")
```

代码说明：
1. **导入Pandas库**：

```python
import pandas as pd
```

Pandas是一个强大的数据分析和操作库。

2. **读取Excel文件**：

```python
file_path = "D:\\DeepSeek高效数据分析\\ch03\\客户信息表(缺失值).xlsx"
data = pd.read_excel(file_path)
```

使用pd.read_excel函数读取指定路径的Excel文件。

3. **查找含有缺失值的行**：

```
missing_data = data[data.isnull().any(axis=1)]
```

使用isnull().any(axis=1)方法查找任何列中有缺失值的行。

4．**输出含有缺失值的行**：

```
print("含有缺失值的行：")
print(missing_data)
```

打印含有缺失值的行。

5．**将含有缺失值的行另存为新的Excel文件**：

```
output_path = "D:\\DeepSeek高效数据分析\\ch03\\客户信息表(缺失值)_检
测.xlsx"
missing_data.to_excel(output_path, index=False)
```

使用to_excel方法将含有缺失值的行保存到新的Excel文件中。

6．**打印保存路径**：

```
print(f"含有缺失值的行已保存到 {output_path}")
```

确认文件已保存并打印保存路径。

这样，你就可以读取数据、查找缺失值并将其保存到新的 Excel 文件中。

运行上述Python代码，输出异常值检测后的数据，如表3-5所示。

表 3-5　客户信息表（缺失值）_检测

CustomerID	Gender	Age	Education	Income
Cust-10030	男	41	硕士	
Cust-10060	女		大专	20000
Cust-10090	女	36	本科	
Cust-10120	女		大专	16000

3.2.2　缺失值的处理

在数据分析和处理过程中，缺失值是一个常见的问题。缺失值的存在可能会影响数据分析的准确性和可靠性，因此需要采取适当的方法进行处理。以下将详细介绍3种常见的缺失值处理方法：删除法、插补法和建模预测法。

1．删除法

删除法是一种简单直接的缺失值处理方法。它的基本思想是将包含缺失值的观测或变量从数据集中删除。

1）个案删除

个案删除是指删除包含缺失值的观测。如果数据集中某个观测在多个变量上都存在缺失值，或者在某个关键变量上存在缺失值，那么可以考虑将这个观测从数据集中删除。

例如，在一份客户满意度调查数据中，如果某个客户的多个问题都没有回答，或者对关键问题的回答缺失，那么可以将这个客户的观测从数据集中删除。

个案删除的优点是简单易行，不会引入新的误差。但是，如果缺失值的比例较高，个案删除可能会导致大量数据的丢失，从而影响数据分析的结果。

2）变量删除

变量删除是指删除包含大量缺失值的变量。如果某个变量在数据集中的缺失值比例很高，那么这个变量可能对数据分析的贡献较小，甚至会影响分析的结果。在这种情况下，可以考虑将这个变量从数据集中删除。

例如，在一份医疗数据中，如果某个检查项目的缺失值比例超过了一定的阈值，那么可以将这个检查项目对应的变量从数据集中删除。

变量删除的优点是可以减少数据集中的变量数量，降低数据分析的复杂性。但是，变量删除可能会丢失一些有价值的信息，特别是当缺失值的比例不是很高时。

2. 插补法

插补法是一种通过估计缺失值来填充数据集中的缺失部分的方法。插补法的基本思想是利用数据集中的其他信息来估计缺失值，从而使数据集更加完整。

1）均值插补

均值插补是一种简单的插补方法。它的基本思想是用变量的均值来代替缺失值。如果变量的分布比较对称，且缺失值的比例不是很高，那么均值插补可以得到较好的效果。

例如，在一份学生成绩数据中，如果某个学生的数学成绩缺失，可以用所有学生的数学成绩的均值来代替这个缺失值。

均值插补的优点是简单易行，计算速度快。但是，均值插补可能会低估变量的方差，从而影响数据分析的结果。

2）中位数插补

中位数插补是一种比均值插补更稳健的插补方法。它的基本思想是用变量的中位数来代替缺失值。如果变量的分布存在偏态，或者存在异常值，那么中位数插补可以得到更好的效果。

例如，在一份收入数据中，如果某个家庭的收入缺失，可以用所有家庭收入的中位数来代替这个缺失值。

中位数插补的优点是对异常值不敏感，比较稳健。但是，中位数插补也可能会低估变量的方差，从而影响数据分析的结果。

3）回归插补

回归插补是一种利用回归模型来估计缺失值的方法。它的基本思想是建立一个回归模型，将包含缺失值的变量作为因变量，其他变量作为自变量，然后用回归模型来预测缺失值。

例如，在一份房地产数据中，如果某个房屋的价格缺失，可以建立一个回归模型，将房屋的面积、位置、房龄等变量作为自变量，房屋的价格作为因变量，然后用回归模型来预测这个缺失的价格值。

回归插补的优点是可以利用数据集中的其他信息来估计缺失值，从而得到更准确的结果。但是，回归插补需要建立回归模型，计算量较大，且对模型的假设和数据的分布比较敏感。

3. 建模预测法

建模预测法是一种利用机器学习算法来预测缺失值的方法。建模预测法的基本思想是建立一个机器学习模型，将包含缺失值的变量作为目标变量，其他变量作为特征变量，然后用机器学习模型来预测缺失值。

1）决策树

决策树是一种常用的机器学习算法，可以用于分类和回归问题。在缺失值处理中，可以建立一个决策树模型，将包含缺失值的变量作为目标变量，其他变量作为特征变量，然后用决策树模型来预测缺失值。

例如，在一份医疗数据中，如果某个患者的诊断结果缺失，可以建立一个决策树模型，将患者的症状、检查结果等变量作为特征变量，将诊断结果作为目标变量，然后用决策树模型来预测这个缺失的诊断结果。

决策树的优点是易于理解和解释，对数据的分布没有严格的要求。但是，决策树容易过拟合，需要进行剪枝等处理。

2）随机森林

随机森林是一种集成学习算法，它由多个决策树组成。在缺失值处理中，可以建立一个随机森林模型，将包含缺失值的变量作为目标变量，其他变量作为特征变量，然后用随机森林模型来预测缺失值。

例如，在一份金融数据中，如果某个客户的信用评分缺失，可以建立一个随机森林模型，将客户的收入、负债、年龄等变量作为特征变量，信用评分作为目标变量，然后用随机森林模型来预测这个缺失的信用评分。

随机森林的优点是准确率高，对数据的分布没有严格的要求，不容易过拟合。但是，随机森林的计算量较大，需要较多的时间和计算资源。

3）深度学习

深度学习是一种基于神经网络的机器学习算法，可以用于处理大规模的数据和解决复杂的问题。在缺失值处理中，可以建立一个深度学习模型，将包含缺失值的变量作为目标变量，其他变量作为特征变量，然后用深度学习模型来预测缺失值。

例如，在一份图像数据中，如果某个图像的标签缺失，可以建立一个深度学习模型，将图像的像素值作为特征变量，标签作为目标变量，然后用深度学习模型来预测这个缺失的标签。

深度学习的优点是可以自动学习数据中的特征，对大规模数据和复杂问题的处理能力强。但是，深度学习的模型结构复杂，需要大量的训练数据和计算资源，且解释性较差。

案例 3-4　缺失值的处理

方法一：直接删除

由于在对客户信息进行整理和分析的过程中，发现数据中的缺失值相对较少，经过仔细权衡和考虑，小王决定采用直接删除法来处理客户信息表中的缺失值数据。

小王深知，虽然直接删除法在某些情况下可能会损失一部分数据，但鉴于当前缺失值的数量较少，对整体数据的影响相对有限。而且，直接删除法操作相对简单、直接，可以快速地解决当前数据中存在的缺失问题，为后续的数据分析工作铺平道路。

提示语和输出如下。

提示语	你作为一名资深数据分析专家，具备以下技能。 业务理解能力：具备行业和业务领域的知识，能够理解业务需求本质，解决实际问题，并提供数据驱动的建议和解决方案。 编程语言技能：熟悉至少一种编程语言，了解如何使用文件操作函数和数据读取函数，以便准确地指定路径、格式和参数。 数据探索能力：熟悉数据分析与可视化工具，敏锐洞察数据的特征，发现数据中的潜在模式和趋势，为深入分析提供方向。 数据清洗能力：能够识别和处理数据中的缺失值、异常值和重复值，对数据进行标准化和归一化处理，使数据具有可比性。 数据转换能力：能够熟练运用各种工具和技术，对不同格式、类型的数据进行清洗、整理和转换，以满足分析和建模需求。 数据分析能力：能够运用统计学和数据建模技术分析数据，理解数据之间的关系，识别模式和趋势，从中提取有用的信息。 工具使用能力：熟练使用数据读取工具和软件，如数据库管理工具、数据分析软件、数据可视化工具等，掌握其基本操作。 学习创新能力：伴随技术和行业发展，学习新工具和技术，不断更新自己的知识和技能，并不断创新和改进数据分析方法。 从专业的角度，读取 "D:\\DeepSeek 高效数据分析\\ch03\\客户信息表（缺失值）.xlsx" 中的数据。请你帮我处理 Age（年龄）和 Income（收入）中的缺失值，丢弃任何含有

缺失值的行，输出处理后的数据集，以代码块的形式给我 Python 代码。为了便于理解，程序中需要添加详细的中文注释。直接用表格的形式输出处理好的数据，并告诉我你做了哪些处理，以及这么做的原因。格式如下。

处理后的数据表格:

所做的操作及原因:

将处理后的数据表格另存到本地"D:\\DeepSeek 高效数据分析\\ch03\\"，命名为客户信息表（缺失值）_处理方法 1，格式为 Excel 表格。

输　出

好的，以下是处理缺失值的 Python 代码，并将处理后的数据保存为新的 Excel 文件。

```python
import pandas as pd

# 读取Excel文件中的数据
file_path = "D:\\DeepSeek高效数据分析\\ch03\\客户信息表(缺失值).xlsx"
df = pd.read_excel(file_path)

# 丢弃包含Age（年龄）和Income（收入）缺失值的行
df_cleaned = df.dropna(subset=['Age', 'Income'])

# 将处理后的数据保存为新的Excel文件
output_path = "D:\\DeepSeek高效数据分析\\ch03\\客户信息表(缺失值)_处理方法
1.xlsx"
df_cleaned.to_excel(output_path, index=False)

# 输出处理后的数据表格
print("处理后的数据表格：")
print(df_cleaned)

# 所做的操作及原因
print("\n所做的操作及原因：")
print("1. 读取Excel文件中的数据。")
print("2. 丢弃包含Age（年龄）和Income（收入）缺失值的行，以确保数据的完整性和准确性。
")
print("3. 将处理后的数据保存为新的Excel文件，便于后续分析和使用。")

### 处理后的数据表格:
(plaintext)
# 这里会显示处理后的数据表格内容

### 所做的操作及原因:
1. **读取Excel文件中的数据**：从指定路径读取包含缺失值的客户信息表。
2. **丢弃包含Age（年龄）和Income（收入）缺失值的行**：为了确保数据的完整性和准确性，
丢弃任何包含这些关键字段缺失值的行。
3. **将处理后的数据保存为新的Excel文件**：将清洗后的数据保存到本地，以便后续分析和使用。
```

这样做的原因是，缺失值可能会影响数据分析的结果，通过丢弃这些行，可以确保数据的质量和分析结果的可靠性。

运行上述Python代码，输出结果如下。

```
处理后的数据表格：

    CustomerID    Gender    Age    Education    Income      Custcat
0   Cust-10015    男        34.0   本科          16000.0    高价值
2   Cust-10045    男        37.0   大专          12000.0    低价值
4   Cust-10075    男        28.0   本科          15000.0    一般价值
6   Cust-10105    女        27.0   硕士          25000.0    高价值
8   Cust-10135    男        40.0   本科          18000.0    高价值
9   Cust-10150    女        48.0   大专          10000.0    一般价值
```

所做的操作及原因：

1．读取Excel文件中的数据。

2．丢弃包含Age（年龄）和Income（收入）缺失值的行，以确保数据的完整性和准确性。

3．将处理后的数据保存为新的Excel文件，便于后续分析和使用。

运行上述Python代码，输出缺失值处理后的数据，如表3-6所示。

表 3-6   客户信息表（缺失值）_处理方法 1

CustomerID	Gender	Age	Education	Income
Cust-10015	男	34	本科	16000
Cust-10045	男	37	大专	12000
Cust-10075	男	28	本科	15000
Cust-10105	女	27	硕士	25000
Cust-10135	男	40	本科	18000
Cust-10150	女	48	大专	10000

方法二：常数值填充

在处理客户信息表中的缺失值数据时，如果经过仔细分析发现缺失值与其他值之间没有特定的关系，那么此时可以考虑采用填充法来进行处理。

填充法是一种较为常用的处理缺失值的方法。当缺失值与其他值不存在明显的关联模式时，通过填充法可以有效地弥补数据的不完整性。这种方法可以根据数据的特点和具体情况，选择合适的填充值来替代缺失值。

小王心中怀着期待，精心筹备提示语，详细地描述了自己的需求，使用常数值填充缺失值，期望能借助它有效处理客户信息表中的缺失值问题。

提示语和输出如下。

<table>
<tr><td>提示语</td><td>

你作为一名资深数据分析专家，具备以下技能。

业务理解能力：具备行业和业务领域的知识，能够理解业务需求本质，解决实际问题，并提供数据驱动的建议和解决方案。

编程语言技能：熟悉至少一种编程语言，了解如何使用文件操作函数和数据读取函数，以便准确地指定路径、格式和参数。

数据探索能力：熟悉数据分析与可视化工具，敏锐洞察数据的特征，发现数据中的潜在模式和趋势，为深入分析提供方向。

数据清洗能力：能够识别和处理数据中的缺失值、异常值和重复值，对数据进行标准化和归一化处理，使数据具有可比性。

数据转换能力：能够熟练运用各种工具和技术，对不同格式、类型的数据进行清洗、整理和转换，以满足分析和建模需求。

数据分析能力：能够运用统计学和数据建模技术分析数据，理解数据之间的关系，识别模式和趋势，从中提取有用的信息。

工具使用能力：熟练使用数据读取工具和软件，如数据库管理工具、数据分析软件、数据可视化工具等，掌握其基本操作。

学习创新能力：伴随技术和行业发展，学习新工具和技术，不断更新自己的知识和技能，并不断创新和改进数据分析方法。

从专业的角度，读取"D:\\DeepSeek 高效数据分析\\ch03\\客户信息表（缺失值）.xlsx"中的数据。请你帮我处理 Age（年龄）和 Income（收入）中的缺失值，其中 Age（年龄）用 30 处理，Income（收入）用 15000 处理，输出处理后的数据集，以代码块的形式给我 Python 代码。为了便于理解，程序中需要添加详细的中文注释。直接用表格的形式输出处理好的数据，并告诉我你做了哪些处理，以及这么做的原因。格式如下。

处理后的数据表格：
所做的操作及原因：

将处理后的数据表格另存到本地"D:\\DeepSeek 高效数据分析\\ch03\\"，命名为客户信息表（缺失值）_处理方法 2，格式为 Excel 表格。

</td></tr>
<tr><td>输出</td><td>

好的，以下是处理缺失值的 Python 代码，并附有详细的中文注释。代码会读取指定路径的 Excel 文件，处理缺失值，并将处理后的数据保存到本地。

```
import pandas as pd

# 读取Excel文件中的数据
file_path = "D:\\DeepSeek高效数据分析\\ch03\\客户信息表(缺失值).xlsx"
data = pd.read_excel(file_path)
```

</td></tr>
</table>

```
# 处理缺失值
# Age（年龄）用30填充
data['Age'].fillna(30, inplace=True)
# Income（收入）用15000填充
data['Income'].fillna(15000, inplace=True)

# 输出处理后的数据表格
print("处理后的数据表格：")
print(data)

# 保存处理后的数据到新的Excel文件
output_path = "D:\\DeepSeek高效数据分析\\ch03\\客户信息表(缺失值)_处理方法
2.xlsx"
data.to_excel(output_path, index=False)

# 所做的操作及原因
print("\n所做的操作及原因：")
print("1. Age（年龄）中的缺失值用30填充：因为30是一个常见的年龄，可以作为缺失值的合
理替代。")
print("2. Income（收入）中的缺失值用15000填充：因为15000是一个合理的收入水平，可
以作为缺失值的替代。")

### 处理后的数据表格：
(此处会输出处理后的数据表格)

### 所做的操作及原因：
1. **Age（年龄）中的缺失值用30填充**：因为30是一个常见的年龄，可以作为缺失值的合理替代。
2. **Income（收入）中的缺失值用15000填充**：因为15000是一个合理的收入水平，可以作
为缺失值的替代。

### 保存处理后的数据表格：
```

处理后的数据表格已保存到本地路径 "D:\\DeepSeek 高效数据分析\\ch03\\客户信息
表（缺失值）_处理方法 2.xlsx"，格式为 Excel 表格。

运行上述Python代码，输出结果如下。

处理后的数据表格：

	CustomerID	Gender	Age	Education	Income	Custcat
0	Cust-10015	男	34.0	本科	16000.0	高价值
1	Cust-10030	男	41.0	硕士	15000.0	低价值
2	Cust-10045	男	37.0	大专	12000.0	低价值
3	Cust-10060	女	30.0	大专	20000.0	低价值
4	Cust-10075	男	28.0	本科	15000.0	一般价值
5	Cust-10090	女	36.0	本科	15000.0	一般价值
6	Cust-10105	女	27.0	硕士	25000.0	高价值
7	Cust-10120	女	30.0	大专	16000.0	一般价值
8	Cust-10135	男	40.0	本科	18000.0	高价值
9	Cust-10150	女	48.0	大专	10000.0	一般价值

所做的操作及原因：

1．Age（年龄）中的缺失值用30填充：因为30是一个常见的年龄，可以作为缺失值的合理替代。

2．Income（收入）中的缺失值用15000填充：因为15000是一个合理的收入水平，可以作为缺失值的替代。

运行上述Python代码，输出缺失值处理后的数据，如表3-7所示。

表 3-7　客户信息表（缺失值）_处理方法 2

CustomerID	Gender	Age	Education	Income
Cust-10015	男	34	本科	16000
Cust-10030	男	41	硕士	15000
Cust-10045	男	37	大专	12000
Cust-10060	女	30	大专	20000
Cust-10075	男	28	本科	15000
Cust-10090	女	36	本科	15000
Cust-10105	女	27	硕士	25000
Cust-10120	女	30	大专	16000
Cust-10135	男	40	本科	18000
Cust-10150	女	48	大专	10000

方法三：其他填充方法

在处理数据中的缺失值时，可以考虑使用非空数值的特定统计量来进行填充。其中，中位数是将数据按大小顺序排列后处于中间位置的数值，若数据个数为奇数，则中位数是中间的那个数；若数据个数为偶数，则中位数是中间两个数的平均值。使用中位数填充缺失值，可以避免受到极端值的影响，尤其当数据中存在异常值时，中位数更为稳健。

平均值则是所有非空数值的总和除以非空数值的个数。通过平均值填充缺失值，可以使填充后的数据集在整体数值水平上保持相对平衡，但如果数据中存在极端值，平均值可能会被拉向较大或较小的值。

小王满怀期待，为处理客户信息表缺失值问题精心准备提示语，详细地描述了自己的需求，期望能借助它找到完美解决方案。

提示语和输出如下。

提示语

你作为一名资深数据分析专家，具备以下技能。

业务理解能力：具备行业和业务领域的知识，能够理解业务需求本质，解决实际问题，并提供数据驱动的建议和解决方案。

编程语言技能：熟悉至少一种编程语言，了解如何使用文件操作函数和数据读取函数，以便准确地指定路径、格式和参数。

　　数据探索能力：熟悉数据分析与可视化工具，敏锐洞察数据的特征，发现数据中的潜在模式和趋势，为深入分析提供方向。

　　数据清洗能力：能够识别和处理数据中的缺失值、异常值和重复值，对数据进行标准化和归一化处理，使数据具有可比性。

　　数据转换能力：能够熟练运用各种工具和技术，对不同格式、类型的数据进行清洗、整理和转换，以满足分析和建模需求。

　　数据分析能力：能够运用统计学和数据建模技术分析数据，理解数据之间的关系，识别模式和趋势，从中提取有用的信息。

　　工具使用能力：熟练使用数据读取工具和软件，如数据库管理工具、数据分析软件、数据可视化工具等，掌握其基本操作。

　　学习创新能力：伴随技术和行业发展，学习新工具和技术，不断更新自己的知识和技能，并不断创新和改进数据分析方法。

　　从专业的角度，读取"D:\\DeepSeek 高效数据分析\\ch03\\客户信息表（缺失值）.xlsx"中的数据。请你帮我处理 Age（年龄）和 Income（收入）中的缺失值，其中 Age（年龄）用中位数处理，并取整数，Income（收入）用平均值处理，输出处理后的数据集，以代码块的形式给我 Python 代码。为了便于理解，程序中需要添加详细的中文注释。直接用表格的形式输出处理好的数据，并告诉我你做了哪些处理，以及这么做的原因。格式如下。

　　处理后的数据表格：
　　所做的操作及原因：

　　将处理后的数据表格另存到本地"D:\\DeepSeek 高效数据分析\\ch03\\"，命名为客户信息表（缺失值）_处理方法 3，格式为 Excel 表格。

输　出

　　好的，我会为你提供详细的 Python 代码来处理"D:\\DeepSeek 高效数据分析\\ch03\\客户信息表（缺失值）.xlsx"中的缺失值，并将处理后的数据保存到指定路径。以下是代码：

```python
import pandas as pd

# 读取Excel文件中的数据
file_path = "D:\\DeepSeek高效数据分析\\ch03\\客户信息表(缺失值).xlsx"
df = pd.read_excel(file_path)

# 处理Age（年龄）中的缺失值，用中位数填充，并取整数
age_median = df['Age'].median()  # 计算中位数
df['Age'].fillna(int(age_median), inplace=True)  # 用中位数填充缺失值，并取整数

# 处理Income（收入）中的缺失值，用平均值填充
```

03

```
income_mean = df['Income'].mean()  # 计算平均值
df['Income'].fillna(income_mean, inplace=True)  # 用平均值填充缺失值

# 输出处理后的数据表格
print("处理后的数据表格: ")
print(df)

# 保存处理后的数据到本地
output_path = "D:\\DeepSeek高效数据分析\\ch03\\客户信息表(缺失值)_处理方法
3.xlsx"
df.to_excel(output_path, index=False)

# 所做的操作及原因
print("\n所做的操作及原因: ")
print("1. Age（年龄）中的缺失值用中位数填充，并取整数。原因: 中位数不受极端值影响，
能更好地代表数据的中心趋势。")
print("2. Income（收入）中的缺失值用平均值填充。原因: 平均值能较好地反映数据的整体
水平。")
```

处理后的数据表格
（此处会输出处理后的数据表格）

所做的操作及原因
1. **Age（年龄）中的缺失值用中位数填充，并取整数。**
   原因: 中位数不受极端值影响，能更好地代表数据的中心趋势。
2. **Income（收入）中的缺失值用平均值填充。**
   原因: 平均值能较好地反映数据的整体水平。

代码说明:
- **读取Excel文件**: 使用pd.read_excel函数读取指定路径的Excel文件。
- **处理Age（年龄）中的缺失值**: 计算年龄的中位数，并用中位数填充缺失值，取整数。
- **处理Income（收入）中的缺失值**: 计算收入的平均值，并用平均值填充缺失值。
- **输出处理后的数据表格**: 使用print函数输出处理后的数据表格。
- **保存处理后的数据到本地**: 使用df.to_excel函数将处理后的数据保存到指定路径。

希望这些代码和解释对你有帮助！

运行上述Python代码，输出结果如下。

处理后的数据表格:

	CustomerID	Gender	Age	Education	Income	Custcat
0	Cust-10015	男	34.0	本科	16000.0	高价值
1	Cust-10030	男	41.0	硕士	16500.0	低价值
2	Cust-10045	男	37.0	大专	12000.0	低价值
3	Cust-10060	女	36.0	大专	20000.0	低价值
4	Cust-10075	男	28.0	本科	15000.0	一般价值
5	Cust-10090	女	36.0	本科	16500.0	一般价值
6	Cust-10105	女	27.0	硕士	25000.0	高价值
7	Cust-10120	女	36.0	大专	16000.0	一般价值
8	Cust-10135	男	40.0	本科	18000.0	高价值

```
9 Cust-10150     女  48.0      大专     10000.0    一般价值
```

所做的操作及原因：

1．Age（年龄）中的缺失值用中位数填充，并取整数。原因：中位数不受极端值影响，能更好地代表数据的中心趋势。

2．Income（收入）中的缺失值用平均值填充。原因：平均值能较好地反映数据的整体水平。

运行上述Python代码，输出缺失值处理后的数据，如表3-8所示。

表 3-8   客户信息表（缺失值）_处理方法 3

CustomerID	Gender	Age	Education	Income
Cust-10015	男	34	本科	16000
Cust-10030	男	41	硕士	16500
Cust-10045	男	37	大专	12000
Cust-10060	女	36	大专	20000
Cust-10075	男	28	本科	15000
Cust-10090	女	36	本科	16500
Cust-10105	女	27	硕士	25000
Cust-10120	女	36	大专	16000
Cust-10135	男	40	本科	18000
Cust-10150	女	48	大专	10000

3.3   异常值的检测与处理

异常值的检测至关重要，可以通过统计方法来识别。异常值处理需谨慎，可删除、修正或单独分析，恰当处理能提高数据质量与分析准确性。本节介绍如何利用DeepSeek检测和处理异常值数据，包括异常值的检测、异常值的处理等。

3.3.1   异常值的检测

异常值也称为离群点，就是那些远离绝大多数样本点的特殊群体，通常这样的数据点在数据集中都表现出不合理的特性。在数据分析中，异常值的检测是一项重要任务。基于统计方法的异常值检测能够利用数据的统计特性，有效地识别出那些与数据集整体模式明显不同的值。以下将介绍3种常见的基于统计方法的异常值检测方式。

1．假设检验

利用统计假设检验的方法，如Z-test、T-test等，可以判断某个值是否显著偏离数据集的平均值或中位数。

1）Z-test

Z-test 是一种基于正态分布的假设检验方法。它适用于样本量较大且总体方差已知的情况。通过计算样本均值与总体均值之间的标准分数（Z值），可以判断样本均值是否显著偏离总体均值。如果某个值对应的Z值超过了一定的临界值，就可以认为这个值是异常值。

例如，在一个大型生产过程中，已知产品质量指标服从正态分布，总体方差已知。通过对样本进行Z-test，可以判断某个产品的质量指标是否显著偏离了总体的平均水平，如果偏离程度较大，则可以将该产品视为异常值。

Z-test的优点是在大样本情况下具有较高的准确性和可靠性。然而，它要求总体方差已知，并且样本量较大，这在实际应用中可能并不总是满足。

2）T-test

T-test是一种常用的假设检验方法，适用于样本量较小或总体方差未知的情况。与Z-test类似，T-test通过计算样本均值与总体均值之间的t值，来判断样本均值是否显著偏离总体均值。如果某个值对应的t值超过了一定的临界值，就可以认为这个值是异常值。

例如，在一项小型科学实验中，总体方差未知，通过对实验数据进行T-test，可以判断某个实验结果是否显著偏离了预期的结果，如果偏离程度较大，则可以将该实验结果视为异常值。

T-test的优点是在小样本情况下也能进行有效的假设检验。但是，它对数据的分布有一定的要求，通常假设数据服从正态分布或近似正态分布。

2. 箱线图分析

通过绘制箱线图，可以直观地显示数据的分布和离散情况，从而识别出异常值。

1）箱线图的构成

箱线图主要由箱体、whiskers（须）和异常值标记组成。箱体表示数据的中间50%范围，即四分位数区间（Interquartile Range，IQR）。箱体的上下边界分别对应数据的上四分位数（Q3）和下四分位数（Q1）。whiskers 通常延伸到箱体外部一定距离，用于表示数据的合理范围。超出whiskers范围的点被视为异常值。

例如，在一个关于学生考试成绩的数据集的箱线图中，箱体表示成绩的中间50%范围，whiskers表示成绩的合理范围，超出whiskers的极高或极低成绩点被视为异常值。

2）异常值的识别

根据箱线图的规则，异常值通常被定义为那些小于Q1-1.5IQR或大于Q3+1.5IQR的值。这些值被认为与数据集的主体部分明显偏离，可能是由于测量误差、数据录入错误或特殊情况引起的。

例如，在一个销售数据的箱线图中，如果某个销售金额远远低于或高于其他大部分销售金额，并且超出了箱线图的whiskers范围，那么这个销售金额就可以被视为异常值。

3）箱线图分析的优点

箱线图分析具有直观、简单的优点，能够快速识别出数据中的异常值。它不需要对数据的分布做出严格的假设，适用于各种类型的数据。此外，箱线图还可以同时显示数据的中位数、四分位数等统计信息，有助于了解数据的整体分布情况。

3. 离散度分析

计算数据的方差、标准差等统计量，分析数据的离散程度，识别出异常离散的值。

1）方差和标准差

方差是衡量数据离散程度的一种统计量，它表示各个数据点与数据集平均值之间的差异程度。标准差是方差的平方根，具有与原始数据相同的单位，更便于理解和解释。

例如，在一个关于工人工资的数据集中，计算方差和标准差可以了解工资的离散程度。如果某个工人的工资与平均工资的差异过大，导致方差或标准差显著增大，那么这个工人的工资可能是异常值。

2）离散度分析的方法

首先，计算数据集的方差和标准差。然后，根据一定的阈值标准，判断某个值是否异常离散。例如，可以将那些与平均值的差异超过一定倍数标准差的值视为异常值。

例如，在一个生产过程质量控制的场景中，通过计算产品尺寸的方差和标准差，设定一个阈值，如与平均值的差异超过3倍标准差的产品尺寸视为异常值。

3）离散度分析的优点

离散度分析可以从整体上评估数据的离散程度，不仅能够识别出单个异常值，还能发现数据集中的异常离散模式。它适用于各种类型的数据，并且可以与其他异常值检测方法结合使用，提高异常值检测的准确性。

案例 3-5   异常值的检测

分析师小王在进行商品订单的统计分析时，遭遇了棘手难题。他一丝不苟地筛查数据，随后惊讶地发觉商品订单信息表中竟存有异常值，具体情况如表3-9所示。

这些异常的订单记录恰似不请自来的闯入者，它们扰乱了原本井井有条的数据排列。这给小王的分析工作带来了巨大困扰，让他难以顺利开展后续工作，不得不耗费更多精力来探究这些异常值的成因及处理方法。

表 3-9   商品订单表

OrderID	CustomerID	CustomerName	Sales	Amount
CN-2023-103619	Cust-19345	洪强	393.40	5
CN-2023-103618	Cust-19345	洪强	246.82	1
CN-2023-103617	Cust-19345	洪强	57.68	1
CN-2023-103616	Cust-19345	洪强	193.76	1

（续表）

OrderID	CustomerID	CustomerName	Sales	Amount
CN-2023-103615	Cust-19345	洪强	91899.80	5
CN-2023-103614	Cust-13615	范恒	121.80	3
CN-2023-103613	Cust-19600	林青	96.26	2
CN-2023-103612	Cust-19600	林青	2119.71	4
CN-2023-103611	Cust-13090	常刚	472.08	4
CN-2023-103610	Cust-20005	韦绅	491.90	980
CN-2023-103609	Cust-20005	韦绅	393.46	2
CN-2023-103608	Cust-12970	佘凤	963.06	3
CN-2023-103607	Cust-20380	潘盛	258.72	4
CN-2023-103606	Cust-13255	韩莞颖	524.16	8
CN-2023-103605	Cust-12010	王丹	251.30	5
CN-2023-103604	Cust-12010	王丹	2914.80	4
CN-2023-103603	Cust-20005	韦绅	614.88	3
CN-2023-103602	Cust-20005	韦绅	2454.06	5
CN-2023-103601	Cust-20005	韦绅	446.04	3
CN-2023-103600	Cust-20005	韦绅	697.9	5

为保证分析结果准确无误，避免分析过程出现偏差，小王深思熟虑后，决定借助当下极为热门的人工智能工具DeepSeek来检测数据。他怀着一丝期待，精心准备提示语，详细地描述自己面临的问题与具体需求，期望能借助其强大的功能解决难题。

提示语和输出如下。

提示语　你作为一名资深数据分析专家，具备以下技能。

业务理解能力：具备行业和业务领域的知识，能够理解业务需求本质，解决实际问题，并提供数据驱动的建议和解决方案。

编程语言技能：熟悉至少一种编程语言，了解如何使用文件操作函数和数据读取函数，以便准确地指定路径、格式和参数。

数据探索能力：熟悉数据分析与可视化工具，敏锐洞察数据的特征，发现数据中的潜在模式和趋势，为深入分析提供方向。

数据清洗能力：能够识别和处理数据中的缺失值、异常值和重复值，对数据进行标准化和归一化处理，使数据具有可比性。

数据转换能力：能够熟练运用各种工具和技术，对不同格式、类型的数据进行清洗、整理和转换，以满足分析和建模需求。

数据分析能力：能够运用统计学和数据建模技术分析数据，理解数据之间的关系，识别模式和趋势，从中提取有用的信息。

工具使用能力：熟练使用数据读取工具和软件，如数据库管理工具、数据分析软件、数据可视化工具等，掌握其基本操作。

学习创新能力：伴随技术和行业发展，学习新工具和技术，不断更新自己的知识和技能，并不断创新和改进数据分析方法。

首先读取"D:\\DeepSeek 高效数据分析\\ch03\\订单明细表（异常值）.xlsx"中的数据，然后请你从专业的角度帮我找出和输出销售额（Sales）或数量（Amount）中的异常值。为代码添加中文注释，并对程序进行详细解释说明。将异常值数据另存到本地"D:\\DeepSeek 高效数据分析\\ch03\\"，并命名为订单明细表（异常值）_检测，格式为 Excel 表格。

输 出

好的，下面是一个使用 Python 和 Pandas 库来读取 Excel 文件、检测销售额（Sales）和数量（Amount）中的异常值，并将这些异常值另存为新的 Excel 文件的示例代码。

```python
import pandas as pd

# 读取Excel文件中的数据
file_path = "D:\\DeepSeek高效数据分析\\ch03\\订单明细表(异常值).xlsx"
df = pd.read_excel(file_path)

# 使用IQR方法检测异常值
def detect_outliers(df, column):
    Q1 = df[column].quantile(0.25)
    Q3 = df[column].quantile(0.75)
    IQR = Q3 - Q1
    lower_bound = Q1 - 1.5 * IQR
    upper_bound = Q3 + 1.5 * IQR
    return df[(df[column] < lower_bound) | (df[column] > upper_bound)]

# 检测销售额（Sales）中的异常值
sales_outliers = detect_outliers(df, 'Sales')

# 检测数量（Amount）中的异常值
amount_outliers = detect_outliers(df, 'Amount')

# 合并异常值
outliers = pd.concat([sales_outliers, amount_outliers]).drop_duplicates()

# 将异常值数据另存为新的Excel文件
```

```
output_path = "D:\\DeepSeek高效数据分析\\ch03\\订单明细表(异常值)_检测.xlsx"
outliers.to_excel(output_path, index=False)

print(f"异常值已保存到 {output_path}")

### 代码说明：
1．**导入库**：导入Pandas库用于数据处理。
2．**读取Excel文件**：使用pd.read_excel函数读取指定路径的Excel文件。
3．**定义检测异常值的函数**：使用IQR（四分位距）方法来检测异常值。计算第一四分位数（Q1）
和第三四分位数（Q3），然后计算IQR。根据IQR计算上下界，筛选出超出上下界的异常值。
4．**检测销售额（Sales）中的异常值**：调用detect_outliers函数检测销售额中的异常值。
5．**检测数量（Amount）中的异常值**：调用detect_outliers函数检测数量中的异常值。
6．**合并异常值**：将销售额和数量中的异常值合并，并去除重复值。
7．**保存异常值数据**：将合并后的异常值数据保存为新的Excel文件。
```

希望这段代码能帮助你完成任务。如果有任何问题，请随时问我。

运行上述Python代码，输出异常值检测结果，如表3-10所示。

表 3-10　订单明细表（异常值）_检测

OrderID	CustomerID	CustomerName	Sales	Amount
CN-2023-103615	Cust-19345	洪强	91899.8	5
CN-2023-103612	Cust-19600	林青	2119.71	4
CN-2023-103604	Cust-12010	王丹	2914.8	4
CN-2023-103602	Cust-20005	韦绅	2454.06	5
CN-2023-103610	Cust-20005	韦绅	491.9	980

3.3.2　异常值的处理

在数据分析过程中，异常值的存在可能会对结果产生重大影响，因此需要采取适当的方法进行处理。以下是几种常见的异常值处理方法。

1. 删除异常值

1）直接删除

直接删除异常值是一种较为简单直接的处理方法。当发现某个数据点明显偏离其他数据时，可以考虑将其直接从数据集中删除。

例如，在一组学生的考试成绩数据中，如果有一个学生的成绩远远高于或低于其他学生的成绩，且经过分析确定为异常值，可以直接将该数据点删除。

这种方法的优点是操作简单，能够快速去除异常值对数据分析的影响。然而，直接删除异常值可能会导致数据量减少，从而影响分析结果的准确性。此外，如果异常值并非真正的错误数据，而是具有特殊意义的数据点，直接删除可能会丢失重要信息。

2）条件删除

条件删除是根据一定的条件来判断是否删除异常值。可以设定一些规则或阈值，当数据点满足这些条件时才进行删除。

例如，对于一组销售数据，可以设定一个销售额的上下限，超出这个范围的数据点被视为异常值并进行删除。或者根据数据的分布特征，如标准差等，确定异常值的范围并进行删除。

条件删除相对直接删除更加灵活，可以根据具体情况进行调整。但同样需要注意避免误删有价值的数据点，并且在设定条件时需要充分考虑数据的特点和分析目的。

2. 替换异常值

1）均值替换

均值替换是指用数据集的均值来替换异常值。首先计算数据集的均值，然后将异常值替换为这个均值。

例如，在一组身高数据中，如果有个别数据点明显过高或过低，可以用所有数据的平均身高来替换这些异常值。

均值替换的优点是简单易行，能够保持数据的总体均值不变。但是，它可能会改变数据的分布特征，尤其是当异常值较多时，会使数据变得更加集中，降低数据的方差。

2）中位数替换

中位数替换是指用数据集的中位数来替换异常值。中位数是将数据从小到大排序后位于中间位置的数值。

例如，在一组收入数据中，如果有一些异常高或异常低的收入值，可以用所有数据的中位数收入来替换这些异常值。

中位数替换相对均值替换更加稳健，不受极端值的影响。它能够在一定程度上保持数据的分布特征，但同样可能会使数据变得更加集中。

3）众数替换

众数替换是指用数据集的众数来替换异常值。众数是数据集中出现次数最多的数值。

例如，在一组产品颜色数据中，如果有个别颜色出现的频率非常低，可以用出现次数最多的颜色来替换这些异常值。

众数替换适用于离散型数据或具有明显集中趋势的数据。但众数可能不唯一，或者在某些情况下众数并不能很好地代表数据的特征。

3. 插值处理异常值

1）线性插值

线性插值是根据异常值周围的数据点，通过线性关系来估计异常值的合理值。假设异常值前后两个数据点分别为A和B，异常值的位置在两者之间，可以根据线性关系计算出异常值的估计值。

例如，在一组时间序列数据中，如果某个时间点的数据缺失或异常，可以根据前后相邻时间点的数据进行线性插值来估计该时间点的值。

线性插值简单直观，适用于数据变化较为平稳的情况。但对于复杂的数据分布，线性插值可能不够准确。

2）多项式插值

多项式插值是通过拟合一个多项式函数来估计异常值。选择适当的多项式次数，根据已知数据点来确定多项式的系数，然后用这个多项式函数来计算异常值的估计值。

例如，在一组实验数据中，可以使用多项式插值来估计某个实验条件下缺失的数据点。

多项式插值可以适应更复杂的数据变化，但需要选择合适的多项式次数，过高的次数可能会导致过拟合。

3）样条插值

样条插值是一种分段插值方法，通过连接一系列的低次多项式（通常为三次多项式）来拟合数据。样条函数在每个分段内都是光滑的，并且在连接点处具有连续的一阶和二阶导数。

例如，在一组曲线数据中，如果有部分数据点异常，可以使用样条插值来拟合曲线并估计异常值的位置。

样条插值能够提供更加光滑的曲线拟合，适用于对数据的平滑性要求较高的情况。但计算量相对较大，并且需要合理选择节点位置。

4. 基于模型处理异常值

1）回归模型

回归模型可以通过建立变量之间的关系来预测异常值。例如，可以使用线性回归、多元回归等模型，根据其他相关变量来预测可能出现异常值的变量的值。

例如，在一组房屋价格数据中，可以建立一个回归模型，根据房屋的面积、位置、房龄等因素来预测房屋价格。如果某个房屋的价格明显偏离预测值，可以认为是异常值。

回归模型能够利用数据的整体趋势和变量之间的关系来处理异常值，但需要注意模型的准确性和适用性，以及避免过拟合。

2）聚类模型

聚类模型可以将数据分为不同的簇，异常值通常会被分配到较小的簇或单独成为一个簇。通过聚类分析，可以识别出那些与大多数数据点明显不同的异常值。

例如，在一组客户行为数据中，可以使用聚类算法将客户分为不同的群体。那些行为与大多数客户明显不同的客户可能被视为异常值。

聚类模型适用于发现数据中的潜在模式和异常情况，但需要选择合适的聚类算法和参数，并且对高维数据的处理可能较为困难。

3）异常检测模型

异常检测模型专门用于识别数据中的异常值。这些模型通常基于统计学方法、机器学习算法或深度学习算法。

例如，可以使用基于统计学的方法，如正态分布假设检验、箱线图分析等来检测异常值；也可以使用机器学习算法，如支持向量机、孤立森林等进行异常检测。

异常检测模型能够自动识别异常值，但需要大量的数据进行训练和调整，并且不同的模型适用于不同类型的数据和问题。

案例 3-6   异常值的处理

方法一：直接删除

直接删除异常值可以快速清理数据，使数据看起来更加整齐和规范。对于那些明显错误或与整体数据趋势严重不符的异常值，直接删除可能是一种有效的处理方式。例如，如果某个订单的金额远远超出了正常范围，且经过检查确定是数据录入错误，那么直接删除这个异常值可以避免其对后续分析产生不良影响。

小王心里十分清楚，直接删除法作为一种处理手段，确实存在一定的弊端。尽管直接删除法在特定的情形下，不可避免地会使一部分数据流失，然而考虑到当下的实际情况，异常值的数量较为稀少。在这种情况下，这些少量的异常值对整体数据所产生的影响相对来说是比较有限的。

提示语和输出如下。

提示语	你作为一名资深数据分析专家，具备以下技能。 业务理解能力：具备行业和业务领域的知识，能够理解业务需求本质，解决实际问题，并提供数据驱动的建议和解决方案。 编程语言技能：熟悉至少一种编程语言，了解如何使用文件操作函数和数据读取函数，以便准确地指定路径、格式和参数。 数据探索能力：熟悉数据分析与可视化工具，敏锐洞察数据的特征，发现数据中的潜在模式和趋势，为深入分析提供方向。 数据清洗能力：能够识别和处理数据中的缺失值、异常值和重复值，对数据进行标准化和归一化处理，使数据具有可比性。 数据转换能力：能够熟练运用各种工具和技术，对不同格式、类型的数据进行清洗、整理和转换，以满足分析和建模需求。 数据分析能力：能够运用统计学和数据建模技术分析数据，理解数据之间的关系，识别模式和趋势，从中提取有用的信息。 工具使用能力：熟练使用数据读取工具和软件，如数据库管理工具、数据分析软件、数据可视化工具等，掌握其基本操作。 学习创新能力：伴随技术和行业发展，学习新工具和技术，不断更新自己的知识和技能，并不断创新和改进数据分析方法。 首先读取"D:\\DeepSeek 高效数据分析\\ch03\\订单明细表（异常值）.xlsx"中的数

据，然后请你从专业的角度帮我处理销售额（Sales）或数量（Amount）中的异常值，丢弃含有异常值的行。为代码添加中文注释，对程序进行详细解释说明，并将异常值处理后的数据另存到本地"D:\\DeepSeek 高效数据分析\\ch03\\"，命名为订单明细表（异常值）_处理方法 1，格式为 Excel 表格。

输　出

下面是一个使用 Python 和 Pandas 库来处理 Excel 文件中异常值的示例代码。我们将读取数据，识别并删除销售额（Sales）或数量（Amount）中的异常值，然后将处理后的数据保存到指定路径。

```python
import pandas as pd

# 读取Excel文件中的数据
file_path = "D:\\DeepSeek高效数据分析\\ch03\\订单明细表(异常值).xlsx"
data = pd.read_excel(file_path)

# 定义一个函数来识别异常值
def detect_outliers(df, column):
    # 使用1.5倍IQR方法识别异常值
    Q1 = df[column].quantile(0.25)
    Q3 = df[column].quantile(0.75)
    IQR = Q3 - Q1
    lower_bound = Q1 - 1.5 * IQR
    upper_bound = Q3 + 1.5 * IQR
    # 返回非异常值的布尔索引
    return (df[column] >= lower_bound) & (df[column] <= upper_bound)

# 识别并删除销售额（Sales）中的异常值
sales_outliers = detect_outliers(data, 'Sales')
data_cleaned = data[sales_outliers]

# 识别并删除数量（Amount）中的异常值
amount_outliers = detect_outliers(data_cleaned, 'Amount')
data_cleaned = data_cleaned[amount_outliers]

# 将处理后的数据保存到新的Excel文件中
output_path = "D:\\DeepSeek高效数据分析\\ch03\\订单明细表(异常值)_处理方法
1.xlsx"
data_cleaned.to_excel(output_path, index=False)

# 打印处理完成的信息
print("异常值处理完成，结果已保存到：", output_path)
```

代码说明：

1. **读取数据**：使用pandas.read_excel()函数读取Excel文件中的数据。
2. **定义异常值检测函数**：使用1.5倍IQR（四分位距）方法来识别异常值。计算每列的第一四分位数（Q1）和第三四分位数（Q3），然后计算IQR。异常值定义为小于Q1 - 1.5 * IQR或大于Q3 + 1.5 * IQR的值。

3. **删除异常值**：首先在销售额（Sales）列中识别并删除异常值，然后在数量（Amount）列中进行相同的操作。

4. **保存处理后的数据**：使用to_excel()函数将清洗后的数据保存到新的Excel文件中。

5. **输出信息**：打印一条信息以确认处理完成并指明保存路径。

运行上述Python代码，输出异常值处理后的数据，如表3-11所示。

表 3-11　订单明细表（异常值）_处理方法 1

OrderID	CustomerID	CustomerName	Sales	Amount
CN-2023-103619	Cust-19345	洪强	393.40	5
CN-2023-103618	Cust-19345	洪强	246.82	1
CN-2023-103617	Cust-19345	洪强	57.68	1
CN-2023-103616	Cust-19345	洪强	193.76	1
CN-2023-103614	Cust-13615	范恒	121.80	3
CN-2023-103613	Cust-19600	林青	96.26	2
CN-2023-103611	Cust-13090	常刚	472.08	4
CN-2023-103609	Cust-20005	韦绅	393.46	2
CN-2023-103608	Cust-12970	佘凤	963.06	3
CN-2023-103607	Cust-20380	潘盛	258.72	4
CN-2023-103606	Cust-13255	韩莞颖	524.16	8
CN-2023-103605	Cust-12010	王丹	251.30	5
CN-2023-103603	Cust-20005	韦绅	614.88	3
CN-2023-103601	Cust-20005	韦绅	446.04	3
CN-2023-103600	Cust-20005	韦绅	697.90	5

方法二：常数值填充

在处理客户信息表中的异常值数据时，利用填充法是一种较为有效的策略。例如，对于数值型数据，可以采用均值填充法。计算出客户信息表中所有非异常数值的平均值，将这个平均值作为填充值来替代异常值。这样可以使数据在整体数值水平上保持相对的一致性，避免因异常值的存在而导致数据分布的严重失衡。

在实施填充法的过程中，需要仔细分析数据的特点和异常值的性质，选择合适的填充策略。同时，还可以结合其他数据分析方法和工具，对填充后的结果进行验证和评估，以确保数据的准确性和可靠性。

分析师小王心中满怀期待，认真地构思提示语，详细地阐述自己在处理客户信息表异常值数据时的具体需求，希望能借助填充法有效解决问题，为后续的数据分析工作奠定良好基础，以获得更准确的分析结果。

提示语和输出如下。

提示语

你作为一名资深数据分析专家，具备以下技能。

业务理解能力：具备行业和业务领域的知识，能够理解业务需求本质，解决实际问题，并提供数据驱动的建议和解决方案。

编程语言技能：熟悉至少一种编程语言，了解如何使用文件操作函数和数据读取函数，以便准确地指定路径、格式和参数。

数据探索能力：熟悉数据分析与可视化工具，敏锐洞察数据的特征，发现数据中的潜在模式和趋势，为深入分析提供方向。

数据清洗能力：能够识别和处理数据中的缺失值、异常值和重复值，对数据进行标准化和归一化处理，使数据具有可比性。

数据转换能力：能够熟练运用各种工具和技术，对不同格式、类型的数据进行清洗、整理和转换，以满足分析和建模需求。

数据分析能力：能够运用统计学和数据建模技术分析数据，理解数据之间的关系，识别模式和趋势，从中提取有用的信息。

工具使用能力：熟练使用数据读取工具和软件，如数据库管理工具、数据分析软件、数据可视化工具等，掌握其基本操作。

学习创新能力：伴随技术和行业发展，学习新工具和技术，不断更新自己的知识和技能，并不断创新和改进数据分析方法。

首先读取 "D:\\DeepSeek 高效数据分析\\ch03\\订单明细表（异常值）.xlsx" 中的数据，然后请你从专业的角度帮我处理销售额（Sales）或数量（Amount）中的异常值，其中销售额（Sales）用 100 填充处理，数量（Amount）用默认值 1 填充处理。为代码添加中文注释，对程序进行详细解释说明，并将异常值处理后的数据另存到本地 "D:\\DeepSeek 高效数据分析\\ch03\\"，命名为订单明细表（异常值）_处理方法 2，格式为 Excel 表格。

输出

下面是一个使用 Python 和 Pandas 库来读取 Excel 文件、处理异常值并保存结果的示例代码。代码中包含详细的中文注释，帮助你理解每一步的操作。

```
import pandas as pd

# 读取Excel文件中的数据
file_path = "D:\\DeepSeek高效数据分析\\ch03\\订单明细表(异常值).xlsx"
data = pd.read_excel(file_path)
```

```
# 处理销售额（Sales）中的异常值，将其填充为100
# 假设异常值为负值或大于某个阈值（例如2000），可以根据实际情况调整
data['Sales'] = data['Sales'].apply(lambda x: 100 if x < 0 or x > 2000 else x)

# 处理数量（Amount）中的异常值，将其填充为1
# 假设异常值为负值或大于某个阈值（例如100），可以根据实际情况调整
data['Amount'] = data['Amount'].apply(lambda x: 1 if x < 0 or x > 100 else x)

# 将处理后的数据保存到新的Excel文件中
output_path = "D:\\DeepSeek高效数据分析\\ch03\\订单明细表(异常值)_处理方法
2.xlsx"
data.to_excel(output_path, index=False)

# 打印处理完成的消息
print("异常值处理完成，文件已保存至：", output_path)
```

代码说明：
1．**读取数据**：使用pd.read_excel()函数读取指定路径的Excel文件。
2．**处理销售额异常值**：使用apply()函数和lambda表达式遍历Sales列，将小于0或大于2000的值替换为100。你可以根据实际情况调整异常值的判断条件。
3．**处理数量异常值**：同样使用apply()函数和lambda表达式遍历Amount列，将小于0或大于100的值替换为1。异常值的判断条件也可以根据实际情况调整。
4．**保存处理后的数据**：使用to_excel()函数将处理后的数据保存到新的Excel文件中，指定路径和文件名。
5．**打印消息**：处理完成后，打印一条消息以确认文件已保存。

请根据你的具体需求调整异常值的判断条件。

运行上述Python代码，输出异常值处理后的数据，如表3-12所示。

表 3-12　订单明细表（异常值）_处理方法 2

OrderID	CustomerID	CustomerName	Sales	Amount
CN-2023-103619	Cust-19345	洪强	393.4	5
CN-2023-103618	Cust-19345	洪强	246.82	1
CN-2023-103617	Cust-19345	洪强	57.68	1
CN-2023-103616	Cust-19345	洪强	193.76	1
CN-2023-103615	Cust-19345	洪强	100	5
CN-2023-103614	Cust-13615	范恒	121.8	3
CN-2023-103613	Cust-19600	林青	96.26	2
CN-2023-103612	Cust-19600	林青	100	4

OrderID	CustomerID	CustomerName	Sales	Amount
CN-2023-103611	Cust-13090	常刚	472.08	4
CN-2023-103610	Cust-20005	韦绅	491.9	1
CN-2023-103609	Cust-20005	韦绅	393.46	2
CN-2023-103608	Cust-12970	佘凤	963.06	3
CN-2023-103607	Cust-20380	潘盛	258.72	4
CN-2023-103606	Cust-13255	韩莞颖	524.16	8
CN-2023-103605	Cust-12010	王丹	251.3	5
CN-2023-103604	Cust-12010	王丹	100	4
CN-2023-103603	Cust-20005	韦绅	614.88	3
CN-2023-103602	Cust-20005	韦绅	100	5
CN-2023-103601	Cust-20005	韦绅	446.04	3
CN-2023-103600	Cust-20005	韦绅	697.9	5

方法三：其他填充方法

在处理数据中的异常值时，使用非空数值的中位数、平均值、最大值、最小值等进行填充是一种有效的方法。如果选择使用中位数填充异常值，需要计算出异常值所在列的非空数值的中位数。用中位数填充异常值可以避免受到极端值的影响，使填充后的数据更加稳健。

平均值填充则是计算异常值所在列的非空数值的平均值，将其作为填充值。这种方法适用于数据分布较为均匀的情况，但如果数据中存在极端值，平均值可能会被拉向较大或较小的值，导致填充结果不准确。

经过深思熟虑，分析师小王决定选用人工智能工具DeepSeek来处理数据。他认真构思出一段详尽的提示语。其中，小王明确地阐述了自己在处理数据时面临的问题以及具体需求，助力他顺利完成数据处理工作。

提示语和输出如下。

提示语　你作为一名资深数据分析专家，具备以下技能。

业务理解能力：具备行业和业务领域的知识，能够理解业务需求本质，解决实际问题，并提供数据驱动的建议和解决方案。

编程语言技能：熟悉至少一种编程语言，了解如何使用文件操作函数和数据读取函数，以便准确地指定路径、格式和参数。

数据探索能力：熟悉数据分析与可视化工具，敏锐洞察数据的特征，发现数据中的

潜在模式和趋势，为深入分析提供方向。

数据清洗能力：能够识别和处理数据中的缺失值、异常值和重复值，对数据进行标准化和归一化处理，使数据具有可比性。

数据转换能力：能够熟练运用各种工具和技术，对不同格式、类型的数据进行清洗、整理和转换，以满足分析和建模需求。

数据分析能力：能够运用统计学和数据建模技术分析数据，理解数据之间的关系，识别模式和趋势，从中提取有用的信息。

工具使用能力：熟练使用数据读取工具和软件，如数据库管理工具、数据分析软件、数据可视化工具等，掌握其基本操作。

学习创新能力：伴随技术和行业发展，学习新工具和技术，不断更新自己的知识和技能，并不断创新和改进数据分析方法。

首先读取"D:\\DeepSeek 高效数据分析\\ch03\\订单明细表（异常值）.xlsx"中的数据，然后请你从专业的角度帮我处理销售额（Sales）或数量（Amount）中的异常值，其中销售额（Sales）用平均值处理，并取整数，数量（Amount）用中位数处理。为代码添加中文注释，对程序进行详细解释说明，并将异常值处理后的数据另存到本地"D:\\DeepSeek 高效数据分析\\ch03\\"，命名为订单明细表（异常值）_处理方法 3，格式为 Excel 表格。

输　出

当然可以！我们可以使用 Python 的 Pandas 库来读取 Excel 文件，处理异常值，并将处理后的数据保存回 Excel 文件。以下是一个示例代码，包含详细的中文注释：

```python
import pandas as pd

# 读取Excel文件中的数据
file_path = "D:\\DeepSeek高效数据分析\\ch03\\订单明细表(异常值).xlsx"
data = pd.read_excel(file_path)

# 处理销售额（Sales）中的异常值
# 使用平均值处理，并取整数
sales_mean = int(data['Sales'].mean())
data['Sales'] = data['Sales'].apply(lambda x: sales_mean if x < 0 or x > sales_mean else x)

# 处理数量（Amount）中的异常值
# 使用中位数处理
amount_median = data['Amount'].median()
data['Amount'] = data['Amount'].apply(lambda x: amount_median if x < 0 or x > amount_median else x)

# 将处理后的数据保存到新的Excel文件中
output_path = "D:\\DeepSeek高效数据分析\\ch03\\订单明细表(异常值)_处理方法3.xlsx"
```

```
data.to_excel(output_path, index=False)

# 打印处理完成信息
print("异常值处理完成，文件已保存至：", output_path)
```

代码说明：
1. **导入库**：使用Pandas库来处理Excel文件。
2. **读取数据**：使用pd.read_excel()函数读取指定路径的Excel文件。
3. **处理销售额（Sales）异常值**：
   - 计算销售额的平均值，并取整。
   - 使用apply()函数遍历Sales列，将小于0的值替换为平均值。
4. **处理数量（Amount）异常值**：
   - 计算数量的中位数。
   - 使用apply()函数遍历Amount列，将小于0的值替换为中位数。
5. **保存处理后的数据**：使用to_excel()函数将处理后的数据保存到新的Excel文件中。
6. **输出信息**：打印处理完成的信息，指明文件保存的位置。

请确保在运行此代码之前，已安装 Pandas 库，并且路径和文件名正确无误。

运行上述Python代码，输出异常值处理后的数据，如表3-13所示。

表 3-13　订单明细表（异常值）_处理方法 3

OrderID	CustomerID	CustomerName	Sales	Amount
CN-2023-103619	Cust-19345	洪强	393.40	4
CN-2023-103618	Cust-19345	洪强	246.82	1
CN-2023-103617	Cust-19345	洪强	57.68	1
CN-2023-103616	Cust-19345	洪强	193.76	1
CN-2023-103615	Cust-19345	洪强	5280.00	4
CN-2023-103614	Cust-13615	范恒	121.80	3
CN-2023-103613	Cust-19600	林青	96.26	2
CN-2023-103612	Cust-19600	林青	2119.71	4
CN-2023-103611	Cust-13090	常刚	472.08	4
CN-2023-103610	Cust-20005	韦绅	491.90	4
CN-2023-103609	Cust-20005	韦绅	393.46	2
CN-2023-103608	Cust-12970	佘凤	963.06	3
CN-2023-103607	Cust-20380	潘盛	258.72	4
CN-2023-103606	Cust-13255	韩莞颖	524.16	4
CN-2023-103605	Cust-12010	王丹	251.30	4
CN-2023-103604	Cust-12010	王丹	2914.80	4
CN-2023-103603	Cust-20005	韦绅	614.88	3

（续表）

OrderID	CustomerID	CustomerName	Sales	Amount
CN-2023-103602	Cust-20005	韦绅	2454.06	4
CN-2023-103601	Cust-20005	韦绅	446.04	3
CN-2023-103600	Cust-20005	韦绅	697.90	4

3.4　本章小结

　　本章聚焦于数据分析的关键前置环节——数据清洗，系统讲解了如何通过DeepSeek高效识别并修正数据中的三类典型问题：重复值、缺失值和异常值。具体内容包括：

　　（1）重复值管理：从精准检测相似记录的技术手段，到基于业务规则的去重策略，确保数据集的唯一性。

　　（2）缺失值修复：结合统计方法与领域知识，实现智能插补或合理剔除不完整条目。

　　（3）异常值管控：运用分布分析、离群点识别算法等工具定位极端数值，并提供替换、截断等多样化的解决方案。

　　通过理论与实践结合的方式，本章帮助读者掌握自动化清洗流程的设计思路，提升数据质量与分析可靠性，为后续建模奠定坚实基础。

## 第 4 章

利用DeepSeek进行数据预处理

数据预处理至关重要，它能去除噪声、纠正错误，使数据更准确可靠，提升后续分析和建模效果，为决策提供高质量的数据基础，确保结果的有效性。本章我们将介绍如何利用DeepSeek进行数据预处理，包括数据集成、数据转换、数据集划分等。

4.1 数据集成

数据集成是一个复杂但至关重要的过程，它涉及将来自不同来源、格式和特性的数据在逻辑上或物理上有机地集中，从而为企业提供全面的数据共享。本节介绍如何利用DeepSeek进行数据集的横向合并和纵向合并。

4.1.1 数据集成概述

数据集成的主要目的是克服数据的分散性和异构性，以创建一个全面、准确和可用的数据视图。

1. 定义与目的

数据集成是把不同来源、格式、特点性质的数据在逻辑上或物理上有机地集中，以提供全面的数据共享。这有助于企业减少资料收集和数据采集的重复劳动，提高数据的使用效率，进而支持企业的决策制定和业务运营。

2. 数据集成的挑战

● 数据质量问题：由于不同用户提供的数据可能来自不同的途径，其数据内容、数据格式和数据质量千差万别，这可能导致数据集成过程中的数据不准确、不完整、不一致等问题。

● 数据安全问题：数据集成过程中可能存在数据泄露、数据篡改、数据丢失等安全风险，需要采取适当的安全措施来保护数据。

- 数据一致性问题：由于数据源之间可能存在差异，如何确保数据在集成后保持一致性是一个重要挑战。

3. 数据集成的方法

- 手工集成：通过人工的方式将不同数据源中的数据进行整合，灵活性强，但效率低下，且容易出现错误。
- 应用程序集成：通过编程的方式，利用特定的应用程序或脚本来实现数据的集成，效率较高，但需要具备一定的编程能力。
- 数据仓库集成：将不同数据源中的数据加载到数据仓库中，然后通过数据仓库中的ETL工具进行数据的抽取、转换和加载，适用于大规模的数据集成需求。
- 数据同步集成：通过数据同步工具实现不同数据源之间的数据同步，确保数据的一致性和实时性，适用于需要实时更新数据的场景。
- 数据虚拟化集成：通过虚拟化技术将不同数据源中的数据"虚拟"成一个统一的数据视图，用户可以通过统一的接口对数据进行访问和查询，这种方法可以减少数据冗余和复杂性，提高数据的可访问性和灵活性。

4. 数据集成的实施步骤

01 确定需求：明确集成的目的和需求，如确定需要整合哪些数据源、整合后的数据结构和格式等。

02 数据源分析：对需要整合的数据源进行分析，了解每个数据源的数据结构、数据格式、数据质量等情况。

03 数据清洗：对数据源中的数据进行清洗和处理，去除重复数据、处理缺失值、纠正错误数据等，以保证整合后的数据质量。

04 数据映射：将不同数据源中的数据映射到统一的数据结构中，以便进行后续的数据转换和整合。

05 数据转换：对映射后的数据进行转换和整合，使其符合整合后的数据结构和格式要求。

06 数据加载：将转换后的数据加载到目标系统或数据仓库中，完成数据集成的过程。

07 数据验证：对整合后的数据进行验证和检验，确保数据的准确性和完整性。

08 数据维护：建立数据维护的机制，监控数据的变化和更新，及时处理数据异常和问题，确保整合后的数据持续有效。

5. 数据集成的最佳实践

- 数据清洗和预处理：对收集到的数据进行清洗和预处理，以提高数据集成的效率和准确性。
- 数据映射和转换：采用适当的数据映射和转换技术，将不同数据源的数据转换成统一的数据格式。
- 数据存储和管理：采用分布式数据存储和管理技术，以便满足处理大规模数据的需求。

数据安全性保障：采用数据加密和访问控制等安全措施，以保证数据的安全性和隐私性。

4.1.2　数据横向合并

数据集成中的数据横向合并也称为数据集的横向合并或宽表合并，是指将两个或多个数据集按照它们的共同列（即关键变量）进行合并，从而增加数据集的列数（即变量数），而不是行数。这种合并方式常用于将来自不同源或不同研究者的数据集组合在一起，以便进行更全面的数据分析。

以下是关于数据横向合并的详细解释和步骤。

1. 前提条件

- 共同列：主数据集和从数据集必须至少有一个共同列，这个共同列将作为合并的依据。
- 排序：在合并之前，主数据集和从数据集通常需要根据共同列进行排序，以确保合并的准确性。
- 变量名：除共同列外，其他变量的名称在主数据集和从数据集中应该不同，以避免合并时产生混淆。

2. 合并类型

- 一对一合并（1:1）：只保留两个数据集中完全匹配的记录。
- 一对多合并（1:m）：将一个数据集中的记录与另一个数据集中多个匹配的记录合并。
- 多对一合并（m:1）：与一对多合并相反，但同样常见。
- 多对多合并（m:m）：虽然在技术上可行，但在实际中较少使用，因为它可能导致数据冗余和复杂性增加。

3. 准备数据集

- 确认数据集：确定要进行合并的两个或多个数据集。
- 检查关键字段：确保这些数据集都包含至少一个共同的关键字段，用于确定如何合并行。
- 清洗数据（可选）：如果数据中存在缺失值、重复值或格式不一致的问题，可能需要在合并前进行清洗。

4. 选择合并工具

在Python中，通常使用Pandas库进行数据的横向合并。在其他环境中，如SQL数据库或Excel，也有相应的合并功能。

5. 使用Pandas进行横向合并

01 导入 Pandas 库：import pandas as pd。

02 加载数据集：使用 pd.read_csv()或其他相关函数加载数据集到 Pandas DataFrame 中。

03 选择合并方法：Pandas 提供了多种合并方法，如 merge()、concat()等。其中，merge()函数通常用于基于共同字段的横向合并。

04 执行合并操作：调用 pd.merge()函数，指定要合并的 DataFrame，设置 on 参数为共同的关键字段，选择合并类型（如 inner、left、right、outer）。

6. 注意事项

- 关键变量类型：确保主数据集和从数据集中的关键变量类型一致（如数值型或字符型）。
- 一次合并两个数据集：在大多数数据分析工具中，包括Stata，通常一次只能合并两个数据集。如果需要合并多个数据集，可以依次进行。
- 处理重复值：在合并过程中，可能会出现重复值。根据具体需求，可以选择保留、删除或重新编码这些重复值。

7. 示例

在Python中，可以使用Pandas库的merge()方法来实现横向合并。这个方法允许你指定合并的列、合并类型（如内连接、左连接等）以及其他参数。以下是一个简单的示例：

```python
import pandas as pd

# 假设有两个DataFrame: df1 和 df2
df1 = pd.DataFrame({'key': ['A', 'B', 'C', 'D'], 'value1': [1, 2, 3, 4]})
df2 = pd.DataFrame({'key': ['B', 'C', 'D', 'E'], 'value2': [5, 6, 7, 8]})

# 使用merge()方法进行横向合并，基于key列进行内连接
result = pd.merge(df1, df2, on='key', how='inner')

print(result)
```

这个示例将输出一个新的DataFrame，其中包含df1和df2中基于key列匹配的记录，以及它们各自的value1和value2列。

案例 4-1　数据横向合并

现在我们有两份重要的表格，分别是"订单明细表.xlsx"和"客户信息表.xlsx"。这两份表格中蕴含着大量有价值的信息，但目前它们处于分离的状态。为了更全面、更深入地进行数据分析和挖掘，需要将这两份表格合并成一个完整的表格。

在合并的过程中，关键字段设定为客户编号（CustomerID）。客户编号就如同连接两个表格的关键纽带，通过它可以将订单明细与对应的客户信息准确地关联起来。以客户编号为依据，逐一查找两份表格中的对应记录，将属于同一客户的订单明细和客户信息整合到一起。

合并后的表格将包含客户的基本信息、历史订单详情等丰富内容，为后续的分析工作提供更有力的支持，帮助我们更好地了解客户需求、行为模式以及市场趋势。分析师小王满心期待，精心构思详细提示语，明确阐述自身对表格合并的具体需求。

提示语和输出如下。

提示语

你作为一名资深数据分析专家，具备以下技能。

业务理解能力：具备行业和业务领域的知识，能够理解业务需求本质，解决实际问题，并提供数据驱动的建议和解决方案。

数据格式理解：熟悉常见的数据格式，如 Excel、CSV、JSON 等，理解这些格式的结构和特点，以便能正确地解析和读取数据。

数据探索能力：熟悉数据分析与可视化工具，敏锐洞察数据的特征，发现数据中的潜在模式和趋势，为深入分析提供方向。

数据清洗能力：能够识别和处理数据中的缺失值、异常值和重复值，对数据进行标准化和归一化处理，使数据具有可比性。

数据转换能力：能够熟练运用各种工具和技术，对不同格式、类型的数据进行清洗、整理和转换，以满足分析和建模需求。

数据分析能力：能够运用统计学和数据建模技术分析数据，理解数据之间的关系，识别模式和趋势，从中提取有用的信息。

数据挖掘能力：掌握常见的机器学习算法及应用场景，具备数据处理、分析及模式识别能力，善于从庞杂的数据中探寻规律。

程序开发技能：精通数据分析算法，熟练运用编程语言及开发工具，能够高效设计、编码和测试程序，满足复杂业务需求。

学习创新能力：伴随技术和行业发展，学习新工具和技术，不断更新自己的知识和技能，并不断创新和改进数据分析方法。

现在我有两份表格："订单明细表.xlsx"和"客户信息表.xlsx"，数据位于本地"D:\\DeepSeek 高效数据分析\\ch04\\数据横向合并"中。

请你从专业的角度，帮我将上面的表格合并成一个完整的表格，关键字段是客户编号（CustomerID）。为代码添加中文注释，对程序进行详细解释说明，并将最终的数据另存到本地"D:\\DeepSeek 高效数据分析\\ch04\\"，命名为订单明细表_横向合并，格式为 Excel 表格。

输出

要合并"订单明细表.xlsx"和"客户信息表.xlsx"两个表格，我们可以使用 Python 的 Pandas 库来实现。以下是详细的步骤和代码：

1. **导入必要的库**：首先，我们需要导入 Pandas 库来处理数据，以及 os 库来设置文件路径。
2. **读取数据**：使用 Pandas 的 read_excel 函数读取两个 Excel 文件。
3. **合并数据**：使用 merge 函数根据 CustomerID 合并两个表格。
4. **保存合并后的数据**：使用 to_excel 函数将合并后的数据保存为新的 Excel 文件。

下面是具体的代码实现：

```
import pandas as pd
import os
```

```
    # 设置文件路径
    order_details_path = "D:\\DeepSeek高效数据分析\\ch04\\数据横向合并\\订单明细
表.xlsx"
    customer_info_path = "D:\\DeepSeek高效数据分析\\ch04\\数据横向合并\\客户信息
表.xlsx"
    output_path = "D:\\DeepSeek高效数据分析\\ch04\\订单明细表_横向合并.xlsx"
    # 读取数据
    order_details = pd.read_excel(order_details_path)
    customer_info = pd.read_excel(customer_info_path)
    # 根据客户编号合并数据
    merged_data = pd.merge(order_details, customer_info, on='CustomerID',
how='inner')
    # 保存合并后的数据到新的Excel文件
    merged_data.to_excel(output_path, index=False)
    print("数据合并完成, 已保存至:", output_path)
```

这段代码首先设置了数据文件和输出文件的路径, 然后读取了两个 Excel 文件中的
数据。通过 pd.merge 函数, 我们根据 CustomerID 将两个表格进行了内连接合并。最后,
将合并后的数据保存到指定的路径。index=False 参数确保在保存时不包括 DataFrame
的索引。

运行上述Python代码, "订单明细表.xlsx"和"客户信息表.xlsx"就会合并为"订单明细表_
横向合并.xlsx"。

4.1.3   数据纵向合并

数据集成中的数据纵向合并（也称为垂直合并或堆叠合并）是将两个或多个具有相同结构但
不同行的数据集按照记录的顺序进行合并的过程。这种合并方式主要是增加数据集的行数, 而不是
列数。以下是关于数据纵向合并的详细解释和步骤。

1. 前提条件

- 相同结构: 要合并的数据集必须具有相同的列结构, 即列名和数据类型需要匹配。
- 相同顺序: 虽然对于纵向合并来说, 记录的顺序通常不是关键因素, 但确保它们按某种逻
  辑顺序排列（如时间顺序）可以帮助后续的数据处理和分析。

2. 准备数据

- 确保结构一致: 要合并的数据集应具有相同的变量结构和变量名称。如果变量名称不同,
  需要在合并前进行重命名或使用其他方法确保一致性。
- 处理缺失值: 检查数据集中是否存在缺失值, 并根据需要进行填充或处理。

3. 选择工具并导入数据

- 选择工具: 根据需求选择合适的数据处理工具, 如SPSS、Python的Pandas库等。
- 导入数据: 使用所选工具导入要合并的数据集。在Python的Pandas中, 可以使用read_csv、

read_excel等方法读取数据到DataFrame中。

4. 数据清洗和预处理

- 清洗数据：去除重复数据、处理异常值等，确保数据质量。
- 预处理：根据需要进行数据类型转换、列重命名等预处理操作，以确保数据集之间的兼容性。

5. 执行纵向合并

- 使用合并函数：在Python的Pandas中，使用pd.concat函数或append方法将数据帧纵向堆叠在一起。
- 设置参数：根据需要设置合并参数，如是否忽略索引、是否处理重复值等。

6. 检查合并结果

- 查看合并后的数据集：检查合并后的数据集是否符合预期，包括列名、数据类型、数据量等。
- 处理冲突：如果合并过程中出现列名冲突或数据类型不匹配等问题，需要进行相应处理。
- 保存合并后的数据集：根据需要，将合并后的数据集保存到文件或数据库中，以便后续使用。

7. 注意事项

- 缺失值处理：在合并过程中，如果某个数据集在特定列中有缺失值，而另一个数据集在该列中有值，那么这些值将被添加到合并后的数据集中。需要确保这种处理符合分析的需求。
- 数据量考虑：当合并大型数据集时，可能会遇到性能问题或内存限制。在这种情况下，可能需要考虑使用更高效的算法或工具，或者将数据分块处理。
- 数据质量：在合并之前，确保每个数据集的数据质量都是可接受的。这包括检查数据的准确性、完整性和一致性等方面。

8. 示例

在Python的Pandas库中，可以使用concat()函数来执行纵向合并。以下是一个简单的示例：

```python
import pandas as pd

# 假设有两个数据框df1和df2
df1 = pd.DataFrame({'ID': [1, 2, 3], 'Value': [10, 20, 30]})
df2 = pd.DataFrame({'ID': [4, 5, 6], 'Value': [40, 50, 60]})

# 使用concat()函数进行纵向合并
merged_df = pd.concat([df1, df2], ignore_index=True)

# 打印合并后的数据框
print(merged_df)
```

在这个示例中，concat()函数将df1和df2两个数据框纵向合并成一个新的数据框merged_df。通过设置ignore_index=True参数，我们告诉Pandas在合并时忽略原始数据框的索引，并自动生成新的索引。合并后的数据框将包含来自两个原始数据框的所有记录，并按照它们在原始数据框中的顺序堆叠在一起。

案例 4-2　数据纵向合并

现在有3张重要的表格，分别是"2023年10月份订单明细表.xlsx""2023年11月份订单明细表.xlsx"以及"2023年12月份订单明细表.xlsx"。为了能更全面地对这几个月的订单数据进行综合分析，需要将这3份表格纵向合并成一个完整的表格。

首先，明确各个表格的结构和字段内容，确保在合并过程中数据的准确性和一致性。然后，以表格的行作为合并的基本单位，逐行读取3个表格中的数据。对于相同字段的数据，进行严格的比对和整合，避免重复或冲突。

在合并过程中，尤其要注意订单编号、客户信息、订单信息等关键内容的准确衔接。通过这样的方式，将3个月的订单数据汇聚在一起，形成一个完整的数据集，为后续深入的数据分析和决策提供有力的支持。分析师小王满心期待，认真构思出详细提示语，清晰明确地阐述自己对表格合并的具体需求。

提示语和输出如下。

提示语

你作为一名资深数据分析专家，具备以下技能。

业务理解能力：具备行业和业务领域的知识，能够理解业务需求本质，解决实际问题，并提供数据驱动的建议和解决方案。

数据格式理解：熟悉常见的数据格式，如 Excel、CSV、JSON 等，理解这些格式的结构和特点，以便能正确地解析和读取数据。

数据探索能力：熟悉数据分析与可视化工具，敏锐洞察数据的特征，发现数据中的潜在模式和趋势，为深入分析提供方向。

数据清洗能力：能够识别和处理数据中的缺失值、异常值和重复值，对数据进行标准化和归一化处理，使数据具有可比性。

数据转换能力：能够熟练运用各种工具和技术，对不同格式、类型的数据进行清洗、整理和转换，以满足分析和建模需求。

数据分析能力：能够运用统计学和数据建模技术分析数据，理解数据之间的关系，识别模式和趋势，从中提取有用的信息。

数据挖掘能力：掌握常见的机器学习算法及应用场景，具备数据处理、分析及模式识别能力，善于从庞杂的数据中探寻规律。

程序开发技能：精通数据分析算法，熟练运用编程语言及开发工具，能够高效设计、编码和测试程序，满足复杂业务需求。

　　学习创新能力：伴随技术和行业发展，学习新工具和技术，不断更新自己的知识和技能，并不断创新和改进数据分析方法。

　　现在我有 3 份表格："2023 年 10 月份订单明细表.xlsx""2023 年 11 月份订单明细表.xlsx"以及"2023 年 12 月份订单明细表.xlsx"，数据位于本地"D:\\DeepSeek 高效数据分析\\ch04\\数据纵向合并"中。

　　请你从专业的角度，帮我将上面的表格合并成一个完整的表格。为代码添加中文注释，对程序进行详细解释说明，并将最终的数据另存到本地"D:\\DeepSeek 高效数据分析\\ch04\\"，命名为订单明细表_纵向合并，格式为 Excel 表格。

输出

　　要合并这 3 份 Excel 表格，我们可以使用 Python 的 Pandas 库，它提供了非常强大的数据处理功能。以下是合并这 3 个文件的步骤和代码：

1. **导入必要的库**：首先，我们需要导入 Pandas 库来处理数据，以及 os 库来设置文件路径。
2. **读取数据**：使用 Pandas 的 read_excel 函数分别读取 3 个文件。
3. **合并数据**：使用 Pandas 的 concat 函数将 3 个数据表纵向合并。
4. **保存合并后的数据**：使用 to_excel 函数将合并后的数据保存为一个新的 Excel 文件。

下面是具体的代码实现：

```python
import pandas as pd
import os
# 设置文件路径
folder_path = "D:\\DeepSeek高效数据分析\\ch04\\数据纵向合并"
file_names = ["2023年10月份订单明细表.xlsx", "2023年11月份订单明细表.xlsx",
"2023年12月份订单明细表.xlsx"]
# 读取所有文件
data_frames = []
for file_name in file_names:
    file_path = os.path.join(folder_path, file_name)
    df = pd.read_excel(file_path)
    data_frames.append(df)
# 合并数据
combined_df = pd.concat(data_frames, ignore_index=True)
# 保存合并后的数据到新的Excel文件
output_path = "D:\\DeepSeek高效数据分析\\ch04\\订单明细表_纵向合并.xlsx"
combined_df.to_excel(output_path, index=False)
```

　　这段代码首先设置了数据文件的路径，并创建了一个列表来存储这些数据文件的名称。然后，它通过循环读取每个文件并将它们添加到一个列表中。使用 pd.concat 函数将这些数据帧合并成一个大的数据帧，并通过 to_excel 函数将合并后的数据帧保存为一个新的 Excel 文件。注意，ignore_index=True 参数用于在合并时重新设置索引，以避免索引重复的问题。

运行上述 Python 代码，"2023 年 10 月份订单明细表.xlsx""2023 年 11 月份订单明细表.xlsx"和

"2023年12月份订单明细表.xlsx" 就会合并为 "订单明细表_纵向合并.xlsx"。

4.2   数据转换

数据处理中的数据转换是一项至关重要的任务，它涉及一系列操作和技术，旨在优化原始数据，使其更适合后续的分析和建模过程。本节介绍如何利用DeepSeek进行数据转换，包括数据标准化处理、数据归一化处理、数据二值化处理等。

4.2.1   数据转换概述

1. 数据转换的定义

数据转换是指将数据从一种表示形式变为另一种表现形式的过程，这个过程涉及对数据的多方位调整和改变。首先，在数据格式方面，不同的系统、软件或平台可能采用不同的格式来存储和表示数据。例如，一个数据库系统可能使用特定的文件格式来存储数据，而另一个系统可能需要不同的格式才能读取和处理这些数据。通过数据转换可以将数据从一种格式转换为另一种格式，以满足不同系统的要求。

其次，不同的数据类型在计算机中具有不同的存储方式和处理方法。例如，整数类型、浮点数类型、字符串类型等各有其特点。在某些情况下，需要将数据从一种类型转换为另一种类型，以便进行特定的计算或操作。例如，将字符串类型的数字转换为整数类型，以便进行数学运算。

此外，不同的应用场景可能需要不同的数据结构来高效地存储和处理数据。例如，从数据结构转换为链表结构，或者从树结构转换为图结构等。通过对数据结构的转换，可以更好地适应不同的算法和处理需求。

2. 数据转换的目的

数据转换的主要目的之一是使数据在不同系统、应用、平台之间具备互操作性和共享性。在现代信息技术环境中，各种系统和应用往往是相互独立开发的，它们可能使用不同的技术标准、数据格式和存储方式。如果没有数据转换，这些系统之间的数据交换和共享将变得非常困难。通过进行数据转换，可以将不同系统中的数据转换为统一的格式或结构，使得这些数据能够在不同的系统之间流畅地传输和使用。

提高数据利用价值也是数据转换的重要目标。当数据能够在不同的系统和应用之间自由流动和共享时，就可以被更多的人使用和分析，从而发挥出更大的价值。例如，通过将企业内部各个部门的数据进行转换和整合，可以实现跨部门的数据分析和决策支持，提高企业的运营效率和竞争力。此外，数据转换还可以将原始数据转换为更易于理解和分析的形式，例如将复杂的数据库查询结果转换为可视化的图表或报表，方便用户进行数据分析和决策。

3. 数据转换的方法

数据转换包括多种处理方法，如标准化处理、二值化处理、离散化处理、数据的编码转换和数据的缩放等。这些方法为数据科学家和分析师们提供了有力的工具，帮助他们处理和理解数据，从而提高数据的质量、准确性和可解释性。

在数据转换中，标准化处理广泛应用于机器学习和数据挖掘领域。标准化处理旨在将数据转换为均值为0、标准差为1的正态分布，消除不同变量之间的量纲影响，确保数据在相同尺度上进行比较和分析。这种处理方法能够提高许多机器学习算法的性能，使其更加稳健和可靠。

二值化处理是将数值型数据转换为布尔型数据（0或1），通常用于处理逻辑回归等模型需要的二分类问题。这种处理方法可以将连续型数据转换为离散的二元变量，简化数据集并提高建模效率。

离散化处理是将连续型数据分成若干区间或离散的值，以降低数据的复杂性和噪声影响，同时保留数据的潜在信息。离散化处理可以帮助挖掘数据中隐藏的模式和规律，为模型训练提供更加清晰和有用的特征。

数据的编码转换通常涉及将类别型数据转换为数值型数据，以便机器学习算法能够处理。常见的编码方法包括独热编码（One-Hot Encoding）和标签编码（Label Encoding），通过这些编码转换可以使模型更好地理解和利用分类变量。

数据缩放是另一个重要的数据转换方法，主要用于调整数据的取值范围，使不同特征之间具有相似的数值范围，以避免模型训练过程中某些特征权重过大或过小的问题，从而提高模型的训练效果和泛化能力。

4.2.2　数据标准化处理方法

标准化处理通常包括以下几种常见的方法。

1. Z-score标准化

Z-score标准化是一种将数据转换为均值为0、标准差为1的正态分布的方法。具体来说，对于每个特征，计算其数值与该特征的均值之差，再除以该特征的标准差，得到的结果即为标准化后的数值。这种方法能够保留原始数据的分布信息，同时消除了数据之间的绝对差异，使得模型训练更加稳定和可靠。

原理：将数据转换为标准正态分布，通过计算每个数据点与整个数据集的均值和标准差的差异来实现标准化。

公式：新数据 ＝ （原数据-均值）/标准差。

特点：处理后的数据具有特殊特征，即数据的平均值一定为0，标准差一定是1。这种方法适用于属性A的最大值和最小值未知的情况，或有超出取值范围的数据。

2. Min-max标准化

Min-max标准化将数据缩放到一个给定的最小值和最大值之间，通常是0和1之间。具体做法是对每个特征的数值减去最小值，然后除以最大值与最小值之差。这种方法能够保持原始数据的相对位置关系，同时将数据映射到固定的范围内，有利于机器学习算法的收敛和性能表现。

原理：将数据按照最小值和最大值进行线性缩放，将数据映射到[0, 1]区间内。

公式：新数据=（原数据-最小值）/（最大值-最小值）。

特点：无论原始数据是正值还是负值，处理后各观察值的数值变化范围都满足 $0 \leqslant X' \leqslant 1$，且正指标、逆指标均可转换为正向指标，作用方向一致。

3. 对数变换

对数变换（Log Transformation）是对原始数据集中的每个值取对数（通常是自然对数或常用对数）。对数变换是一种常用于图像处理和数据处理的数学变换，它可以将原始数据的动态范围（即最大值和最小值之间的范围）进行压缩或扩展。这种变换特别有用，因为它允许我们在视觉上更好地表示数据的分布，特别是当数据呈现偏态分布（如长尾分布）时。

原理：将数据取对数，有效地减小正偏态分布数据的差异。

特点：适用于数据分布偏斜的情况，通过对数变换可以使数据更接近正态分布。

但是，在应用数据标准化时，需要根据具体的数据特性和分析目标选择合适的标准化方法。例如，Z分数标准化假设数据近似正态分布，而最小-最大标准化则不依赖于这样的假设。正确地应用数据标准化可以提高模型的性能和结果的可解释性。

案例 4-3　贷款客户数据的标准化处理

现有一份贷款客户数据，其中包含了借款人的相关数据，如申请人编号、年龄、负债率、月收入、是否违约等。

在贷款客户数据中，对于"年龄"可采用Z-score标准化方法。首先计算年龄数据的均值和标准差，对于每个年龄值，用其减去均值再除以标准差，得到标准化后的年龄值，从而使年龄数据符合标准正态分布。

对于"负债率"，运用Min-max标准化方法。先确定负债率数据的最小值和最大值，对于每个负债率值，用它减去最小值再除以最大值与最小值之差，将负债率数据映射到[0,1]区间，实现标准化。

对于"月收入"，使用对数变换方法。对每个月的收入值取对数，这样可以减小数据的波动范围，使月收入数据更加平滑且符合特定的分布特征，便于后续的数据分析和模型构建。

分析师小王满心期待，精心构思详细提示语，清晰阐述对贷款客户数据处理的具体需求。

提示语和输出如下。

提示语

你作为一名资深数据分析专家，具备以下技能。

业务理解能力：具备行业和业务领域的知识，能够理解业务需求本质，解决实际问题，并提供数据驱动的建议和解决方案。

数据格式理解：熟悉常见的数据格式，如 Excel、CSV、JSON 等，理解这些格式的结构和特点，以便能正确地解析和读取数据。

数据探索能力：熟悉数据分析与可视化工具，敏锐洞察数据的特征，发现数据中的潜在模式和趋势，为深入分析提供方向。

数据清洗能力：能够识别和处理数据中的缺失值、异常值和重复值，对数据进行标准化和归一化处理，使数据具有可比性。

数据转换能力：能够熟练运用各种工具和技术，对不同格式、类型的数据进行清洗、整理和转换，以满足分析和建模需求。

数据分析能力：能够运用统计学和数据建模技术分析数据，理解数据之间的关系，识别模式和趋势，从中提取有用的信息。

数据挖掘能力：掌握常见的机器学习算法及应用场景，具备数据处理、分析及模式识别能力，善于从庞杂的数据中探寻规律。

程序开发技能：精通数据分析算法，熟练运用编程语言及开发工具，能够高效设计、编码和测试程序，满足复杂业务需求。

学习创新能力：伴随技术和行业发展，学习新工具和技术，不断更新自己的知识和技能，并不断创新和改进数据分析方法。

数据转换包括多种处理方法，如标准化处理、二值化处理、离散化处理等，下面使用贷款客户数据，即借款人无法按时履行贷款合约或违反了合同条款的情况下所记录的相关数据，包括申请人编号、年龄、负债率、月收入、是否违约等。

首先读取 "D:\\DeepSeek 高效数据分析\\ch04\\贷款客户数据.xlsx" 中的数据，然后请你从专业的角度使用 Z-score 标准化方法对 "年龄" 进行标准化，使用 Min-max 标准化方法对 "负债率" 进行标准化，使用对数变换方法对 "月收入" 进行标准化为代码添加中文注释，对程序进行详细解释说明，并将数据另存到本地 "D:\\DeepSeek 高效数据分析\\ch04\\"，命名为贷款客户数据_标准化处理，格式为 Excel 表格。

在您的 Python 脚本中，您已经实现了对贷款客户数据的几种标准化处理，包括 Z-score 标准化、Min-max 标准化和对数变换。下面是您的代码的详细解释：

1. **读取数据**：

使用 [pandas](file:///c%3A/Users/shang/.cursor-tutor/test.py#1%2C8-1%2C8) 库的 [read_excel](file:///c%3A/Users/shang/.cursor-tutor/test.py#5%2C11-5%2C11) 函数从指定路径读取 Excel 文件中的数据。

```
import pandas as pd
import numpy as np
# 读取数据
data = pd.read_excel("D:\\DeepSeek高效数据分析\\ch04\\贷款客户数据.xlsx")
```

2. **Z-score标准化处理年龄**：

Z-score标准化是通过减去平均值并除以标准差来进行的，这种方法处理后的数据均值为0，标准差为1，适用于数据接近正态分布时。

```
# Z-score标准化处理年龄
data[年龄_zscore] = (data[年龄] - data[年龄].mean()) / data[年龄].std()
```

3．**Min-max标准化处理负债率**：
Min-max标准化将数据缩放到0到1的范围内，通过减去最小值并除以最大值与最小值的差值来实现。

```
# Min-max标准化处理负债率
data[负债率_minmax] = (data[负债率] - data[负债率].min()) / (data[负债率].max() - data[负债率].min())
```

4．**对数变换处理月收入**：
对数变换可以帮助稳定数据的方差，使其更接近正态分布。这里使用自然对数，并对月收入加1以避免对0取对数的错误。

```
# 对数变换处理月收入
data[月收入_log] = np.log(data[月收入] + 1)  # 加1避免log(0)的情况
```

5．**保存标准化后的数据**：
使用to_excel函数将处理后的数据保存到新的Excel文件中。

```
# 保存标准化后的数据
data.to_excel("D:\\DeepSeek高效数据分析\\ch04\\贷款客户数据_标准化处理.xlsx")
```

以上步骤完成了数据的读取、处理和保存。这些处理方法有助于改善模型的性能，特别是在使用基于距离的算法时，标准化可以确保每个特征被平等对待。

运行上述Python代码，"贷款客户数据.xlsx"文件中的数据将经过预处理，并保存为"贷款客户数据_标准化处理.xlsx"文件。

4.2.3　数据二值化处理方法

数据二值化处理通常有以下几种方法。

1. 固定阈值二值化

固定阈值二值化是最简单的二值化方法，即根据一个预先设定的阈值将数据转换为二元数据。如果数据大于或等于阈值，则为1；否则为0。这种方法适用于一些基于规则的简单分类任务。

2. 自适应阈值二值化

自适应阈值二值化是根据数据的分布动态地确定阈值的方法，常见的方法包括局部自适应阈值和全局自适应阈值。通过自适应阈值二值化，可以更好地处理数据的噪声和光照变化，提高二值化的准确性。

3. 最大值/平均值二值化

最大值/平均值二值化是指根据数据的最大值或平均值将数据进行二值化。如果数据大于最大值或平均值，则为1；否则为0。这种方法可以基于数据的整体分布来确定二值化的阈值，适用于数据分布较为均匀的情况。

数据二值化处理通常用于一些特定的数据处理场景，例如图像处理、特征选择、简单分类任务等。通过将连续型数据转换为二元数据，可以简化数据的复杂度，提高计算效率，同时使数据更适合某些机器学习算法的应用。在应用数据二值化处理时，需要根据具体问题的要求和数据的特征选择合适的二值化方法，并注意二值化过程可能导致信息的丢失和精度的降低，因此需要慎重考虑二值化的合理性和影响。

一个实际的数值数据二值化案例是在机器学习领域的特征选择。在进行特征选择时，有时需要将连续型的特征数据转换为二值特征数据，以便更好地应用某些分类算法或减少特征维度。

以下是一个简单的数值数据二值化处理的代码示例（使用Python的Pandas库）：

```python
import pandas as pd

# 创建一个包含连续型特征数据的DataFrame
data = {'feature1': [10, 20, 15, 30, 25],
        'feature2': [0.1, 0.5, 0.3, 0.8, 0.6]}

df = pd.DataFrame(data)

# 使用平均值进行二值化处理
mean_val = df.mean()
binary_df = df.apply(lambda x: 1 if x > mean_val else 0)

print("原始特征数据：")
print(df)
print("\n二值化处理后的特征数据：")
print(binary_df)
```

在上面的代码示例中，我们创建了一个包含两个连续型特征的DataFrame，并使用特征的平均值作为阈值进行二值化处理。对于每个特征，如果特征值大于平均值，则将其置为1，否则置为0，从而将连续型特征数据转换为二元特征数据。

通过这种方式，我们可以在机器学习任务中使用二值化处理来进行特征选择，提高模型的运算效率和准确度。二值化处理可以使得数据更易于处理，减少噪声的影响，并确保特征之间的可比性，从而为后续的建模和分析提供更好的数据基础。

案例 4-4　贷款客户数据的二值化处理

贷款客户数据包括申请人编号、年龄、负债率、月收入、是否违约等。从专业视角，采用不同方法对"是否违约"这一数据进行转换。固定阈值二值化处理明确以0.7为界，大于或等于0.7时记为1，代表较高违约风险，小于该值则为0。自适应阈值二值化处理依据数据自身的分布特点动态确定合适的阈值，能更好地适应不同情况，准确区分违约状态。平均值二值化处理先算出"是否违约"数据的平均值，若数据大于平均值，则记为1，否则记为0，通过与整体平均水平比较来进行二值化转换，为后续分析提供更直观的数据表现形式。

不同的二值化处理方法各具优劣：固定阈值二值化简单直接，但可能不够灵活；自适应阈值二值化更具适应性，但计算较复杂，需结合实际需求谨慎选择。分析师小王精心构思出一段详尽的提示语，清晰明确地阐述了自己对数据转换的具体需求。

提示语和输出如下。

提示语	你作为一名资深数据分析专家，具备以下技能。 业务理解能力：具备行业和业务领域的知识，能够理解业务需求本质，解决实际问题，并提供数据驱动的建议和解决方案。 数据格式理解：熟悉常见的数据格式，如 Excel、CSV、JSON 等，理解这些格式的结构和特点，以便能正确地解析和读取数据。 数据探索能力：熟悉数据分析与可视化工具，敏锐洞察数据的特征，发现数据中的潜在模式和趋势，为深入分析提供方向。 数据清洗能力：能够识别和处理数据中的缺失值、异常值和重复值，对数据进行标准化和归一化处理，使数据具有可比性。 数据转换能力：能够熟练运用各种工具和技术，对不同格式、类型的数据进行清洗、整理和转换，以满足分析和建模需求。 数据分析能力：能够运用统计学和数据建模技术分析数据，理解数据之间的关系，识别模式和趋势，从中提取有用的信息。 数据挖掘能力：掌握常见的机器学习算法及应用场景，具备数据处理、分析及模式识别能力，善于从庞杂的数据中探寻规律。 程序开发技能：精通数据分析算法，熟练运用编程语言及开发工具，能够高效设计、编码和测试程序，满足复杂业务需求。 学习创新能力：伴随技术和行业发展，学习新工具和技术，不断更新自己的知识和技能，并不断创新和改进数据分析方法。 数据转换包括多种处理方法，如标准化处理、二值化处理、离散化处理等。下面使用贷款客户数据，即借款人无法按时履行贷款合约或违反了合同条款的情况下所记录的相关数据，包括申请人编号、年龄、负债率、月收入、是否违约等。 首先读取"D:\\DeepSeek 高效数据分析\\ch04\\贷款客户数据.xlsx"中的数据，然后请你从专业的角度使用固定阈值二值化处理方法对"是否违约"进行数据转换（即大于或等于 0.7 则为 1，否则为 0），使用自适应阈值二值化处理方法对"是否违约"进行数据转换，使用平均值二值化处理方法对"是否违约"进行数据转换。为代码添

加中文注释，对程序进行详细解释说明，并将数据另存到本地 "D:\\DeepSeek 高效数据分析\\ch04\\"，命名为贷款客户数据_二值化处理，格式为 Excel 表格。

输　出

首先，我们需要使用 Python 的 Pandas 和 NumPy 库来处理 Excel 数据。如果你还没有安装这些库，可以使用以下命令进行安装：

```
pip install pandas numpy openpyxl
```

下面是一个 Python 脚本，用于读取 Excel 文件中的数据，并对 "是否违约" 列进行不同的二值化处理，最后将处理后的数据保存为新的 Excel 文件：

```python:test.py
import pandas as pd
import numpy as np
# 读取Excel文件中的数据
file_path = "D:\\DeepSeek高效数据分析\\ch04\\贷款客户数据.xlsx"
data = pd.read_excel(file_path)
# 固定阈值二值化处理
data[是否违约_固定阈值] = (data[是否违约] >= 0.7).astype(int)
# 自适应阈值二值化处理，这里假设自适应阈值为数据的中位数
median_threshold = data[是否违约].median()
data[是否违约_自适应阈值] = (data[是否违约] >= median_threshold).astype(int)
# 平均值二值化处理
mean_threshold = data[是否违约].mean()
data[是否违约_平均值阈值] = (data[是否违约] >= mean_threshold).astype(int)
# 保存处理后的数据到新的Excel文件中
output_path = "D:\\DeepSeek高效数据分析\\ch04\\贷款客户数据_二值化处理.xlsx"
data.to_excel(output_path, index=False)
```

这段代码首先读取指定路径的 Excel 文件，然后对 "是否违约" 列应用 3 种不同的二值化处理方法：固定阈值、自适应阈值（中位数）和平均值阈值。最后，将处理后的数据保存到新的 Excel 文件中。

运行上述Python代码，"贷款客户数据.xlsx" 文件中的数据将经过预处理，并保存为 "贷款客户数据_二值化处理.xlsx" 文件。

4.2.4　数据离散化处理方法

数据离散化处理是一种数据预处理技术，用于将连续型数据转换为具有离散值的数据形式。数据离散化处理可以帮助简化数据分析任务，在某些情况下也可以提高模型的性能。例如，在一些机器学习算法中，将连续的特征转换为离散值可以减少计算复杂度，提高模型的运行速度。

然而，需要根据具体的数据集和任务来选择合适的离散化方法，并注意离散化可能导致信息丢失。因此，在进行数据离散化处理时，需要慎重考虑数据特点和分析目的，选择适当的方法来保证数据的有效性和准确性。

1. 等宽离散化

等宽离散化是一种常用的数据离散化方法，它将连续型数据按照相同宽度的区间进行划分，确保每个区间的取值范围相同。

等宽离散化的步骤如下：

01 计算数据的最小值和最大值，确定数据的取值范围。

02 设定划分区间的个数或区间宽度。

03 根据数据的取值范围和区间宽度，计算出每个区间的边界。

04 将原始数据根据所属的区间进行离散化，用表示区间的离散值来代替原始的连续型数据。

例如，假设有一组连续型数据如下：

```
[10, 15, 20, 25, 30, 35, 40, 45, 50, 55]
```

如果我们希望将这些数据按照等宽离散化为3个区间。首先计算数据的最小值和最大值，分别为10和55，然后计算区间宽度，为(55-10)/3=15。接着确定各个区间的边界，可以得到3个区间：

```
区间1：10-25
区间2：25-40
区间3：40-55
```

最终将原始数据进行等宽离散化处理，得到的离散数据如下：

```
[1, 1, 2, 2, 2, 2, 3, 3, 3, 3]
```

等宽离散化是一种简单且直观的数据处理方法，适用于数据分布比较均匀的情况。然而，在实际应用中，需要根据数据的特点和分布情况选择合适的离散化方法来确保离散化后数据的有效性和准确性。

2. 等频离散化

等频离散化是另一种常用的数据离散化方法，它将连续型数据按照相同数量的数据点进行划分，确保每个区间内包含近似相同数量的数据点。

等频离散化的步骤如下：

01 确定要分成的区间个数。

02 根据数据的数量和区间个数，计算每个区间应包含的数据点个数。

03 将数据按照升序排序，然后按照每个区间应包含的数据点个数将数据划分为多个区间。

04 将每个区间的区间边界作为离散值，用来表示每个数据点所属的区间。

例如，假设有一组连续型数据如下：

```
[10, 15, 20, 25, 30, 35, 40, 45, 50, 55]
```

如果我们希望将这些数据按照等频离散化为3个区间，即每个区间应包含的数据点个数为4。首先将数据进行升序排序，然后按照每个区间应包含的数据点个数将数据划分为多个区间，得到3

个区间：

```
区间1: 10, 15, 20, 25
区间2: 30, 35, 40, 45
区间3: 50, 55
```

最终将原始数据进行等频离散化处理，得到的离散数据如下：

```
[1, 1, 1, 1, 2, 2, 2, 2, 3, 3]
```

等频离散化方法可以保证每个区间内包含相似数量的数据点，适用于数据分布不均匀或者异常值较多的情况。然而，在选择等频离散化方法时，需要考虑数据的分布情况、数据量等因素，以确保离散化后数据的有效性和准确性。

3. 基于聚类的离散化方法

基于聚类的离散化方法是一种将连续型数据离散化为若干区间的方法，通过聚类算法来确定区间划分的方式。这种方法可以根据数据的特点和分布情况，自动确定最佳的区间划分方式，适用于各种数据分布情况。

基于聚类的离散化方法的步骤如下：

01 选择合适的聚类算法，如 K 均值聚类、层次聚类等。

02 设定要划分的区间个数或者其他需要的参数。

03 使用聚类算法对连续型数据进行聚类，将数据点划分到不同的簇中。

04 根据聚类结果，确定每个簇的区间边界作为离散值，用来表示每个数据点所属的区间。

例如，对于同样的一组数据：

```
[10, 15, 20, 25, 30, 35, 40, 45, 50, 55]
```

我们可以选择K均值聚类算法，设定要划分的区间个数为3。通过聚类算法将数据点划分为3个簇，得到如下的簇划分：

```
簇1: 10, 15, 20, 25
簇2: 30, 35, 40, 45
簇3: 50, 55
```

最终将原始数据进行基于聚类的离散化处理，得到的离散数据如下：

```
[1, 1, 1, 1, 2, 2, 2, 2, 3, 3]
```

基于聚类的离散化方法可以根据数据的内在结构和分布情况，自动确定最佳的区间划分方式，适用于数据分布复杂、不规则或者高维数据的离散化。在实际应用中，选择合适的聚类算法和参数设定，可以提高离散化结果的准确性和有效性。

案例 4-5　贷款客户数据的离散化处理

贷款客户数据包括申请人编号、年龄、负债率、月收入、是否违约等。从专业层面出发，对于"年龄"，采用等宽离散化方法可将其划分成若干等宽度区间。先确定年龄的取值范围，然后根据设定的区间宽度进行划分，使年龄数据更具规则性，便于分析不同年龄段的特征。

对于"负债率"，运用等频离散化方法，确保每个区间内包含大致相同数量的数据点。这样可以使负债率数据在不同区间的分布更加均衡，避免某些区间数据过于集中或稀疏，有助于更准确地研究负债率的分布情况。

而对于"月收入"，基于层次聚类的离散化方法能够根据数据之间的相似性进行聚类。通过不断合并或分割聚类，确定合适的月收入区间划分。这种方法可以更好地反映月收入数据的内在结构和分布特点，为进一步分析提供更有价值的信息。

分析师小王认真构思，精心撰写提示语，明确表达对贷款客户数据处理的具体要求，力求实现精准高效的数据分析。

提示语和输出如下。

提示语

你作为一名资深数据分析专家，具备以下技能。

业务理解能力：具备行业和业务领域的知识，能够理解业务需求本质，解决实际问题，并提供数据驱动的建议和解决方案。

数据格式理解：熟悉常见的数据格式，如 Excel、CSV、JSON 等，理解这些格式的结构和特点，以便能正确地解析和读取数据。

数据探索能力：熟悉数据分析与可视化工具，敏锐洞察数据的特征，发现数据中的潜在模式和趋势，为深入分析提供方向。

数据清洗能力：能够识别和处理数据中的缺失值、异常值和重复值，对数据进行标准化和归一化处理，使数据具有可比性。

数据转换能力：能够熟练运用各种工具和技术，对不同格式、类型的数据进行清洗、整理和转换，以满足分析和建模需求。

数据分析能力：能够运用统计学和数据建模技术分析数据，理解数据之间的关系，识别模式和趋势，从中提取有用的信息。

数据挖掘能力：掌握常见的机器学习算法及应用场景，具备数据处理、分析及模式识别能力，善于从庞杂的数据中探寻规律。

程序开发技能：精通数据分析算法，熟练运用编程语言及开发工具，能够高效设计、编码和测试程序，满足复杂业务需求。

学习创新能力：伴随技术和行业发展，学习新工具和技术，不断更新自己的知识和技能，并不断创新和改进数据分析方法。

数据转换包括多种处理方法，如标准化处理、二值化处理、离散化处理等。下面使用贷款客户数据，即借款人无法按时履行贷款合约或违反了合同条款的情况下所记录的相关数据，包括申请人编号、年龄、负债率、月收入、是否违约等。

首先读取"D:\\DeepSeek 高效数据分析\\ch04\\贷款客户数据.xlsx"中的数据,然后请你从专业的角度使用等宽离散化方法对"年龄"进行标准化,使用等频离散化方法对"负债率"进行标准化,使用基于层次聚类的离散化方法对"月收入"进行标准化。为代码添加中文注释,对程序进行详细解释说明,并将数据另存到本地"D:\\DeepSeek 高效数据分析\\ch04\\",命名为贷款客户数据_离散化处理,格式为Excel 表格。

输 出

在您的代码中,您已经使用了等宽离散化和等频离散化方法对"年龄"和"负债率"进行了处理。接下来,我将帮助您使用层次聚类方法对"月收入"进行离散化处理。层次聚类是一种聚类算法,它通过构建聚类的层次结构来进行数据分组。在 Python中,我们可以使用 scipy.cluster.hierarchy 模块来实现。

首先,您需要安装 scipy 库,如果尚未安装,可以执行以下命令进行安装:

```
pip install scipy
```

然后,修改您的代码以使用层次聚类对"月收入"进行离散化处理。以下是完整的代码示例,包括中文注释和层次聚类的实现:

```python:test.py
import pandas as pd
from sklearn.cluster import KMeans
from scipy.cluster.hierarchy import linkage, fcluster

# 读取数据
data = pd.read_excel("D:\\DeepSeek高效数据分析\\ch04\\贷款客户数据.xlsx")
# 等宽离散化处理年龄
data[年龄_离散化] = pd.cut(data[年龄], bins=10, labels=False)
# 等频离散化处理负债率
data[负债率_离散化] = pd.qcut(data[负债率], q=10, labels=False)
# 使用层次聚类离散化处理月收入
# 首先,使用linkage方法进行层次聚类分析
Z = linkage(data[[月收入]], method=ward)
# 然后,根据距离阈值将数据点分为3个簇
data[月收入_离散化] = fcluster(Z, t=3, criterion='maxclust')
# 保存处理后的数据
data.to_excel("D:\\DeepSeek高效数据分析\\ch04\\贷款客户数据_离散化处
理.xlsx", index=False)
```

在这段代码中:
- 使用linkage函数进行层次聚类,其中method='ward'指定了使用Ward方法,这种方法以最小化簇内平方和的增加来选择合并的簇。
- fcluster函数用于根据指定的最大簇数(t=3)来形成簇,criterion='maxclust'表示根据最大簇数来划分。

这样处理后,您的数据将更适合进行进一步的分析和模型建立。

运行上述Python代码，"贷款客户数据.xlsx"文件中的数据将经过预处理，并保存为"贷款客户数据_离散化处理.xlsx"文件。

4.3   数据集划分

通常，可以从模型在不同数据集上的表现来评估划分效果。若训练集上效果好，测试集上效果差，则可能划分不合理。还可以观察各数据集的数据分布，确保相似性。本节介绍如何利用DeepSeek进行数据集划分，包括训练集和测试集法、训练集/验证集/测试集法、分层抽样法等。

4.3.1   数据集划分概述

在机器学习和数据分析领域，数据集划分是一项至关重要的任务。它对于构建有效的模型以及准确评估模型性能起着关键作用。

1. 数据集划分的目的

数据集划分的主要目的是对模型进行训练、评估和测试。通过将数据集划分为不同的子集，可以更好地管理和利用数据，从而实现以下目标。

1）模型训练

训练集是用于构建模型的数据子集。在模型训练过程中，算法通过对训练集中的数据进行学习，调整模型的参数，以最小化损失函数或最大化目标函数。通过大量的训练数据，模型可以学习到数据中的模式和规律，从而提高对新数据的预测能力。

例如，在图像分类任务中，将大量的标注图像作为训练集，让模型学习不同类别图像的特征，以便能够准确地对新的未见过的图像进行分类。

2）模型评估

验证集用于评估模型在训练过程中的性能。在训练过程中，定期使用验证集对模型进行评估，可以了解模型的泛化能力和过拟合情况。通过调整模型的超参数和结构，可以使模型在验证集上表现更好，从而提高最终模型的性能。

例如，在神经网络训练中，可以使用一部分数据作为验证集，观察模型在验证集上的准确率、损失值等指标，根据这些指标调整网络的层数、学习率等超参数。

3）模型测试

测试集是用于最终评估模型性能的独立数据集。在模型训练完成后，使用测试集对模型进行测试，可以得到模型在真实场景下的性能表现。测试集应该与训练集和验证集完全独立，以确保评估结果的客观性和可靠性。

例如，在开发一个语音识别系统时，使用独立的测试集对训练好的模型进行测试，评估模型在不同口音、噪声环境下的语音识别准确率。

2. 数据集划分的意义

数据集划分具有重要的意义，它有助于评估模型的性能，提高模型的泛化能力，并为模型优化提供指导。

1）评估模型的性能

通过将数据集划分为不同的子集，可以更全面地评估模型的性能。训练集用于训练模型，验证集用于调整模型参数和评估模型在训练过程中的性能，测试集用于最终评估模型在独立数据上的性能。这样可以避免过拟合和欠拟合问题，确保模型在不同数据上都能表现良好。

例如，在回归分析中，使用不同的数据集划分方法，可以得到模型在不同数据集上的均方误差、决定系数等指标，从而全面评估模型的预测能力。

2）提高模型的泛化能力

泛化能力是指模型对新数据的适应能力。通过在不同的数据集上进行训练、评估和测试，可以使模型更好地学习到数据的本质特征，而不是仅仅记住训练数据的特定模式。这样可以提高模型的泛化能力，使其在面对新数据时能够做出准确的预测。

例如，在深度学习中，通过使用大规模的训练集和独立的测试集，可以使模型学习到更通用的图像特征，提高对不同类型图像的识别能力。

3）为模型优化提供指导

数据集划分可以为模型优化提供重要的指导。通过观察模型在不同数据集上的表现，可以了解模型的优势和不足，从而有针对性地进行模型优化。例如，如果模型在验证集上的性能下降，可能是由于过拟合问题，可以采取正则化、增加数据量等方法来解决。

例如，在决策树算法中，如果模型在测试集上的准确率较低，可以通过调整决策树的深度、剪枝等方法来优化模型，提高模型的性能。

4.3.2　训练集和测试集法

数据集划分方法中的训练集（Training Set）和测试集（Test Set）法是一种基础且常用的方法，用于评估机器学习模型的性能。这种方法的核心思想是将原始数据集分为两个互不重叠的子集：一个用于训练模型（训练集），另一个用于测试模型在未见数据上的表现（测试集）。

1. 训练集

训练集是机器学习模型学习的主要数据来源。在训练过程中，模型会基于训练集的特征和目标变量来优化其内部参数（例如神经网络的权重和偏置项），以最小化预测误差。训练集应该包含足够多的样本和足够的多样性，以确保模型能够学习到数据的内在规律和模式。

2. 测试集

测试集用于评估模型在未见数据上的性能。在模型训练完成后，使用测试集来检验模型的泛化能力，即模型对新数据的预测能力。测试集应该与训练集保持独立，以确保评估结果的客观性。测试集通常不包含任何用于训练模型的信息，因此模型在测试集上的表现可以反映其在实际应用中的性能。

3. 划分方法

- 随机划分：最简单的划分方法是将原始数据集随机分成两个子集，其中一个作为训练集，另一个作为测试集。这种方法的优点是简单快速，但缺点是可能导致训练集和测试集之间的数据分布不一致。
- 分层抽样：为了确保训练集和测试集中的类别分布与原始数据集相似，可以使用分层抽样方法。首先，根据类别标签将数据划分为不同的层（或子集），然后从每一层中随机抽取相同数量的样本以形成训练集和测试集。这种方法可以确保模型在训练和测试阶段都面对平衡的类别分布。

4. 注意事项

- 划分比例：训练集和测试集的划分比例通常根据具体任务和数据集的大小来确定。一般来说，训练集应占较大的比例（如70%~90%），以便模型能够学习到足够的信息。测试集则应该足够大，以便提供可靠的性能评估。
- 避免数据泄露：在划分数据集时，必须确保训练集和测试集之间的数据是完全独立的，以避免数据泄露。数据泄露可能导致模型在测试集上表现出过高的性能，从而掩盖了模型在实际应用中的不足。
- 多次划分：为了获得更可靠的评估结果，可以使用多次划分的方法。例如，可以将原始数据集随机划分为多个不同的训练集和测试集组合，并在每个组合上训练和测试模型。然后，可以取所有组合上的平均性能作为最终的评估结果。这种方法可以减小单次划分带来的随机误差。

训练集和测试集法是一种简单而有效的数据集划分方法，用于评估机器学习模型的性能。通过合理划分数据集并遵循注意事项，可以确保评估结果的客观性和可靠性。

案例 4-6 使用训练集和测试集法处理贷款客户数据

贷款客户数据包括申请人编号、年龄、负债率、月收入、是否违约等。从专业的角度出发，对贷款客户数据集进行划分是至关重要的步骤，可以采用科学的随机抽样方法，将数据集合理地分为训练集和测试集。

一般来说，训练集所占比例相对较大，比如可以达到70%~80%。训练集用于模型的构建和参数的优化调整，通过对大量的贷款客户数据进行学习，使模型能够捕捉到数据中的规律和特征。而测试集通常占较小的比例，如20%~30%，它独立于训练集，用于检验模型在新数据上的表现，评估模型的泛化能力和准确性。

这样的划分能够确保模型在实际应用中具有可靠的性能。分析师小王用心构思提示语，详细阐述对贷款客户数据集划分的具体要求。

提示语和输出如下。

提示语

你作为一名资深数据分析专家，具备以下技能。

业务理解能力：具备行业和业务领域的知识，能够理解业务需求本质，解决实际问题，并提供数据驱动的建议和解决方案。

数据格式理解：熟悉常见的数据格式，如 Excel、CSV、JSON 等，理解这些格式的结构和特点，以便能正确地解析和读取数据。

数据探索能力：熟悉数据分析与可视化工具，敏锐洞察数据的特征，发现数据中的潜在模式和趋势，为深入分析提供方向。

数据清洗能力：能够识别和处理数据中的缺失值、异常值和重复值，对数据进行标准化和归一化处理，使数据具有可比性。

数据转换能力：能够熟练运用各种工具和技术，对不同格式、类型的数据进行清洗、整理和转换，以满足分析和建模需求。

数据分析能力：能够运用统计学和数据建模技术分析数据，理解数据之间的关系，识别模式和趋势，从中提取有用的信息。

数据挖掘能力：掌握常见的机器学习算法及应用场景，具备数据处理、分析及模式识别能力，善于从庞杂的数据中探寻规律。

程序开发技能：精通数据分析算法，熟练运用编程语言及开发工具，能够高效设计、编码和测试程序，满足复杂业务需求。

学习创新能力：伴随技术和行业发展，学习新工具和技术，不断更新自己的知识和技能，并不断创新和改进数据分析方法。

下面使用贷款客户数据，即借款人无法按时履行贷款合约或违反了合同条款的情况下所记录的相关数据，包括申请人编号、年龄、负债率、月收入、是否违约等。

首先读取 "D:\\DeepSeek 高效数据分析\\ch04\\客户违约预测数据.xlsx" 中的数据，然后请你从专业的角度，将数据集分为训练集和测试集。为代码添加中文注释，对程序进行详细解释说明，并将数据另存到本地 "D:\\DeepSeek 高效数据分析\\ch04\\训练集和测试集\\"，命名为客户违约预测数据_训练集和测试集法，格式为 Excel 表格。

根据您的需求，下面是 Python 代码，用于读取贷款客户数据，将其分为训练集和测试集，并保存到指定的文件路径。我已经添加了详细的中文注释来解释每一步的作用。

```python:test.py
import pandas as pd
from sklearn.model_selection import train_test_split
# 读取Excel文件中的数据
data_path = "D:\\DeepSeek高效数据分析\\ch04\\客户违约预测数据.xlsx"
data = pd.read_excel(data_path)
# 分割数据集为训练集和测试集
# test_size=0.3 表示30%的数据用作测试集，70%的数据用作训练集
# random_state=42 是随机数种子，用于复现实验结果
train_set, test_set = train_test_split(data, test_size=0.3,
random_state=42)
# 将训练集和测试集保存为Excel文件
# index=False 表示在保存时不包括行索引
train_set.to_excel("D:\\DeepSeek高效数据分析\\ch04\\训练集和测试集\\客户违约
预测数据_训练集.xlsx", index=False)
test_set.to_excel("D:\\DeepSeek高效数据分析\\ch04\\训练集和测试集\\客户违约预
测数据_测试集.xlsx", index=False)
```

这段代码首先导入必要的库，然后从指定路径读取 Excel 文件中的数据。使用 train_test_split 函数将数据分为训练集和测试集，其中 30%的数据用作测试集。最后，将分割后的数据集保存到新的 Excel 文件中，确保不包括 DataFrame 的索引。这样处理后的数据可以用于进一步的数据分析和模型训练。

运行上述Python代码，"客户违约预测数据.xlsx"数据集就会被划分为"客户违约预测数据_测试集.xlsx"和"客户违约预测数据_训练集.xlsx"两个数据集。

4.3.3 训练集/验证集/测试集法

数据集划分方法中的训练集/验证集/测试集法是一种广泛使用的策略，旨在提高机器学习模型的性能和泛化能力。该方法将原始数据集划分为3个互不重叠的子集：训练集（Training Set）、验证集（Validation Set）和测试集（Test Set）。

1. 训练集

作用：训练集是模型学习的主要数据集。模型通过训练集中的样本来学习特征和模式，以便做出预测或分类。

比例：通常占据整个数据集的大部分比例，例如70%或80%，以确保模型有足够的数据来学习。

2. 验证集

作用：验证集用于在模型训练过程中评估其性能，并调整模型超参数。通过验证集，可以检测模型是否出现过拟合或欠拟合等问题，并基于验证集的性能评估来选择最佳的模型参数。

比例：通常占据数据集的10%~20%。验证集帮助选择最佳的超参数，如学习率、正则化参数等，以确保模型在训练集上的表现达到最佳状态。

3. 测试集

作用：测试集是用于评估训练好的模型性能的数据集。在模型训练完成后，测试集被用来验证模型对未知数据的泛化能力。模型在测试集上的表现可以帮助评估模型的准确性和性能。

比例：通常占据数据集的剩余部分，即10%~20%。测试集的选择和保持独立性非常重要，以确保评估结果的客观性。

4. 划分注意事项

数据分布的代表性：确保训练集、验证集和测试集的数据分布代表了真实场景中的数据，以保证模型在实际应用中的性能。

避免数据泄露：在划分数据集时，必须确保训练集、验证集和测试集之间的数据是完全独立的，以避免数据泄露导致模型在测试集上表现出过高的性能。

多次划分：为了获得更可靠的评估结果，可以使用多次划分的方法。例如，使用留出法（Holdout Cross Validation），按照固定比例将数据集静态地划分为训练集、验证集和测试集。对于小规模样本集，常用的分配比例是60%训练集、20%验证集和20%测试集。

训练集/验证集/测试集法通过合理划分数据集，确保了模型在训练、验证和测试阶段都能得到充分的利用和评估。这种方法有助于提高模型的泛化能力和性能，是机器学习项目中不可或缺的一部分。

案例 4-7　使用训练集/验证集/测试集法处理贷款客户数据

贷款客户数据包括申请人编号、年龄、负债率、月收入、是否违约等。在数据分析与建模过程中，为了确保模型的有效性和准确性，需将贷款客户数据集进行划分，可采用合理的抽样方法，把数据集分为训练集、验证集和测试集。

训练集用于模型的训练和参数调整，通过对大量数据的学习，使模型能够捕捉到数据中的规律和特征。验证集用于在训练过程中评估模型的性能，调整超参数，以避免过拟合。测试集则是在模型训练完成后，对模型的最终性能进行评估，以确保模型在新数据上的泛化能力。这样的划分可以提高模型的可靠性和实用性。

分析师小王深思熟虑，编写了详尽的提示语，用以明确阐述对贷款客户数据集进行分类的具体要求，确保需求表达清晰无误。

提示语和输出如下。

	你作为一名资深数据分析专家，具备以下技能。

提示语

你作为一名资深数据分析专家，具备以下技能。

业务理解能力：具备行业和业务领域的知识，能够理解业务需求本质，解决实际问题，并提供数据驱动的建议和解决方案。

数据格式理解：熟悉常见的数据格式，如 Excel、CSV、JSON 等，理解这些格式的结构和特点，以便能正确地解析和读取数据。

数据探索能力：熟悉数据分析与可视化工具，敏锐洞察数据的特征，发现数据中的潜在模式和趋势，为深入分析提供方向。

数据清洗能力：能够识别和处理数据中的缺失值、异常值和重复值，对数据进行标准化和归一化处理，使数据具有可比性。

数据转换能力：能够熟练运用各种工具和技术，对不同格式、类型的数据进行清洗、整理和转换，以满足分析和建模需求。

数据分析能力：能够运用统计学和数据建模技术分析数据，理解数据之间的关系，识别模式和趋势，从中提取有用的信息。

数据挖掘能力：掌握常见的机器学习算法及应用场景，具备数据处理、分析及模式识别能力，善于从庞杂的数据中探寻规律。

程序开发技能：精通数据分析算法，熟练运用编程语言及开发工具，能够高效设计、编码和测试程序，满足复杂的业务需求。

学习创新能力：伴随技术和行业发展，学习新工具和技术，不断更新自己的知识和技能，并不断创新和改进数据分析方法。

数据转换包括多种处理方法，如标准化处理、二值化处理、离散化处理等，下面使用贷款客户数据，即借款人无法按时履行贷款合约或违反了合同条款的情况下所记录的相关数据，包括申请人编号、年龄、负债率、月收入、是否违约等。

首先读取"D:\\DeepSeek 高效数据分析\\ch04\\客户违约预测数据.xlsx"中的数据，然后请你从专业的角度，将数据集分为训练集、验证集和测试集，为代码添加中文注释，对程序进行详细解释说明，并将数据另存到本地"D:\\DeepSeek 高效数据分析\\ch04\\训练集验证集和测试集\\"，命名为客户违约预测数据_训练集、验证集和测试集法，格式为 Excel 表格。

输　出

要完成这个任务，我们需要使用 Python 的 Pandas 和 sklearn 库来读取 Excel 数据，分割数据集，并将其保存为新的 Excel 文件。下面是详细的步骤和代码：

1. **读取Excel文件**：使用Pandas的read_excel函数。
2. **分割数据集**：使用sklearn的train_test_split函数来分割数据为训练集、验证集和测试集。
3. **保存数据到Excel**：使用Pandas的to_excel函数。

```python:test.py
```

```
import pandas as pd
from sklearn.model_selection import train_test_split
# 读取数据
data_path = "D:\\DeepSeek高效数据分析\\ch04\\客户违约预测数据.xlsx"
data = pd.read_excel(data_path)
# 分割数据集
# 先分割出20%的数据作为测试集
train_val_data, test_data = train_test_split(data, test_size=0.2,
random_state=42)
# 再从剩余的80%数据中分割出25%作为验证集（即总数据的20%）
train_data, val_data = train_test_split(train_val_data, test_size=0.25,
random_state=42)
# 保存数据到Excel
output_path = "D:\\DeepSeek高效数据分析\\ch04\\训练集验证集和测试集\\"
train_data.to_excel(output_path + "客户违约预测数据_训练集.xlsx",
index=False)
val_data.to_excel(output_path + "客户违约预测数据_验证集.xlsx", index=False)
test_data.to_excel(output_path + "客户违约预测数据_测试集.xlsx", index=False)

### 代码说明：
- **读取数据**：使用pandas.read_excel直接从指定路径读取Excel文件。
- **分割数据集**：
    - train_test_split函数用于随机分割数据集。test_size=0.2表示测试集占总数据的
20%，random_state保证每次分割结果一致。
    - 再次使用train_test_split将剩余的数据分为训练集和验证集。
- **保存数据**：使用to_excel方法将DataFrame保存为Excel文件，index=False表示不保
存行索引。
```

这样，数据就被分割并保存到了指定的路径。

运行上述Python代码，"客户违约预测数据.xlsx"数据集就会被划分为"客户违约预测数据_
测试集.xlsx""客户违约预测数据_训练集.xlsx""客户违约预测数据_验证集.xlsx"3个数据集。

4.3.4　分层抽样法

分层抽样法（Stratified Sampling）是一种重要的数据集划分方法，特别适用于当总体内部存在
明显的异质性或分层结构时。以下是关于分层抽样法的详细阐述。

1．定义与原理

分层抽样法也称为类型抽样法，是从一个可以分成不同子总体（或称为层）的总体中，按规
定的比例从不同层中随机抽取样品（个体）的方法。该方法通过将总体单位按其属性特征分成若干
类型或层，然后在类型或层中随机抽取样本单位，从而确保样本的代表性，并减小抽样误差。

2．分层抽样的特点

● 提高样本代表性：通过划类分层增大了各类型中单位间的共同性，容易抽出具有代表性的
调查样本。

- 减小抽样误差：与简单随机抽样相比，分层抽样通常具有更小的抽样误差。
- 灵活性：分层抽样特别适用于总体情况复杂、各单位之间差异较大、单位较多的情况。

3. 分层抽样的具体步骤

01 划分层次：根据总体单位的某种属性或特征（如性别、年龄、职业等），将总体划分为若干互不重叠的层。

02 确定抽样比例：根据各层在总体中的比重，确定各层的抽样比例。抽样比例可以根据各层的单位数量、变异性等因素来确定。

03 随机抽样：在每个层中，按照确定的抽样比例进行随机抽样，获取各层的样本单位。

04 汇总分析：将各层的样本单位汇总，形成一个完整的样本集，并进行统计分析。

4. 分层抽样的分类

- 一般分层抽样：根据样品变异性大小来确定各层的样本容量，变异性大的层多抽样，变异性小的层少抽样。
- 分层比例抽样：在事先不知道样品变异性大小的情况下，通常多采用分层比例抽样，即各层样本数与该层总体数的比值相等。

5. 分层抽样的优点

- 提高样本代表性：通过划类分层，能够确保样本在各个层次上的代表性，从而更准确地反映总体的特征。
- 减小抽样误差：与简单随机抽样相比，分层抽样通常具有更小的抽样误差，因为各层内部的变异性较小。
- 灵活性：分层抽样适用于各种复杂的总体结构，可以根据实际情况灵活调整分层和抽样策略。

6. 分层抽样的缺点

- 复杂性：分层抽样需要事先对总体进行详细的了解和分析，以确定合适的分层标准和抽样比例，这增加了抽样的复杂性。
- 对调查者的要求：调查者必须对总体情况有较多的了解，否则无法进行恰当分层。

分层抽样法是一种有效的数据集划分方法，它通过划类分层和随机抽样相结合的方式，提高了样本的代表性并减小了抽样误差。在实际应用中，应根据具体的数据特点和研究目的来选择合适的分层抽样方法。

案例 4-8   使用分层抽样法处理贷款客户数据

贷款客户数据包括申请人编号、年龄、负债率、月收入、是否违约等。在数据分析与建模的过程中，采用分层抽样法对贷款客户数据集进行划分具有重要意义。

首先，根据特定的特征（如客户类型、贷款额度等）对数据集进行分层。然后，从各层中独立地进行抽样，确保每个层次在样本中都有适当的代表。这样可以避免简单随机抽样可能导致的样本偏差，使划分后的样本更能反映总体的特征分布。无论是用于模型训练、验证还是测试，分层抽样后的数据集都能为数据分析与建模提供更可靠的基础，提高模型的准确性和泛化能力。

分析师小王用心设计详细指引，清晰说明采用分层抽样法划分贷款客户数据集的具体需求，确保需求表述精准到位。

提示语和输出如下。

提示语

你作为一名资深数据分析专家，具备以下技能。

业务理解能力：具备行业和业务领域的知识，能够理解业务需求本质，解决实际问题，并提供数据驱动的建议和解决方案。

数据格式理解：熟悉常见的数据格式，如 Excel、CSV、JSON 等，理解这些格式的结构和特点，以便能正确地解析和读取数据。

数据探索能力：熟悉数据分析与可视化工具，敏锐洞察数据的特征，发现数据中的潜在模式和趋势，为深入分析提供方向。

数据清洗能力：能够识别和处理数据中的缺失值、异常值和重复值，对数据进行标准化和归一化处理，使数据具有可比性。

数据转换能力：能够熟练运用各种工具和技术，对不同格式、类型的数据进行清洗、整理和转换，以满足分析和建模需求。

数据分析能力：能够运用统计学和数据建模技术分析数据，理解数据之间的关系，识别模式和趋势，从中提取有用的信息。

数据挖掘能力：掌握常见的机器学习算法及应用场景，具备数据处理、分析及模式识别能力，善于从庞杂的数据中探寻规律。

程序开发技能：精通数据分析算法，熟练运用编程语言及开发工具，能够高效设计、编码和测试程序，满足复杂的业务需求。

学习创新能力：伴随技术和行业发展，学习新工具和技术，不断更新自己的知识和技能，并不断创新和改进数据分析方法。

下面使用贷款客户数据，即借款人无法按时履行贷款合约或违反了合同条款的情况下所记录的相关数据，包括申请人编号、年龄、负债率、月收入、是否违约等。

首先读取 "D:\\DeepSeek 高效数据分析\\ch04\\客户违约预测数据.xlsx" 中的数据，然后请你从专业的角度，使用分层抽样法对数据集进行划分，代码中添加中文注释，对程序进行详细解释说明，并将数据另存到本地 "D:\\DeepSeek 高效数据分析\\ch04\\分层抽样\\"，命名为客户违约预测数据_分层抽样法，格式为 Excel 表格。

輸　出

要使用分层抽样法对数据集进行划分，我们首先需要确定分层的依据，通常是数据中的某个关键字段，例如"是否违约"。这样可以确保每个层中违约与非违约的比例与原始数据集中的比例相同。以下是实现这一过程的 Python 代码，使用了 Pandas 库和sklearn 库中的 train_test_split 函数，并添加了详细的中文注释。

```python
python:test.py
import pandas as pd
from sklearn.model_selection import train_test_split
# 读取数据
data_path = "D:\\DeepSeek高效数据分析\\ch04\\客户违约预测数据.xlsx"
data = pd.read_excel(data_path)
# 使用分层抽样法分割数据集
# 这里我们以"是否违约"字段为基础进行分层
train_data, test_data = train_test_split(data, test_size=0.2,
random_state=42, stratify=data['是否违约'])
# 保存数据到Excel文件中
output_path = "D:\\DeepSeek高效数据分析\\ch04\\分层抽样\\"
train_data.to_excel(output_path + "客户违约预测数据_分层抽样法_训练集.xlsx",
index=False)
test_data.to_excel(output_path + "客户违约预测数据_分层抽样法_测试集.xlsx",
index=False)

### 代码说明：
1. **数据读取**：使用Pandas的read_excel函数从指定路径读取Excel文件。
2. **分层抽样**：使用train_test_split函数进行数据分割，其中stratify=data[是否违约]参数确保分层字段是"是否违约"，这样可以保持训练集和测试集中各类样本的比例与整个数据集一致。
3. **数据保存**：将分割后的数据集保存到本地，文件名指明了使用的抽样方法和数据集类型（训练集或测试集），并设置index=False以避免将行索引添加到Excel文件中。
```

这样处理后，你将得到按照"是否违约"字段分层抽样的训练集和测试集，有助于在模型训练和评估阶段保持数据的代表性。

运行上述Python代码，就会使用分层抽样法将"客户违约预测数据.xlsx"数据集划分为"客户违约预测数据_分层抽样法_测试集.xlsx"和"客户违约预测数据_分层抽样法_训练集.xlsx"两个数据集。

4.4　本章小结

本章围绕"如何将原始数据转化为适合分析的形式"展开，系统讲解了数据预处理的核心步骤与技术实现。内容分为三大部分：

（1）数据集成：通过横向合并（多表关联扩展特征）和纵向合并（追加样本丰富维度），整合分散的数据源以构建完整视图。

（2）数据转换：涵盖标准化（消除量纲差异）、二值化（简化分类标签）、离散化（连续值分箱）等操作，使不同尺度的数据具备可比性并适配算法需求。

（3）数据集划分：基于业务目标采用训练/测试集、训练/验证/测试集分层或分层抽样法，科学分配数据角色以支持模型训练与评估。

借助DeepSeek的自动化工具链，本章帮助读者高效完成数据结构化重构与规范化处理，为后续建模提供高质量输入。

## 第 5 章

利用DeepSeek进行数据探索

5

在数据分析之前，一般需要对数据进行初步的探索，用于对数据进行总结和描述，从而更好地理解数据的特征和趋势。本章将结合实例，详细介绍如何利用DeepSeek进行数据探索，包括描述性分析、频数分析、探索分析、交叉表分析、相关分析、偏相关分析等，以及这些分析的具体操作，并对结果进行解释。

5.1 描述性分析

描述性分析能对数据进行初步概括，展现数据的集中趋势、离散程度等特征，帮助人们快速了解数据整体情况，为深入分析提供方向，是决策制定的重要依据。

5.1.1 描述性分析概述

描述性分析是对数据进行基础性的描述，提供数据的集中趋势、离散程度和分布情况等方面的统计指标。通过描述性分析，可以得出数据的平均值、和、标准差、最大值、最小值、方差、全距、均值标准误差、峰度、偏度等统计量，来估计原始数据的集中程度、离散状况和分布情况。

主要描述统计指标如下。

1. 平均值

平均值是一个比较重要的表示集中趋势的统计量。根据所掌握资料的表现形式不同，算术平均数有简单算术平均数和加权算术平均数两种。

简单算术平均数是将总体各单位每一个标志值加总得到的标志总量除以单位总量而求出的平均指标。其计算方法如下：

$$\overline{X} = \frac{X_1 + X_2 + \cdots + X_n}{n} = \frac{\sum X}{n}$$

简单算术平均数适用于总体单位数较少的未分组资料。如果所给的资料是已经分组的次数分布数列，则算术平均数的计算应采用加权算术平均数的形式。

加权算术平均数是首先用各组的标志值乘以相应的各组单位数求出各组标志总量，并加总求得总体标志总量，而后将总体标志总量和总体单位总量对比。其计算过程如下：

$$\overline{X} = \frac{f_1 X_1 + f_2 X_2 + \cdots + f_n X_n}{f_1 + f_2 + \cdots + f_n} = \frac{\sum f X}{\sum f}$$

其中，f_n 表示各组的单位数，或者说是频数和权数。

2. 中位数

中位数是一个比较重要的表示集中趋势的统计量。它是将总体单位某一变量的各个变量值按大小顺序排列，处在数列中间位置的那个变量值就是中位数。

计算步骤如下：将各变量值按大小顺序排列，当 n 为奇数项时，中位数就是居于中间位置的那个变量值；当 n 为偶数项时，中位数是位于中间位置的两个变量值的算术平均数。

3. 方差

方差是一个比较重要的表示离中趋势的统计量。它是总体各单位变量值与其算术平均数的离差平方的算术平均数，用 σ^2 表示。

方差的计算公式如下：

$$\sigma^2 = \frac{\sum (X - \overline{X})^2}{n}$$

4. 标准差

标准差是另一个比较重要的表示离中趋势的统计量。与方差不同的是，标准差是具有量纲的，它与变量值的计量单位相同，其实际意义比方差更清晰。因此，在对社会经济现象进行分析时，往往更多地使用标准差。

方差的平方根就是标准差，标准差的计算公式如下：

$$\sigma = \sqrt{\frac{\sum (X - \overline{X})^2}{n}}$$

5. 百分位数

如果将一组数据排序，并计算相应的累计百分位，则某一百分位所对应数据的值就称为这一百分位的百分位数。常用的有四分位数，指的是将数据分为四等份，分别位于 25%、50% 和 75% 处的分位数。

百分位数适用于定序数据，不能用于定类数据，它的优点是不受极端值的影响。

6. 变异系数

变异系数是将标准差或平均差与其平均数对比所得的比值，又称离散系数，计算公式如下：

$$V_\sigma = \frac{\sigma}{\overline{X}}$$

V_σ、σ、$\overline{X}$分别表示变异系数、标准差和平均值。变异系数是一个无名数的数值，可用于比较不同数列的变异程度。其中，最常用的变异系数是标准差系数。

7. 偏度

偏度是对分布偏斜方向及程度的测度。常用三阶中心矩除以标准差的三次方表示数据分布的相对偏斜程度，用a_3表示。其计算公式如下：

$$a_3 = \frac{\sum f(X - \overline{X})^3}{\sigma^3 \sum f}$$

其中，a_3为正，表示分布为右偏；如果a_3为负，则表示分布为左偏。

8. 峰度

峰度是频数分布曲线与正态分布相比较，顶端的尖峭程度。统计上常用四阶中心矩测定峰度，其计算公式如下：

$$a_4 = \frac{\sum f(X - \overline{X})^4}{\sigma^4 \sum f}$$

当a_4=3时，分布曲线为正态分布。
当a_4<3时，分布曲线为平峰分布。
当a_4>3时，分布曲线为尖峰分布。

9. Z标准化得分

Z标准化得分是指某一数据与平均数的距离以标准差为单位的测量值。其计算公式如下：

$$Z_i = \frac{X_i - \overline{X}}{\sigma}$$

其中，Z_i即为X_i的Z标准化得分。Z标准化数据越大，说明它离平均数越远。

标准化值不仅能表明各原始数据在一组数据分布中的相对位置，而且能在不同分布的各组原始数据间进行比较，同时还能接受代数方法的处理。因此，标准化值在统计分析中起着十分重要的作用。

5.1.2 案例：国内生产总值描述性分析

国内生产总值（Gross Domestic Product，GDP）是一个在经济领域具有关键意义的指标。它具体是指在一定时期内，通常为一年的时间跨度，国内所有常住单位和个人在生产活动中所创造的最终产品和服务的总价值。

国内生产总值作为一个核心经济指标，对于理解一个国家的经济状况、制定经济政策以及评估经济发展趋势都具有不可替代的重要作用。

案例 5-1　国内生产总值描述性分析

本例中"国内生产总值.xlsx"数据文件涵盖2000年至2022年这23年的国内生产总值数据。我们利用描述性分析可以得到一系列基本统计量。

首先，计算这23年国内生产总值的均值，可以了解这段时间内国内生产总值的平均水平。其次，求出中位数，它能反映数据的中间位置情况，不受极端值的过多影响。标准差则衡量了数据的离散程度，显示国内生产总值在不同年份间的波动大小。最大值和最小值可以明确这23年中国内生产总值的上下限范围。

通过这些基本统计量的分析，能够初步把握国内生产总值在这23年间的总体特征、变化趋势等，为进一步深入研究经济发展状况提供重要的参考依据。

分析师小王用心构思提示语，明确阐述对描述性分析的具体要求，期望借此深入了解数据特征。

提示语和输出如下。

提示语

你作为一名资深数据分析专家，具备以下技能。

业务理解能力：具备行业和业务领域的知识，能够理解业务需求本质，解决实际问题，并提供数据驱动的建议和解决方案。

数据探索能力：熟悉数据分析与可视化工具，敏锐洞察数据的特征，发现数据中的潜在模式和趋势，为深入分析提供方向。

数据清洗能力：能够识别和处理数据中的缺失值、异常值和重复值，对数据进行标准化和归一化处理，使数据具有可比性。

数据转换能力：能够熟练运用各种工具和技术，对不同格式、类型的数据进行清洗、整理和转换，以满足分析和建模需求。

数理统计能力：熟悉概率分布、期望、方差等基本概念，掌握参数估计和假设检验方法，为后续数据分析和决策提供支持。

数据分析能力：能够运用统计学和数据建模技术分析数据，理解数据之间的关系，识别模式和趋势，从中提取有用的信息。

数据挖掘能力：掌握常见的机器学习算法及应用场景，具备数据处理、分析及模式识别能力，善于从庞杂的数据中探寻规律。

学习创新能力：伴随技术和行业发展，学习新工具和技术，不断更新自己的知识和技能，并不断创新和改进数据分析方法。

　　首先读取"D:\\DeepSeek 高效数据分析\\ch05\\国内生产总值.xlsx"中的数据，包含 2000 年至 2022 年，共计 23 年的国内生产总值数据，然后请你从专业的角度帮我利用描述性分析方法对该数据文件中的基本统计量进行分析，为代码添加中文注释，对程序进行详细解释说明，并输出描述性分析的结果。

输　出

　　好的，我会帮助你编写一个 Python 脚本来读取 Excel 文件中的数据，并进行描述性统计分析。我们将使用 Pandas 库来处理数据，并使用中文注释来解释每一步。

　　首先，确保你已经安装了 Pandas 库。如果未安装，可以使用以下命令进行安装：

```
pip install pandas
```

以下是 Python 脚本的代码：

```python:test.py
import pandas as pd

# 读取Excel文件中的数据
file_path = "D:\\DeepSeek高效数据分析\\ch05\\国内生产总值.xlsx"
data = pd.read_excel(file_path)

# 显示数据的前几行，检查数据是否正确读取
print("数据的前几行：")
print(data.head())

# 描述性统计分析
# 使用describe()方法获取数据的基本统计量
desc_stats = data.describe()

# 输出描述性统计分析的结果
print("\n描述性统计分析结果：")
print(desc_stats)

# 详细解释说明
# count: 非空值的数量
# mean: 平均值
# std: 标准差
# min: 最小值
# 25%: 第25个百分位数
# 50%: 中位数（第50百分位数）
# 75%: 第75个百分位数
# max: 最大值

# 将描述性统计分析结果保存到Excel文件中
output_file_path = "D:\\DeepSeek高效数据分析\\ch05\\国内生产总值_描述性统计分析.xlsx"
desc_stats.to_excel(output_file_path, index=True)
```

```
            print(f"\n描述性统计分析结果已保存到 {output_file_path}")


### 代码说明：
1. **导入Pandas库**：用于数据处理和分析。
2. **读取Excel文件**：使用pd.read_excel()函数读取指定路径的Excel文件。
3. **显示数据的前几行**：使用data.head()方法检查数据是否正确读取。
4. **描述性统计分析**：使用data.describe()方法获取数据的基本统计量。
5. **输出描述性统计分析的结果**：打印统计结果到控制台。
6. **详细解释说明**：解释每个统计量的含义。
7. **保存结果到Excel文件**：使用desc_stats.to_excel()方法将统计结果保存到新的
Excel文件中。
```

　　运行此脚本后，你将能够看到数据的基本统计量，并将结果保存到指定的 Excel 文件中。

运行上述**Python**代码，输出描述性分析的结果如下：

数据预览：

```
      年份  国内生产总值  第一产业  第二产业  第三产业
0  2000   10.03    1.47   4.57   3.99
1  2001   11.09    1.55   4.97   4.57
2  2002   12.17    1.62   5.41   5.14
3  2003   13.74    1.70   6.27   5.78
```

描述性统计分析结果：

```
           年份      国内生产总值      第一产业       第二产业       第三产业
count   23.00000   23.000000   23.000000   23.000000   23.000000
mean  2011.00000   53.010435    4.472609   22.129565   26.410000
std      6.78233   35.704357    2.330662   13.573873   19.909944
min   2000.00000   10.030000    1.470000    4.570000    3.990000
25%   2005.50000   20.335000    2.255000    9.625000    8.460000
50%   2011.00000   48.790000    4.480000   22.700000   21.610000
75%   2016.50000   78.920000    6.110000   31.350000   41.460000
max   2022.00000  121.020000    8.830000   48.320000   63.870000
```

5.2　频数分析

　　频数分析能直观呈现数据的分布情况，帮助我们了解不同类别或数值出现的频率。通过频数分析，可快速把握数据的主要特征，为进一步的深入研究和决策提供基础依据。

5.2.1　频数分析概述

　　频数分析是对一组数据的不同数值的频数，或者数据落入指定区域内的频数进行统计，用以了解数据的分布状况。通过频数分析，可以在一定程度上判断样本是否具有总体代表性，以及抽样是否存在系统偏差，从而为后续相关问题分析的代表性和可信性提供依据。

频数分析主要用于定类数据（如性别、数字代表类别的数据）的选择频数和比例统计。它常用于样本基本背景信息统计，以及样本特征和基本态度情况的分析。此外，频数分析还可用于计算定序数据（如量表评分，包括非常不满意、不满意、满意、非常满意等）的选择频数和比例。在分析量表数据时，频数分析可用于研究基本认知情况，但使用平均值来表述样本对量表数据的整体态度时，需结合其他统计方法以更全面地反映情况。

频数分析的基本任务是编制频数分布表。该表包括以下内容：

- 频数：变量值落在某个区间中的次数。
- 百分比：各频数占总样本数的百分比。
- 有效百分比：各频数占有效样本数的百分比。
- 累计百分比：各百分比逐级累加的结果。

频数分析在各个领域都有广泛的应用。在市场调研中，它可以帮助我们了解消费者的购买偏好和行为习惯；在医学研究中，它可用于分析疾病的发病率和死亡率；在教育评估中，它可用于评估学生的学习成绩和表现。

频数分析是一种简单而有效的统计方法，能够帮助我们从数据中提取有用信息，从而做出科学的决策。

5.2.2　案例：居民消费水平频数分析

居民消费水平是一个综合性的概念，它指的是居民在一定时期内购买商品和服务的数量和质量的整体呈现。这一概念涵盖多个方面，既包括居民购买的商品和服务的实际数量，也涉及这些商品和服务的品质高低。

深入理解居民消费水平的概念和影响因素，积极采取措施提高居民消费水平，对于促进国民经济发展、改善居民生活条件、满足居民需求和提升居民幸福感都具有不可替代的作用。

案例 5-2　居民消费水平频数分析

本例中"居民消费水平.xlsx"数据文件涵盖2000年至2022年这23年的全国居民消费水平数据。首先进行频数分析，计算出四分位数，能够明确数据的分布区间，了解数据的中间位置及离散程度。接着求出均值，反映居民消费水平的平均水平。标准差则衡量了数据的波动情况。

绘制频率分布直方图，可以直观地展示居民消费水平在不同区间的分布情况。同时，绘制正态曲线，与频率分布直方图进行对比，判断数据的分布形态是否接近正态分布。如果数据呈现正态分布，那么可以使用一些基于正态分布的统计方法进行进一步分析。

通过这些分析手段，能够深入了解全国居民消费水平在这23年间的变化趋势、分布特征以及稳定性，为相关政策制定和经济研究提供有力依据。

分析师小王用心构思提示语，明确阐述对频数分析的具体要求，以更好地洞察数据特征。

提示语和输出如下。

你作为一名资深数据分析专家，具备以下技能。

业务理解能力：具备行业和业务领域的知识，能够理解业务需求本质，解决实际问题，并提供数据驱动的建议和解决方案。

数据探索能力：熟悉数据分析与可视化工具，敏锐洞察数据的特征，发现数据中的潜在模式和趋势，为深入分析提供方向。

数据清洗能力：能够识别和处理数据中的缺失值、异常值和重复值，对数据进行标准化和归一化处理，使数据具有可比性。

数据转换能力：能够熟练运用各种工具和技术，对不同格式、类型的数据进行清洗、整理和转换，以满足分析和建模需求。

数理统计能力：熟悉概率分布、期望、方差等基本概念，掌握参数估计和假设检验方法，为后续数据分析和决策提供支持。

数据分析能力：能够运用统计学和数据建模技术分析数据，理解数据之间的关系，识别模式和趋势，从中提取有用的信息。

数据挖掘能力：掌握常见的机器学习算法及应用场景，具备数据处理、分析及模式识别能力，善于从庞杂的数据中探寻规律。

学习创新能力：伴随技术和行业发展，学习新工具和技术，不断更新自己的知识和技能，并不断创新和改进数据分析方法。

首先读取 "D:\\DeepSeek 高效数据分析\\ch05\\居民消费水平.xlsx" 中的数据，包含 2000 年至 2022 年，共计 23 年的全国居民消费水平数据，然后请你从专业的角度帮我利用频数分析对其进行分析，输出四分位数、均值和标准差，绘制频率分布直方图和正态曲线，并判断分布形态，为代码添加中文注释，对程序进行详细解释说明，并输出频数分析的结果，图形默认字体为中文字体，如 SimHei，将 axes.unicode_minus 设置为 False 确保负号正常显示。

以下是一个使用 Python 进行频数分析的示例代码，包含读取 Excel 数据、计算四分位数、均值和标准差，绘制频率分布直方图和正态曲线的步骤。代码中添加了中文注释，并确保图形的字体为中文。

```python
import pandas as pd
import numpy as np
import matplotlib.pyplot as plt
import seaborn as sns
from scipy import stats

# 读取Excel文件中的数据
file_path = "D:\\DeepSeek高效数据分析\\ch05\\居民消费水平.xlsx"
```

```python
data = pd.read_excel(file_path)

# 假设数据中有一列名为消费水平，提取该列数据
consumption = data['消费水平']

# 计算四分位数、均值和标准差
Q1 = np.percentile(consumption, 25)    # 第一四分位数
Q2 = np.percentile(consumption, 50)    # 中位数
Q3 = np.percentile(consumption, 75)    # 第三四分位数
mean = np.mean(consumption)                  # 均值
std_dev = np.std(consumption)             # 标准差

# 输出频数分析结果
print(f"第一四分位数：{Q1}")
print(f"中位数：{Q2}")
print(f"第三四分位数：{Q3}")
print(f"均值：{mean}")
print(f"标准差：{std_dev}")

# 设置中文字体
plt.rcParams['font.sans-serif'] = ['SimHei']
plt.rcParams['axes.unicode_minus'] = False    # 确保负号正常显示

# 绘制频率分布直方图
plt.figure(figsize=(10, 6))
sns.histplot(consumption, bins=30, kde=True, stat="density",
color='blue', alpha=0.6)

# 绘制正态曲线
xmin, xmax = plt.xlim()
x = np.linspace(xmin, xmax, 100)
p = stats.norm.pdf(x, mean, std_dev)
plt.plot(x, p, 'k', linewidth=2)

# 添加标题和标签
plt.title('居民消费水平频率分布直方图及正态曲线')
plt.xlabel('消费水平')
plt.ylabel('频率')

# 显示图形
plt.show()
```

代码说明：
1. **数据读取**：使用Pandas读取Excel文件中的数据。
2. **统计计算**：计算四分位数、均值和标准差，并输出结果。
3. **图形设置**：设置中文字体，确保负号正常显示。
4. **绘图**：使用seaborn绘制频率分布直方图，并叠加正态曲线。

请根据实际数据调整代码中的"消费水平"。

运行上述Python代码，输出频数分析的结果如下：

第一四分位数：6003.50

中位数：12668.00

第三四分位数：21884.50

均值：14543.43

标准差：9226.23

统计量表给出了居民消费水平的均值、标准差、百分位数等信息，从分析结果可以看出，居民消费水平的平均收入为14543.43元，标准差为9226.23元，三个百分位数分别为6003.50元、12668.00元和21884.50元。

居民消费水平频率分布直方图及正态曲线如图5-1所示。

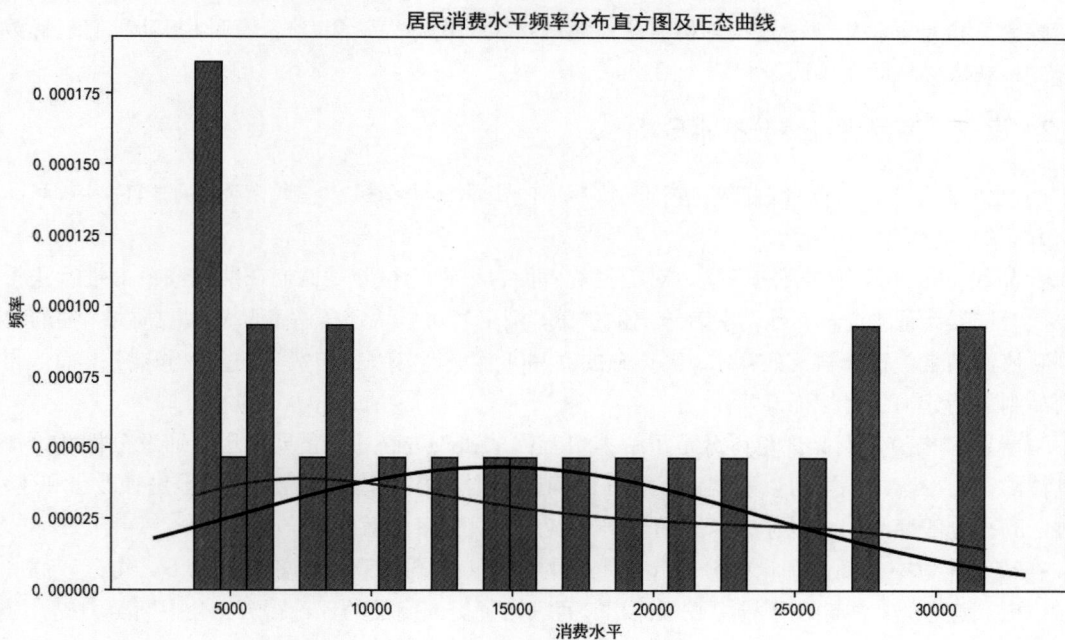

图 5-1　频率分布直方图和正态曲线

从频率分布直方图和正态曲线可以看出，2000年至2022年的居民消费水平数据呈现比较明显的右偏分布。

5.3　探索分析

探索分析帮助我们深入了解数据的特征、分布和潜在关系，通过探索分析，可以发现数据中的异常值、趋势和模式，为决策提供依据。同时，它也是数据挖掘和机器学习的基础，为更深入地分析奠定基础。

5.3.1   探索分析概述

探索分析是一种数据分析方法，通过对数据进行探索和发现，揭示数据中的模式、趋势和关联关系。它可以帮助我们理解数据的特征和规律，并从中提取有用的信息，以支持决策和解决问题。

在探索分析中，我们通常会使用统计学和可视化工具来分析数据。通过统计学方法，可以计算数据的中心趋势、离散程度和相关性等指标，以了解数据的整体特征。而可视化工具可以将数据以图表、图像或地图等形式展示出来，使我们能够更直观地观察数据的分布、变化和关系。

探索分析可以应用于各种领域和行业，例如市场调研、金融分析、医疗研究等。通过对数据进行探索分析，我们可以发现隐藏在数据中的信息和洞察，并基于这些发现做出相应的决策和行动。

探索分析是一种重要的数据分析方法，通过对数据进行探索和发现，可以帮助我们理解数据的特征和规律，从而支持决策和解决问题。

5.3.2   案例：商品评论得分探索分析

商品评论得分是消费者对商品进行评价后所给出的量化指标。它通常反映了消费者对商品在多个方面的满意度和认可度。

商品评论得分具有重要的意义。对于消费者而言，评论得分是他们在购买商品前进行决策的重要参考依据。通过查看其他消费者给出的评分，消费者可以快速了解商品的大致质量和性能，从而判断该商品是否符合自己的需求。高得分的商品通常更容易吸引消费者的关注和购买，而低得分的商品则可能让消费者望而却步。

对于商家来说，商品评论得分是了解消费者需求和改进商品的重要渠道。通过分析评论得分和具体的评论内容，商家可以发现商品存在的问题和不足之处，进而有针对性地进行改进和优化。同时，高得分的商品也可以作为商家的宣传亮点，吸引更多的潜在客户。

在市场竞争中，商品评论得分也起着重要的作用。在同类商品众多的情况下，得分较高的商品往往更具竞争力，能够在市场中脱颖而出。商家为了提高商品的评论得分，会不断努力提升商品质量、优化服务，从而推动整个市场的良性发展。

案例 5-3   商品评论得分探索分析

本例中"京东手机评论.xlsx"数据文件记录了部分客户对京东上某品牌手机的评分，数据集有"评论ID""评论时间""商品颜色""商品尺寸"和"商品评分"5个变量，在"商品颜色"变量中，"釉白色"编码为1，"秘银色"编码为2，"亮黑色"编码为3，"秋日胡杨"编码为4，"夏日胡杨"编码为5；在"商品尺寸"变量中，8GB+128GB编码为1，8GB+256GB编码为2。

以此数据文件为例，利用探索性分析方法对该数据文件中不同颜色手机的评分进行分析，计算其最大值、最小值、众数、平均数等。此外，还需检验样本数据的正态性，判断评分数据是否符合正态分布。若符合正态分布，则可以运用基于正态分布的统计方法进行深入分析，为手机厂商了解不同颜色手机的用户评价和改进产品提供重要依据。

分析师小王认真构思提示语，详细阐述对"京东手机评论.xlsx"探索分析的具体要求，助力深入了解手机评分情况。

提示语和输出如下。

提示语	你作为一名资深数据分析专家，具备以下技能。 业务理解能力：具备行业和业务领域的知识，能够理解业务需求本质，解决实际问题，并提供数据驱动的建议和解决方案。 数据探索能力：熟悉数据分析与可视化工具，敏锐洞察数据的特征，发现数据中的潜在模式和趋势，为深入分析提供方向。 数据清洗能力：能够识别和处理数据中的缺失值、异常值和重复值，对数据进行标准化和归一化处理，使数据具有可比性。 数据转换能力：能够熟练运用各种工具和技术，对不同格式、类型的数据进行清洗、整理和转换，以满足分析和建模需求。 数理统计能力：熟悉概率分布、期望、方差等基本概念，掌握参数估计和假设检验方法，为后续数据分析和决策提供支持。 数据分析能力：能够运用统计学和数据建模技术分析数据，理解数据之间的关系，识别模式和趋势，从中提取有用的信息。 数据挖掘能力：掌握常见的机器学习算法及应用场景，具备数据处理、分析及模式识别能力，善于从庞杂的数据中探寻规律。 学习创新能力：伴随技术和行业发展，学习新工具和技术，不断更新自己的知识和技能，并不断创新和改进数据分析方法。 首先读取"D:\\DeepSeek 高效数据分析\\ch05\\京东手机评论.xlsx"中的数据，以此数据文件为例，然后请你从专业的角度帮我利用探索性分析方法对该数据文件中的不同颜色手机评分进行分析，计算其最大值、最小值、众数、平均数等，并检验样本数据的正态性。为代码添加中文注释，对程序进行详细解释说明，并输出探索分析的结果。

输　出	好的，我会使用 Python 和 Pandas 库来读取 Excel 文件，并进行数据探索分析。我们还会使用 SciPy 库来检验数据的正态性。以下是详细的代码和解释：
	
	``python
	import pandas as pd
	import numpy as np
	from scipy import stats
	
	# 读取Excel文件中的数据
	file_path = "D:\\DeepSeek高效数据分析\\ch05\\京东手机评论.xlsx"
	data = pd.read_excel(file_path)
	``

```
# 查看数据的前几行
print(data.head())

# 假设数据中有一列"颜色"和一列"评分"
# 按颜色分组
grouped = data.groupby('颜色')['评分']

# 定义一个函数来计算所需的统计量
def calculate_statistics(group):
    stats_dict = {
        '最大值': group.max(),
        '最小值': group.min(),
        '众数': group.mode()[0] if not group.mode().empty else np.nan,
        '平均数': group.mean()
    }
    return stats_dict

# 对每个颜色的评分进行统计分析
statistics = grouped.apply(calculate_statistics).unstack()

# 输出统计分析结果
print("不同颜色手机评分的统计分析结果：")
print(statistics)

# 检验样本数据的正态性
# 使用Shapiro-Wilk检验
normality_test_results = grouped.apply(lambda x: stats.shapiro(x) if
len(x) > 3 else (np.nan, np.nan))

# 输出正态性检验结果
print("\n正态性检验结果（W值，p值）：")
print(normality_test_results)

### 代码说明：
1. **导入必要的库**：我们使用Pandas来处理数据，NumPy来处理数值计算，scipy.stats
来进行正态性检验。
2. **读取Excel文件**：使用pd.read_excel函数读取指定路径的Excel文件。
3. **查看数据**：使用data.head()查看数据的前几行，确保数据读取正确。
4. **按颜色分组**：使用groupby函数按颜色列分组，并选择评分列。
5. **定义统计函数**：定义一个函数calculate_statistics来计算最大值、最小值、众数和
平均数。
6. **应用统计函数**：对每个颜色的评分应用统计函数，并将评分结果转换为DataFrame格式。
7. **输出统计结果**：打印不同颜色手机评分的统计分析结果。
8. **正态性检验**：使用Shapiro-Wilk检验来检验评分数据的正态性，并输出结果。
```

请根据实际数据列名和结构调整代码中的列名和路径。

运行上述Python代码，输出探索分析的结果如下：

评论ID	评论时间		颜色	尺寸	评分

```
0   sp00001   2022-04-15 10:08:33   1      2      3
1   sp00002   2022-04-06 19:45:38   1      2      4
2   sp00003   2022-04-05 10:12:36   2      2      2
3   sp00004   2022-04-03 08:46:45   3      2      4
4   sp00005   2022-03-31 09:41:43   3      2      5
```

不同颜色手机评分的统计分析结果：

颜色	最大值	最小值	众数	平均数
1	5.0	1.0	5.0	3.924528
2	5.0	1.0	5.0	4.113861
3	5.0	1.0	5.0	3.671429
4	5.0	1.0	5.0	4.271186
5	5.0	1.0	5.0	4.153226

正态性检验结果（W值，p值）：

```
颜色
1      (0.7693436378415757, 5.167758701934352e-19)
2      (0.7754229143019038, 2.6632340177354956e-16)
3      (0.8652961788582254, 7.176111665140489e-17)
4      (0.7030915496895502, 1.26051526105036e-09)
5      (0.7280925484915967, 7.41042415667372e-14)
Name: 评分, dtype: object
```

上面给出了不同颜色手机评分的一些统计量，如最大值、最小值、众数、平均值等，可以看出不同颜色的手机评分均值差异较大。

此外，还给出了因变量样本数据按照因子变量分类的正态性检验结果，其中"W值"表示检验统计量的值，"p值"表示检验的显著水平。

5.4　交叉表分析

交叉表分析可以清晰展示两个或多个变量之间的关系，帮助发现数据中的趋势和模式，有助于深入理解不同因素的关联，为决策提供有力依据，在市场调研、医学研究等领域广泛应用。

5.4.1　交叉表分析概述

交叉表分析是一种统计分析方法，用于展示两个或多个变量之间的关系。它通常用于市场调查、科学研究等领域，以揭示变量之间的关联性、分布情况和差异程度。

交叉表分析通过将两个或多个变量组合在一起，形成一个二维表格，其中行表示一个变量的取值，列表示另一个变量的取值。在交叉表中，每个单元格表示对应行和列变量取值组合的统计结果。常见的统计量包括频数、百分比、平均数等。

交叉表分析的优点在于能够直观地展示变量之间的关系，易于理解和解释。通过观察交叉表中的数据，分析者可以发现变量之间的关联性、分布情况和差异程度。此外，交叉表分析还可以用于比较不同组之间的差异，以及进行假设检验等统计分析。

需要注意的是，交叉表分析只能揭示变量之间的关联性，不能证明因果关系。为了确定因果关系，需要进行更深入的研究和分析。

5.4.2　案例：商品颜色交叉表分析

商品颜色是商品外观的重要组成部分，它能够在第一时间吸引消费者的目光，对消费者的购买决策产生重大影响。

一般来说，明亮、鲜艳的颜色可能会让消费者觉得商品更加时尚、新颖，而柔和、淡雅的颜色则可能会给人一种高品质、精致的感觉。例如，一款高端化妆品如果采用简洁的白色包装，可能会让人觉得它更加纯净、专业；而一款儿童玩具如果使用鲜艳的彩色包装，可能会让孩子们觉得它更加有趣、好玩。

对于商家来说，选择合适的商品颜色是一项重要的营销策略。通过深入了解目标受众的需求和喜好，结合商品的特点和品牌形象，商家可以选择一种最能吸引消费者的颜色方案。同时，商家还可以根据不同的季节、节日和市场趋势，适时调整商品的颜色，以保持商品的吸引力和竞争力。

案例 5-4　商品颜色交叉表分析

这里继续使用"京东手机评论.xlsx"这个数据文件。通过运用交叉表分析的方法，对该数据文件中不同颜色的手机评分进行深入分析。不同颜色的手机在市场上往往会吸引不同偏好的消费者，而其评分则反映了消费者对特定颜色手机在各个方面的满意度和评价。利用交叉表，可以清晰地展示出不同颜色手机的评分分布情况，包括不同颜色手机在高评分、中等评分以及低评分区间的占比。

同时，还可以进一步探究不同颜色手机评分差异的原因，例如是否与颜色的视觉吸引力、时尚感、与不同使用场景的适配性等因素有关。通过对不同颜色手机评分的交叉表分析，能够为手机制造商在产品颜色设计和市场定位方面提供有价值的参考依据。

分析师小王详细阐述了对"京东手机评论.xlsx"进行交叉表分析的具体要求，通过这一分析，旨在助力人们更深入地了解不同手机的评分情况。

提示语和输出如下。

提示语	你作为一名资深数据分析专家，具备以下技能。 业务理解能力：具备行业和业务领域的知识，能够理解业务需求本质，解决实际问题，并提供数据驱动的建议和解决方案。 数据探索能力：熟悉数据分析与可视化工具，敏锐洞察数据的特征，发现数据中的潜在模式和趋势，为深入分析提供方向。 数据清洗能力：能够识别和处理数据中的缺失值、异常值和重复值，对数据进行标准化和归一化处理，使数据具有可比性。 数据转换能力：能够熟练运用各种工具和技术，对不同格式、类型的数据进行清洗、

整理和转换，以满足分析和建模需求。

　　数理统计能力：熟悉概率分布、期望、方差等基本概念，掌握参数估计和假设检验方法，为后续数据分析和决策提供支持。

　　数据分析能力：能够运用统计学和数据建模技术分析数据，理解数据之间的关系，识别模式和趋势，从中提取有用的信息。

　　数据挖掘能力：掌握常见的机器学习算法及应用场景，具备数据处理、分析及模式识别能力，善于从庞杂的数据中探寻规律。

　　学习创新能力：伴随技术和行业发展，学习新工具和技术，不断更新自己的知识和技能，并不断创新和改进数据分析方法。

　　首先读取 "D:\\DeepSeek 高效数据分析\\ch05\\京东手机评论.xlsx" 中的数据，以此数据文件为例，然后请你从专业的角度帮我利用交叉表，分析该数据文件中的不同颜色的手机评分。为代码添加中文注释，对程序进行详细解释说明，并输出交叉分析的结果。

输　出

好的，我会帮助你读取指定的 Excel 文件，并使用交叉表分析不同颜色的手机评分。我们将使用 Python 的 Pandas 库来实现这一点。以下是详细的代码和解释：

```
import pandas as pd

# 读取Excel文件中的数据
file_path = "D:\\DeepSeek高效数据分析\\ch05\\京东手机评论.xlsx"
data = pd.read_excel(file_path)

# 查看数据的前几行，了解数据结构
print(data.head())

# 创建交叉表，分析不同颜色的手机评分
# 假设数据中有"颜色"和"评分"两列
cross_tab = pd.crosstab(data['颜色'], data['评分'], margins=True,
margins_name='总计')

# 输出交叉表结果
print(cross_tab)
```

代码说明：
1. **导入Pandas库**：Pandas是一个强大的数据分析库。
2. **读取Excel文件**：使用pd.read_excel函数读取指定路径的Excel文件。
3. **查看数据结构**：使用data.head()查看数据的前几行，了解数据的基本结构。
4. **创建交叉表**：使用pd.crosstab函数创建交叉表，分析不同颜色的手机评分。margins=True参数会添加总计行和总计列。
5. **输出交叉表结果**：使用print函数输出交叉表的结果。

　　请确保你的 Excel 文件中有"颜色"和"评分"这两列。如果列名不同，请相应地修改代码中的列名。

运行上述Python代码，输出交叉表分析的结果如下：

```
    评论ID      评论时间                颜色   尺寸   评分
0   sp00001   2022-04-15 10:08:33    1     2    3
1   sp00002   2022-04-06 19:45:38    1     2    4
2   sp00003   2022-04-05 10:12:36    2     2    2
3   sp00004   2022-04-03 08:46:45    3     2    4
4   sp00005   2022-03-31 09:41:43    3     2    5
评分    1     2     3     4     5      总计
颜色
1     23    27    29    54    132    265
2      6    17    24    56     99    202
3     22    47    69    98    114    350
4      2     4     3    17     33     59
5      7     7    16    24     70    124
总计   60   102   141   249   448   1000
```

5.5 相关分析

相关分析能衡量变量间的线性关系程度，帮助我们理解数据中的关联，可用于预测趋势、评估变量影响，为决策提供科学依据，在经济、金融、科研等领域发挥着关键作用，提升决策的准确性和可靠性。

5.5.1 相关关系概述

相关分析是指在数据分析领域中，通过对数据集中不同变量之间的关系进行分析，来探索它们之间的相互作用和影响。这种分析方法可以帮助研究人员更好地理解数据，发现潜在的规律和趋势，并为决策提供支持。

在进行相关分析时，通常会使用相关系数来衡量两个变量之间的相关程度。相关系数的取值范围为-1~1，其中-1表示完全负相关，0表示无相关性，1表示完全正相关。通过计算相关系数，可以判断两个变量之间的关系强度和方向。

在实际应用中，相关分析可以用于市场营销、金融投资、医疗研究等领域。例如，在市场营销中，可以通过对顾客的购买行为和个人属性进行相关分析，来确定最有效的营销策略。在金融投资中，可以通过对不同股票之间的相关性进行分析，来降低投资风险。在医疗研究中，可以通过对疾病发生率和环境因素之间的关系进行分析，来发现潜在的疾病风险因素。

变量相关关系可以分为以下几类：

- 正相关关系：当两个变量的值同时增加或减少时，它们之间存在正相关关系。例如，身高和体重之间就存在正相关关系，因为身高越高的人往往体重也越重。
- 负相关关系：当一个变量的值增加，另一个变量的值减少时，它们之间存在负相关关系。例如，雨天和出门人数之间就存在负相关关系，因为雨天的时候出门的人数通常会减少。

- 无关系：当两个变量之间没有任何联系时，它们之间就不存在相关关系。例如，一个人的身高和他喜欢吃什么食物之间就不存在相关关系。
- 非线性相关关系：当两个变量之间存在一种复杂的、非线性的关系时，它们之间就存在非线性相关关系。例如，一个人的年龄和他的记忆力之间可能存在非线性相关关系，因为年龄越大，记忆力可能先增加后下降。
- 多元相关关系：当多个变量之间存在一种复杂的、多元的相关关系时，它们之间就存在多元相关关系。例如，一个人的健康状况可能受到多个因素的影响，如饮食、运动、环境等。

以上是变量相关关系的基本分类，不同类型的相关关系在实际应用中有着不同的意义和应用场景。

相关系数是一种用于描述两个变量之间关系的统计量，常用于数据分析和建模中。根据变量类型和相关性的标度方法，相关系数可以分为以下几种类型。

1. 皮尔逊简单相关系数

皮尔逊相关系数是最常用的相关系数之一，用于标示两个连续变量之间的线性关系。它的取值范围为-1~1，当相关系数为正时，表示两个变量呈正相关，反之则呈负相关。当相关系数接近0时，表示两个变量之间没有线性关系。

若随机变量X、Y的联合分布是二维正态分布，x_i和y_i分别为n次独立观测值，则计算ρ和r的公式分别如下：

$$\rho = \frac{E[X - E(X)]\,[Y - E(Y)]}{\sqrt{D(X)}\sqrt{D(Y)}}$$

$$r = \frac{\sum_{i=1}^{n}(x_i - \overline{x})(y_i - \overline{y})}{\sqrt{\sum_{i=1}^{n}(x_i - \overline{x})^2}\,\sqrt{\sum_{i=1}^{n}(y_i - \overline{y})^2}}$$

其中，$\overline{x} = \frac{1}{n}\sum_{i=1}^{n}x_i$，$\overline{y} = \frac{1}{n}\sum_{i=1}^{n}y_i$。

可以证明，样本相关系数r为总体相关系数ρ的最大似然估计量。

简单相关系数r有如下性质：

（1）$-1 \leqslant r \leqslant 1$，$r$的绝对值越大，表明两个变量之间的相关程度越强。

（2）$0 < r \leqslant 1$，表明两个变量之间存在正相关。若$r = 1$，则表明变量间存在完全正相关的关系。

（3）$-1 \leqslant r < 0$，表明两个变量之间存在负相关。$r = -1$表明变量间存在完全负相关的关系。

（4）$r = 0$，表明两个变量之间无线性相关。

应该注意的是，简单相关系数所反映的并不是任何一种确定关系，而仅仅是线性关系。另外，相关系数所反映的线性关系并不一定是因果关系。

2. 斯皮尔曼等级相关系数

斯皮尔曼相关系数是一种非参数的相关系数，用于标度两个变量（x 和 y）之间的单调关系。

它的取值范围也是-1~1，但不要求变量呈线性关系。当相关系数为正时，表示两个变量呈单调递增关系，反之则呈单调递减关系。

等级相关用来考察两个变量中至少有一个为定序变量时的相关系数。例如，学历与收入之间的关系。它的计算公式如下：

$$r = 1 - \frac{6\sum_{i=1}^{n} d_i^2}{n(n^2-1)}$$

其中，d_i 表示 y_i 的等级和 x_i 的等级之差，n 为样本容量。

3. 肯德尔等级相关系数

肯德尔相关系数也是一种非参数的相关系数，用于标度两个变量之间的等级关系。它的取值范围为-1~1，当相关系数为正时，表示两个变量呈等级递增关系，反之则呈等级递减关系。

肯德尔等级相关系数利用变量的等级来计算一致对数目 U 和非一致对数目 V，采用非参数检验的方法来衡量定序变量之间的相关程度。其计算公式如下：

$$\tau = (U-V)\frac{2}{n(n-1)}$$

5.5.2　案例：铁路和公路货运量分析

铁路和公路货运量是衡量一个国家或地区物流运输能力和经济发展活力的重要指标。

铁路和公路货运量的变化反映了经济形势的动态。当经济繁荣时，企业生产活动增加，对原材料的需求和产品的销售都相应增长，这会导致铁路和公路货运量上升。反之，在经济不景气时，货运量可能会下降。此外，技术进步、政策调整、基础设施建设等因素也会对铁路和公路货运量产生影响。例如，随着新能源汽车的推广和公路网络的不断完善，公路货运的效率和环保性得到提升，可能会进一步增加公路货运量。而铁路方面，高速动车组技术的发展以及铁路货运信息化建设，也会提高铁路运输的竞争力，影响货运量的变化。

铁路和公路货运量是经济运行的"晴雨表"，它们对于保障物资流通、促进经济发展、满足人民生活需求具有至关重要的意义。

案例 5-5　铁路和公路货运量分析

本例在"月度铁路和公路货物运输量.xlsx"数据文件中记录了2020年至2022年共计3年每个月的铁路和公路货物运输量，单位是万吨。下面利用双变量分析方法深入探究铁路和公路货物运输量之间的相关性。

首先，以时间为横坐标，分别以铁路货物运输量和公路货物运输量为纵坐标绘制折线图，直观观察两者在3年时间里的变化趋势是否具有相似性。接着，通过计算相关系数来定量分析相关性的强弱。如果相关系数接近1或-1，则表明两者具有较强的线性相关性；若接近0，则表示相关性较弱。

分析师小王详细阐述对"月度铁路和公路货物运输量.xlsx"相关分析的具体要求，旨在助力人们更深入地了解铁路和公路货物运输量的相关性。

提示语和输出如下。

提示语

你作为一名资深数据分析专家，具备以下技能。

业务理解能力：具备行业和业务领域的知识，能够理解业务需求本质，解决实际问题，并提供数据驱动的建议和解决方案。

数据探索能力：熟悉数据分析与可视化工具，敏锐洞察数据的特征，发现数据中的潜在模式和趋势，为深入分析提供方向。

数据清洗能力：能够识别和处理数据中的缺失值、异常值和重复值，对数据进行标准化和归一化处理，使数据具有可比性。

数据转换能力：能够熟练运用各种工具和技术，对不同格式、类型的数据进行清洗、整理和转换，以满足分析和建模需求。

数理统计能力：熟悉概率分布、期望、方差等基本概念，掌握参数估计和假设检验方法，为后续数据分析和决策提供支持。

数据分析能力：能够运用统计学和数据建模技术分析数据，理解数据之间的关系，识别模式和趋势，从中提取有用的信息。

数据挖掘能力：掌握常见的机器学习算法及应用场景，具备数据处理、分析及模式识别能力，善于从庞杂的数据中探寻规律。

学习创新能力：伴随技术和行业发展，学习新工具和技术，不断更新自己的知识和技能，并不断创新和改进数据分析方法。

首先读取"D:\\DeepSeek 高效数据分析\\ch05\\月度铁路和公路货物运输量.xlsx"中的数据，包含 2020 年至 2022 年共计 3 年每个月的铁路和公路货物运输量，单位是万吨，然后请你从专业的角度帮我利用双变量分析方法对铁路货运量和公路货运量的相关性进行分析，为代码添加中文注释，对程序进行详细解释说明，并输出相关系数矩阵，图形默认字体为中文字体，如 SimHei，将 axes.unicode_minus 设置为 False 确保负号正常显示。

输出

好的，下面是一个使用 Python 进行双变量分析的示例代码，分析铁路货运量和公路货运量的相关性。我们将使用 Pandas 库读取 Excel 文件，使用 seaborn 和 matplotlib 进行可视化，并计算相关系数矩阵。代码中包含中文注释，确保图形的字体为中文，并设置负号正常显示。

请确保你已经安装了所需的库，如果未安装，可以使用以下命令进行安装：

```
pip install pandas seaborn matplotlib openpyxl
```

以下是代码示例：

```python
# 导入所需的库
import pandas as pd
import seaborn as sns
import matplotlib.pyplot as plt

# 读取Excel文件中的数据
file_path = "D:\\DeepSeek高效数据分析\\ch05\\月度铁路和公路货物运输量.xlsx"
data = pd.read_excel(file_path)

# 查看数据的前几行
print(data.head())

# 计算相关系数矩阵
correlation_matrix = data[['铁路货运量', '公路货运量']].corr()

# 输出相关系数矩阵
print("相关系数矩阵：")
print(correlation_matrix)

# 设置中文字体和负号显示
plt.rcParams['font.sans-serif'] = ['SimHei']  # 设置字体为SimHei
plt.rcParams['axes.unicode_minus'] = False      # 解决负号显示问题

# 绘制热力图
plt.figure(figsize=(8, 6))
sns.heatmap(correlation_matrix, annot=True, cmap='coolwarm', fmt='.2f',
square=True)
plt.title('铁路货运量与公路货运量相关性热力图')
plt.show()

### 代码说明：
1. **导入库**：导入Pandas用于数据处理，seaborn和matplotlib用于数据可视化。
2. **读取数据**：使用pd.read_excel()读取指定路径的Excel文件。
3. **计算相关系数**：使用corr()方法计算铁路货运量和公路货运量之间的相关系数矩阵。
4. **输出相关系数矩阵**：打印相关系数矩阵以便查看。
5. **设置图形参数**：设置中文字体为SimHei，并确保负号正常显示。
6. **绘制热力图**：使用seaborn绘制相关性热力图，显示铁路货运量与公路货运量的相关性。
```

请根据你的数据文件路径和列名进行相应的调整。运行代码后，你将看到相关系数矩阵和热力图，帮助你分析铁路和公路货运量之间的相关性。

运行上述Python代码，输出相关分析的结果如下：

	月份	铁路货运量	公路货运量
0	2022年12月	42019	319549
1	2022年11月	41196	312400
2	2022年10月	41533	315093

| 3 | 2022年9月 | 41243 | 337499 |
| 4 | 2022年8月 | 40680 | 328980 |

相关系数矩阵：

	铁路货运量	公路货运量
铁路货运量	1.000000	0.611163
公路货运量	0.611163	1.000000

铁路货运量与公路货运量相关性热力图，如图5-2所示。

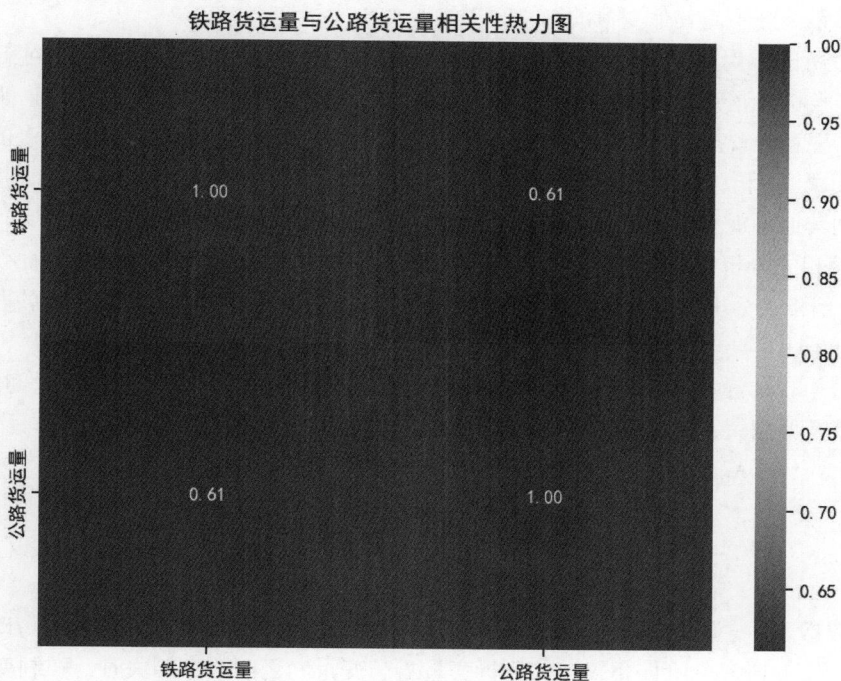

图 5-2　相关系数热力图

从相关分析的输出结果可以看出："铁路货运量"和"公路货运量"之间的皮尔逊相关系数为0.61，表示二者之间存在较高相关性，即铁路货运量和公路货运量之间存在显著相关关系。

5.6　偏相关分析

偏相关分析在控制其他变量的影响下，研究特定两个变量间的关系。它能更准确地揭示变量之间的本质联系，排除干扰因素，广泛应用于科研、经济等领域，为深入理解复杂数据关系提供有力的工具。

5.6.1   偏相关分析概述

偏相关分析是一种有用的统计方法，用于研究两个变量之间的关系，同时控制其他变量的影响。与传统的相关分析不同，偏相关分析可以消除其他变量对两个变量之间关系的干扰。这使得我们能够更准确地评估两个变量之间的关联程度。

偏相关分析的基本原理是通过计算两个变量之间的偏相关系数来衡量它们的关系。偏相关系数表示两个变量之间的关联程度，同时控制其他变量的影响。这种方法可以帮助我们确定两个变量之间的独立关系，而不受其他变量的影响。

偏相关分析的应用非常广泛。在经济学中，偏相关分析可以帮助我们理解不同变量之间的关系，如通货膨胀和失业率之间的关系，同时控制其他经济因素的影响。在社会学中，偏相关分析可以帮助我们研究社会现象，如教育水平和犯罪率之间的关系，同时控制其他社会因素的影响。在心理学和医学领域，偏相关分析可以帮助我们研究变量之间的关系，如压力水平和心理健康之间的关系，同时控制其他心理和生理因素的影响。

然而，偏相关分析也有一些限制。首先，它只能用于研究变量之间的关系，而不能确定因果关系。其次，偏相关分析需要大量的数据和复杂的计算方法，对于数据收集和分析的要求较高。此外，偏相关分析也需要考虑其他可能的变量，以避免遗漏重要的影响因素。

偏相关分析也称净相关分析，它是在控制其他变量的线性影响下分析两个变量间的线性相关，所采用的工具是偏相关系数。假如有 g 个控制变量，则称为 g 阶偏相关。一般情况下，假设有 n（$n>2$）个变量 X_1，X_2，$\cdots$，X_n，则任意两个变量 X_i 和 X_j 的 g 阶样本偏相关系数公式如下：

$$r_{ij-l_1 l_2 \cdots l_g} = \frac{r_{ij-l_1 l_2 \cdots l_{g-1}} - r_{il_g-l_1 l_2 \cdots l_{g-1}} r_{jl_g-l_1 l_2 \cdots l_{g-1}}}{\sqrt{(1-r^2_{il_g-l_1 l_2 \cdots l_{g-1}})(1-r^2_{jl_g-l_1 l_2 \cdots l_{g-1}})}}$$

式中右边均为 $g-1$ 阶的偏相关系数，其中 l_1，l_2，$\cdots$，l_g 为自然数从1到 n 除去 i 和 j 的不同组合。

一般我们主要研究一阶偏相关，如分析变量 X_1 和变量 X_2 之间的净相关时，控制变量 X_3 的线性影响。X_1 和 X_2 之间的一阶偏相关系数公式如下：

$$r_{123} = \frac{r_{12} - r_{13} r_{23}}{\sqrt{(1-r^2_{13})(1-r^2_{23})}}$$

5.6.2   案例：铁路和公路货运量分析

铁路和公路货运量在整个货物运输体系中占据着重要地位，而水运和民航货运量也有着各自独特的作用，它们之间存在着紧密而复杂的关系。它们既在不同的运输领域发挥着各自的优势，又在多式联运和物流协同发展中相互合作、相互影响。通过合理整合各种运输方式的资源，实现优势互补，可以提高整个货物运输体系的效率和服务质量，为经济社会的发展提供有力的支撑。

案例 5-6   铁路和公路货运量分析

本例的"全国月度各货运方式运输量.xlsx"数据文件中记录了2020年至2022年共计3年每个月

的铁路货运量、公路货运量、水运货运量和民航货运量，单位是万吨。下面利用偏相关分析得到特定条件下铁路货运量和公路货运量之间的相关系数。

首先，明确目标是在控制水运货运量和民航货运量的情况下，分析铁路与公路货运量的关系。偏相关分析可以排除其他变量的干扰，更准确地揭示两个特定变量之间的真实联系。通过计算相关系数，可以定量地了解铁路货运量和公路货运量在控制水运和民航货运量后的紧密程度。

分析师小王详细阐述对"全国月度各货运方式运输量.xlsx"偏相关分析的具体要求，旨在助力人们更深入地了解铁路货运量和公路货运量之间的相关性。

提示语和输出如下。

提示语	你作为一名资深数据分析专家，具备以下技能。 业务理解能力：具备行业和业务领域的知识，能够理解业务需求本质，解决实际问题，并提供数据驱动的建议和解决方案。 数据探索能力：熟悉数据分析与可视化工具，敏锐洞察数据的特征，发现数据中的潜在模式和趋势，为深入分析提供方向。 数据清洗能力：能够识别和处理数据中的缺失值、异常值和重复值，对数据进行标准化和归一化处理，使数据具有可比性。 数据转换能力：能够熟练运用各种工具和技术，对不同格式、类型的数据进行清洗、整理和转换，以满足分析和建模需求。 数理统计能力：熟悉概率分布、期望、方差等基本概念，掌握参数估计和假设检验方法，为后续数据分析和决策提供支持。 数据分析能力：能够运用统计学和数据建模技术分析数据，理解数据之间的关系，识别模式和趋势，从中提取有用的信息。 数据挖掘能力：掌握常见的机器学习算法及应用场景，具备数据处理、分析及模式识别能力，善于从庞杂的数据中探寻规律。 学习创新能力：伴随技术和行业发展，学习新工具和技术，不断更新自己的知识和技能，并不断创新和改进数据分析方法。 首先读取"D:\\DeepSeek 高效数据分析\\ch05\\全国月度各货运方式运输量.xlsx"中的数据，包含 2020 年至 2022 年共计 3 年每个月的铁路货运量、公路货运量、水运货运量和民航货运量，单位是万吨，然后请你从专业的角度帮我利用偏相关分析过程得到在控制水运货运量和民航货运量的情况下，铁路货运量和公路货运量之间的相关系数，为代码添加中文注释，对程序进行详细解释说明，并输出偏相关分析的结果。
输　出	好的，我会帮助你编写一个 Python 程序来读取 Excel 文件中的数据，并进行偏相关分析。我们将使用 Pandas 库来处理数据，pingouin 库来进行偏相关分析。 首先，确保你已经安装了所需的库，如果未安装，可以使用如下命令进行安装：

```
pip install pandas pingouin
```

接下来是代码部分：

```
import pandas as pd
import pingouin as pg

# 读取Excel文件中的数据
file_path = "D:\\DeepSeek高效数据分析\\ch05\\全国月度各货运方式运输量.xlsx"
data = pd.read_excel(file_path)

# 查看数据的前几行，确保数据读取正确
print(data.head())

# 进行偏相关分析，控制水运货运量和民航货运量
# 计算铁路货运量和公路货运量之间的偏相关系数
partial_corr_result = pg.partial_corr(data=data, x='铁路货运量', y='公路货
运量', covar=['水运货运量', '民航货运量'])

# 输出偏相关分析的结果
print(partial_corr_result)

### 代码说明：
1. **导入库**：导入Pandas用于数据处理，导入pingouin用于偏相关分析。
2. **读取数据**：使用pd.read_excel读取Excel文件中的数据。
3. **查看数据**：使用data.head()查看数据的前几行，确保数据读取正确。
4. **偏相关分析**：使用pg.partial_corr进行偏相关分析，计算在控制水运货运量和民航货
运量的情况下，铁路货运量和公路货运量之间的偏相关系数。
5. **输出结果**：打印偏相关分析的结果。
```

希望这段代码能帮助你进行偏相关分析。如果有任何问题或需要进一步的帮助，请
告诉我！

运行上述Python代码，输出偏相关分析的结果如下：

```
         月份    铁路货运量    公路货运量    水运货运量    民航货运量
0   2022年12月    42019      319549     74880       48
1   2022年11月    41196      312400     76002       47
2   2022年10月    41533      315093     75356       49
3   2022年9月     41243      337499     71717       52
4   2022年8月     40680      328980     73169       50


              n        r       CI95%         p-val
pearson      36   -0.453755   [-0.69, -0.14]   0.007031
```

上面给出了含控制变量"水运货运量"和"民航货运量"时，"铁路货运量"和"公路货运
量"间的偏相关分析结果。可以明显看到，在剔除控制变量"水运货运量"和"民航货运量"的影
响后，"铁路货运量"和"公路货运量"间的偏相关系数为-0.453755，显著性水平为0.007031。因
此，我们可以认为"铁路货运量"和"公路货运量"间存在低度相关关系。

5.7　本章小结

　　本章系统地介绍了如何借助DeepSeek工具开展多维度的数据探索实践，涵盖描述性分析、频数分析、探索性分析、交叉表分析和相关分析等核心方法。通过具体案例（如国内生产总值统计、居民消费水平分布、商品评论得分特征、颜色偏好关联及货运量关系研究），展示了从基础统计到复杂关联性的全流程操作。内容强调理论与实战结合，帮助读者掌握利用DeepSeek高效挖掘数据规律、洞察变量间联系的技术路径，为后续深度建模与决策提供支撑。

05

## 第 6 章

利用DeepSeek进行回归分析

6

回归分析是研究一个因变量与一个或多个自变量之间的线性或非线性关系的一种统计分析方法。它是基于观测数据建立变量间适当的依赖关系，以分析数据内在规律，可用于预测、控制等问题。本章将详细介绍如何利用DeepSeek进行回归分析，包括线性回归、曲线回归、逻辑回归等常用的回归分析方法及其案例。

6.1 线性回归

线性回归能帮助我们理解变量之间的线性关系，进行预测和趋势分析。在众多领域，如经济学、物理学等，可用于评估变量影响、制定决策，简单直观且易于解释，应用广泛。

6.1.1 线性回归概述

线性回归分析是最常用的回归分析，许多非线性的模型形式也可以转换为线性回归模型进行分析。

线性回归是利用回归方程（函数）对一个或多个自变量（特征值）和因变量（目标值）之间的关系进行建模的一种分析方式。线性回归就是能够用一条直线较为精确地描述数据之间的关系。这样当出现新的数据时，就能够预测出一个简单的值。线性回归中常见的是房屋面积和房价的预测问题。只有一个自变量的情况称为一元回归，大于一个自变量的情况称为多元回归。

多元线性回归模型是日常工作中应用频繁的模型，公式如下：

$$y = \beta_0 + \beta_1 x_1 + \beta_2 x_2 + \cdots + \beta_k x_k + \varepsilon$$

其中，$x_1 \cdots x_k$ 是自变量，y 是因变量，β_0 是截距，$\beta_1 \cdots \beta_k$ 是变量回归系数，ε 是误差项的随机变量。

对于误差项有如下几个假设条件：

（1）误差项 ε 是一个期望为0的随机变量。

（2）对于自变量的所有值，ε 的方差都相同。

（3）误差项 ε 是一个服从正态分布的随机变量，且相互独立。

如果想让我们的预测值尽量准确，就必须让真实值与预测值的差值最小，即让误差平方和最小，用公式表达如下，具体推导过程可参考相关的资料。

$$J(\beta) = \sum (y - X\beta)^2$$

损失函数只是一种策略，有了策略，我们还要用适合的算法进行求解。在线性回归模型中，求解损失函数就是求与自变量相对应的各个回归系数和截距。有了这些参数，我们才能实现模型的预测（输入 x，输出 y）。

对于误差平方和损失函数的求解方法有很多种，典型的如最小二乘法、梯度下降法等。因此，通过以上的异同点，总结如下。

最小二乘法的特点如下：

● 得到的是全局最优解，因为一步到位，直接求极值，所以步骤简单。

● 线性回归的模型假设，这是最小二乘法的优越性前提，否则不能推出最小二乘法是最佳（方差最小）的无偏估计。

梯度下降法的特点如下：

● 得到的是局部最优解，因为是一步一步迭代的，而非直接求得极值。

● 既可以用于线性模型，又可以用于非线性模型，没有特殊的限制和假设条件。

在回归分析过程中，还需要进行线性回归诊断，回归诊断是对回归分析中的假设以及数据的检验与分析，主要的衡量值是判定系数和估计标准误差。

1. 判定系数

回归直线与各观测点的接近程度成为回归直线对数据的拟合优度。而评判直线拟合优度需要一些指标，其中一个就是判定系数。

我们知道，因变量 y 值有来自两个方面的影响：

● 来自 x 值的影响，也就是我们预测的主要依据。

● 来自无法预测的干扰项 ϵ 的影响。

如果一个回归直线预测非常准确，它就需要让来自 x 的影响尽可能大，而让来自无法预测干扰项的影响尽可能小，也就是说 x 影响占比越高，预测效果就越好。下面我们来看如何定义这些影响，并形成指标。

$$SST = \sum (y_i - \bar{y})^2$$

$$SSR = \sum (\hat{y}_i - \bar{y})^2$$

$$SSE = \sum (y_i - \hat{y})^2$$

SST（Total Sum of Squares，总平方和）：变差总平方和。

SSR（Regression Sum of Squares，回归平方和）：由x与y之间的线性关系引起的y变化。

SSE（Error Sum of Squares，残差平方和）：除x影响之外的其他因素引起的y变化。

总平方和、回归平方和、残差平方和以及三者之间的关系如图6-1所示。

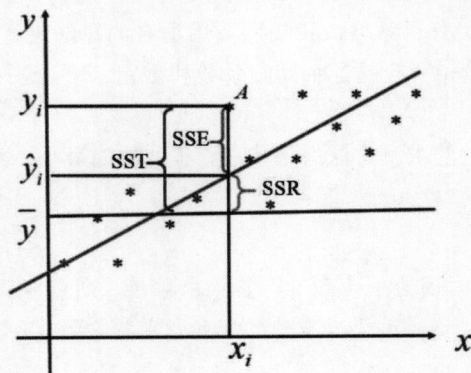

图 6-1　线性回归

它们之间的关系是：SSR越高，代表回归预测越准确，观测点越靠近直线，即越大，直线拟合越好。因此，判定系数的定义就自然地引出来了，我们一般称为R^2。

$$R^2 = \frac{SSR}{SST} = 1 - \frac{SSE}{SST}$$

2. 估计标准误差

判定系数R^2的意义是由x引起的影响占总影响的比例来判断拟合程度的。当然，我们也可以从误差的角度来评估，也就是用残差SSE进行判断。估计标准误差是均方残差的平方根，可以标注实际观测点在直线周围散布的情况。

$$S_\varepsilon = \sqrt{\frac{SSE}{n-2}} = \sqrt{MSE}$$

估计标准误差与判定系数相反，S_ε反映了预测值与真实值之间误差的大小。误差越小，就说明拟合度越高；相反，误差越大，就说明拟合度越低。

线性回归主要用来解决连续性数值预测的问题，它目前在经济、金融、社会、医疗等领域都有广泛的应用。例如，我们可以利用线性回归研究吸烟对死亡率和发病率的影响。此外，线性回归还在以下诸多方面得到了很好的应用：

- 客户需求预测：通过海量的买家和卖家交易数据等，对未来商品的需求进行预测。

- 湖泊面积预测：通过研究湖泊面积变化的多种影响因素，构建湖泊面积预测模型。
- 房地产价格预测：利用相关历史数据分析影响商品房价格的因素并进行模型预测。

6.1.2　案例：贷款申请人负债率分析

在贷款申请的评估过程中，贷款机构会给予申请人的负债率以高度的关注。负债率作为衡量申请人债务负担程度的关键指标，对于贷款机构的决策起着至关重要的作用。

贷款机构通过对负债率的严格评估，来判断申请人的还款能力和违约风险，进而做出是否批准贷款申请的决策。因此，申请人在申请贷款前，应充分了解自己的负债率情况，并努力降低负债率，以提高贷款申请的成功概率。

案例 6-1　贷款申请人负债率分析

本案例所采用的数据为某银行客户贷款申请数据。该数据涵盖申请人的编号、年龄、月收入以及负债率等一系列基本信息。在银行的贷款审批过程中，通常会依据这些信息以及其他相关因素来综合考量并决定是否批准贷款申请。

下面利用线性回归分析来建立负债率（作为因变量）与年龄和月收入（作为自变量）之间的线性回归模型。在这个案例中，通过分析负债率与年龄和月收入之间的关系，可以更好地理解哪些因素对负债率有着显著的影响。年龄可能会影响一个人的经济稳定性和还款能力，而月收入则直接关系到其偿还贷款的能力。

通过建立线性回归模型，可以量化这些因素对负债率的影响程度。分析师小王全神贯注地进行思考，精心构思出了一段极为详细的提示语，在这段提示语中，小王清晰明确地阐述了自己的具体需求。

提示语和输出如下。

提示语	你作为一名资深数据分析专家，具备以下能力。
	业务理解能力：具备行业和业务领域的知识，能够理解业务需求本质，解决实际问题，并提供数据驱动的建议和解决方案。
	数据探索能力：熟悉数据分析与可视化工具，敏锐洞察数据的特征，发现数据中的潜在模式和趋势，为深入分析提供方向。
	数据清洗能力：能够识别和处理数据中的缺失值、异常值和重复值，对数据进行标准化和归一化处理，使数据具有可比性。
	数据转换能力：能够熟练运用各种工具和技术，对不同格式、类型的数据进行清洗、整理和转换，以满足分析和建模需求。
	数理统计能力：熟悉概率分布、期望、方差等基本概念，掌握参数估计和假设检验方法，为后续数据分析和决策提供支持。
	数据分析能力：能够运用统计学和数据建模技术分析数据，理解数据之间的关系，

06

识别模式和趋势，从中提取有用的信息。

数据挖掘能力：掌握常见的机器学习算法及应用场景，具备数据处理、分析及模式识别能力，善于从庞杂的数据中探寻规律。

程序开发技能：精通数据分析算法，熟练运用编程语言及开发工具，能够高效设计、编码和测试程序，满足复杂业务需求。

学习创新能力：伴随技术和行业发展，学习新工具和技术，不断更新自己的知识和技能，并不断创新和改进数据分析方法。

首先读取"D:\\DeepSeek 高效数据分析\\ch06\\贷款申请人负债率.xlsx"中的数据，包含申请人编号、年龄、月收入和负债率等基本信息，然后请你从专业的角度利用线性回归分析建立负债率（因变量）与年龄和月收入（自变量）的线性回归模型，为代码添加中文注释，对程序进行详细解释说明，并输出线性回归分析的结果和曲线，包括标准化残差的直方图和标准化残差的 P-P 图，图形默认字体为中文字体（如 SimHei），将 axes.unicode_minus 设置为 False，以确保负号正常显示。

输 出

好的，我会在现有代码的基础上添加中文注释，并增加标准化残差的直方图和 P-P 图的绘制。以下是更新后的代码：

```python
python:test.py
import pandas as pd
import matplotlib.pyplot as plt
import numpy as np
import scipy.stats as stats
from sklearn.linear_model import LinearRegression
from sklearn.model_selection import train_test_split
from sklearn.metrics import mean_squared_error, r2_score

# 读取Excel文件中的数据
file_path = "D:\\DeepSeek高效数据分析\\ch06\\贷款申请人负债率.xlsx"
data = pd.read_excel(file_path)

# 查看数据的前几行
print(data.head())

# 提取自变量（年龄和月收入）和因变量（负债率）
X = data[['年龄', '月收入']]
y = data['负债率']

# 将数据分为训练集和测试集
X_train, X_test, y_train, y_test = train_test_split(X, y, test_size=0.2,
random_state=42)

# 创建线性回归模型
model = LinearRegression()
```

```python
# 训练模型
model.fit(X_train, y_train)

# 预测测试集的负债率
y_pred = model.predict(X_test)

# 输出模型的系数和截距
print("模型系数:", model.coef_)
print("模型截距:", model.intercept_)

# 计算均方误差和R^2得分
mse = mean_squared_error(y_test, y_pred)
r2 = r2_score(y_test, y_pred)
print("均方误差:", mse)
print("R^2得分:", r2)

# 绘制实际值与预测值的对比图
plt.figure(figsize=(10, 6))
plt.scatter(y_test, y_pred, color='blue')
plt.plot([y.min(), y.max()], [y.min(), y.max()], 'k--', lw=2)
plt.xlabel('实际值')
plt.ylabel('预测值')
plt.title('实际值与预测值对比')

# 设置中文字体和负号显示
plt.rcParams['font.sans-serif'] = ['SimHei']
plt.rcParams['axes.unicode_minus'] = False

plt.show()

# 计算标准化残差
residuals = y_test - y_pred
standardized_residuals = (residuals - np.mean(residuals)) /
np.std(residuals)

# 绘制标准化残差的直方图
plt.figure(figsize=(10, 6))
plt.hist(standardized_residuals, bins=30, edgecolor='k', alpha=0.7)
plt.xlabel('标准化残差')
plt.ylabel('频数')
plt.title('标准化残差的直方图')
plt.show()

# 绘制标准化残差的P-P图
plt.figure(figsize=(10, 6))
stats.probplot(standardized_residuals, dist="norm", plot=plt)
plt.title('标准化残差的P-P图')
plt.show()

### 代码说明:
```

06

1．**数据读取和预处理**：
   - 读取Excel文件中的数据。
   - 提取自变量（年龄和月收入）和因变量（负债率）。
   - 将数据分为训练集和测试集。

2．**模型训练和评估**：
   - 创建并训练线性回归模型。
   - 预测测试集的负债率。
   - 输出模型的系数和截距。
   - 计算并输出均方误差和R^2得分。

3．**结果可视化**：
   - 绘制实际值与预测值的对比图。
   - 设置中文字体和负号显示。

4．**残差分析**：
   - 计算标准化残差。
   - 绘制标准化残差的直方图。
   - 绘制标准化残差的P-P图。

通过这些步骤，可以全面分析和评估线性回归模型的效果，并通过残差分析进一步验证模型的假设。

运行上述Python代码，输出线性回归的结果如下：

	申请人编号	年龄	月收入	负债率
0	L20230001	30	6000	0.5951
1	L20230002	30	6000	0.5974
2	L20230003	30	6000	0.6000
3	L20230004	30	6000	0.6046
4	L20230005	30	6000	0.6058

给出了线性回归模型的回归系数及相应的一些统计量，包括模型的截距、年龄和月收入的系数，以及模型的均方误差、R^2得分，具体如下：

```
模型系数: [1.87478249e-01 1.85948453e-04]
模型截距: -6.044268812347264
均方误差: 0.0037161422521343247
R^2得分: 0.9753885628854427
```

在进行数据分析和建模过程中，除得到各种分析结果外，还输出了实际值与预测值的拟合图，这可以为模型的改进和优化提供方向，如图6-2所示。

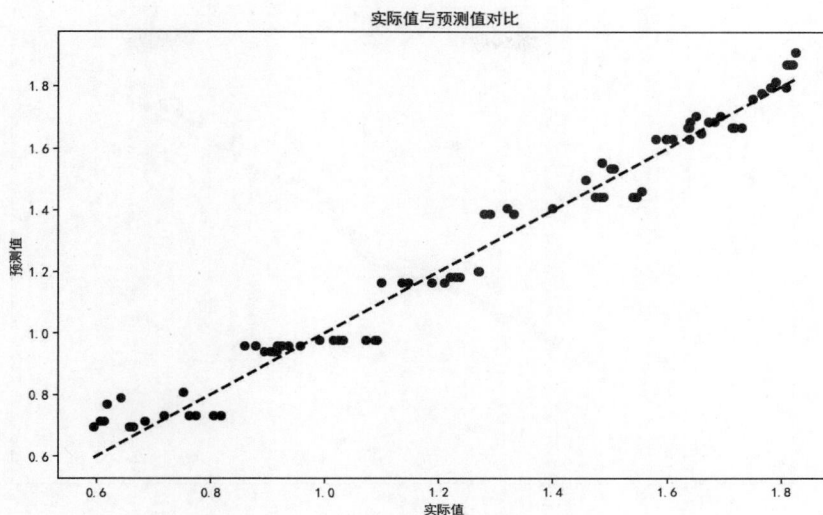

图 6-2　实际值与预测值的拟合图

　　还给出了标准化残差的直方图，它以直观的图形方式展示标准化残差的分布情况，如图6-3所示。从图表可以看出，标准化后的残差基本满足正态分布。

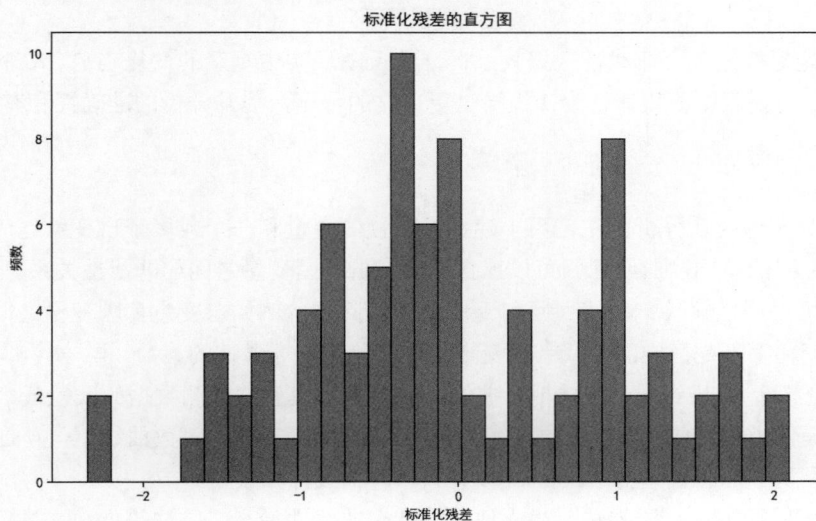

图 6-3　标准化残差的直方图

　　图6-4给出了回归标准化残差的P-P图。该P-P图是以实际观察值的累计概率为横轴，以正态分布的累计概率为纵轴，如果样本数据来自正态分布的话，则所有散点都应该分布在对角线附近。从图表可以看出，分布结果正是如此，因此可以判断标准化残差基本服从正态分布，与图6-3给出的结果一致。

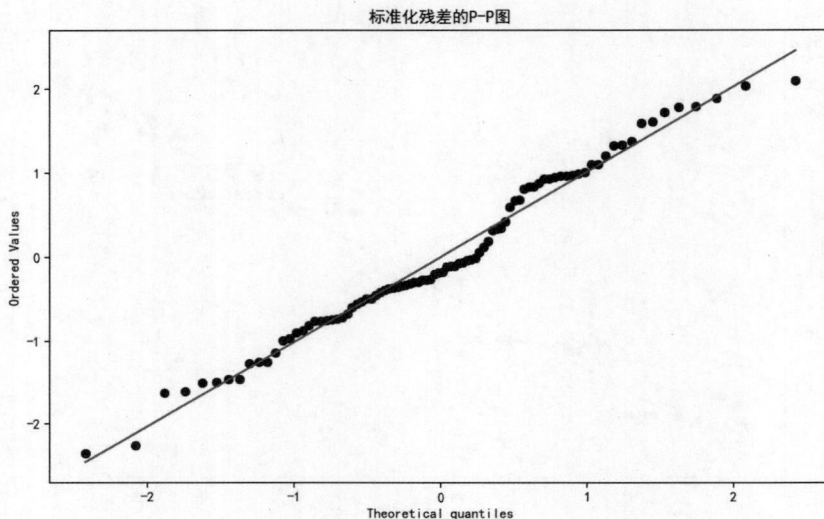

图 6-4　标准化残差的 P-P 图

6.2　曲线回归

曲线回归能更好地拟合非线性数据关系，准确反映现实中复杂的变化趋势。在科学研究、经济预测等领域，可揭示隐藏规律，为决策提供更可靠的依据，提升分析的准确性和有效性。

6.2.1　曲线回归概述

曲线回归是一种统计分析方法，用于建立一个预测变量和一个或多个自变量之间的非线性关系模型。与线性回归不同，曲线回归可以捕捉到自变量和因变量之间的非线性关系。

曲线回归可以用于解决一些线性回归无法处理的问题，例如自变量和因变量之间存在曲线关系、因变量的变化率不是恒定的，或者因变量的变化趋势是非线性的。

曲线回归的目标是找到一个最佳拟合曲线，使得预测变量和观测数据的残差最小化。SPSS的曲线估计过程提供了线性曲线、二次项曲线、复合曲线、增长曲线、对数曲线、立方曲线、S曲线、指数曲线、逆模型、幂函数模型、Logistic模型共11种曲线回归模型。

曲线回归可以通过最小二乘法、最大似然估计、非线性最小二乘法等方法来进行参数估计。同时，可以使用各种统计指标（如R方值、均方根误差等）来评估模型的拟合优度和预测能力。

曲线回归在实际应用中具有广泛的用途，例如在经济学、生物学、医学、市场研究等领域中，可用于预测和分析各种复杂的非线性关系。

6.2.2　案例：信用额度使用率分析

　　客户信用额度使用率和负债率都是衡量客户财务状况和信用风险的重要指标，它们之间存在着密切的关系，并对客户的金融活动产生重大影响。

　　例如，假设一个客户在连续几个月的时间里，信用额度使用率都维持在80%以上。在这种情况下，银行等金融机构极有可能认为该客户的还款能力存在一定的风险。当一个客户的信用额度使用率长期保持在30%以下时，银行会认定该客户的信用状况良好。这是因为低信用额度使用率显示出客户在消费和负债方面有着较强的自控能力，能够有效地管理自己的财务。

　　接下来，我们将运用曲线回归分析方法，深入探究贷款客户的信用额度使用率与负债率之间的关系。

案例 6-2　信用额度使用率分析

　　曲线回归分析能够有效地处理变量之间可能存在的非线性关系，为我们揭示信用额度使用率和负债率之间更为复杂的关联模式。

　　首先，收集贷款客户的信用额度使用率和负债率数据，并对其进行初步的整理和可视化处理，以便直观地观察两者之间的大致关系。然后，选择合适的曲线回归模型，如二次曲线、三次曲线、指数曲线等。通过对不同模型的拟合优度进行比较，确定最能准确描述信用额度使用率与负债率关系的模型。

　　小王全神贯注，精心地构思了一段极为详细的提示语，在这段提示语中，他清晰而明确地阐述了自己的具体需求。

　　提示语和输出如下。

提示语	你作为一名资深数据分析专家，具备以下能力。
	业务理解能力：具备行业和业务领域的知识，能够理解业务需求本质，解决实际问题，并提供数据驱动的建议和解决方案。
	数据探索能力：熟悉数据分析与可视化工具，敏锐洞察数据的特征，发现数据中的潜在模式和趋势，为深入分析提供方向。
	数据清洗能力：能够识别和处理数据中的缺失值、异常值和重复值，对数据进行标准化和归一化处理，使数据具有可比性。
	数据转换能力：能够熟练运用各种工具和技术，对不同格式、类型的数据进行清洗、整理和转换，以满足分析和建模需求。
	数理统计能力：熟悉概率分布、期望、方差等基本概念，掌握参数估计和假设检验方法，为后续数据分析和决策提供支持。
	数据分析能力：能够运用统计学和数据建模技术分析数据，理解数据之间的关系，识别模式和趋势，从中提取有用的信息。

数据挖掘能力: 掌握常见的机器学习算法及应用场景, 具备数据处理、分析及模式识别能力, 善于从庞杂的数据中探寻规律。

程序开发技能: 精通数据分析算法, 熟练运用编程语言及开发工具, 能够高效设计、编码和测试程序, 满足复杂业务需求。

学习创新能力: 伴随技术和行业发展, 学习新工具和技术, 不断更新自己的知识和技能, 并不断创新和改进数据分析方法。

首先读取 "D:\\DeepSeek 高效数据分析\\ch06\\信用额度使用率.xlsx" 中的数据, 包含申请人编号、负债率和信用额度使用率等信息, 然后请你从专业的角度利用曲线回归分析建立信用额度使用率等 (因变量) 与负债率 (自变量) 的曲线回归模型, 分析贷款客户的信用额度使用率与负债率之间的关系, 为代码添加中文注释, 对程序进行详细解释说明, 并输出曲线回归分析的特征提取方法、结果和拟合图, 图形默认字体为中文字体 (如 SimHei), 将 axes.unicode_minus 设置为 False, 以确保负号正常显示。

输 出

好的, 我会在现有代码的基础上添加详细的中文注释, 并确保所有图形的字体为中文字体, 同时设置 axes.unicode_minus 为 False, 以确保负号正常显示。以下是更新后的代码:

```python:test.py
import pandas as pd
import matplotlib.pyplot as plt
import numpy as np
from sklearn.preprocessing import PolynomialFeatures
from sklearn.linear_model import LinearRegression
from sklearn.model_selection import train_test_split
from sklearn.metrics import mean_squared_error, r2_score

# 读取Excel文件中的数据
file_path = "D:\\DeepSeek高效数据分析\\ch06\\信用额度使用率.xlsx"
data = pd.read_excel(file_path)

# 查看数据的前几行
print(data.head())

# 提取自变量（负债率）和因变量（信用额度使用率）
X = data[['负债率']]
y = data['信用额度使用率']

# 将数据分为训练集和测试集
X_train, X_test, y_train, y_test = train_test_split(X, y, test_size=0.2, random_state=42)

# 创建多项式特征
poly = PolynomialFeatures(degree=2)  # 这里使用二次多项式回归
X_train_poly = poly.fit_transform(X_train)
X_test_poly = poly.transform(X_test)
```

```python
# 创建线性回归模型
model = LinearRegression()

# 训练模型
model.fit(X_train_poly, y_train)

# 预测测试集的信用额度使用率
y_pred = model.predict(X_test_poly)

# 输出模型的系数和截距
print("模型系数:", model.coef_)
print("模型截距:", model.intercept_)

# 计算均方误差和R^2得分
mse = mean_squared_error(y_test, y_pred)
r2 = r2_score(y_test, y_pred)
print("均方误差:", mse)
print("R^2得分:", r2)

# 设置中文字体和负号显示
plt.rcParams['font.sans-serif'] = ['SimHei']
plt.rcParams['axes.unicode_minus'] = False

# 绘制实际值与预测值的对比图
plt.figure(figsize=(10, 6))
plt.scatter(X_test, y_test, color='blue', label='实际值')
plt.scatter(X_test, y_pred, color='red', label='预测值')
plt.xlabel('负债率')
plt.ylabel('信用额度使用率')
plt.title('实际值与预测值对比')
plt.legend()
plt.show()

# 绘制回归曲线
X_range = np.linspace(X.min(), X.max(), 100).reshape(-1, 1)
X_range_poly = poly.transform(X_range)
y_range_pred = model.predict(X_range_poly)

plt.figure(figsize=(10, 6))
plt.scatter(X, y, color='blue', label='数据点')
plt.plot(X_range, y_range_pred, color='red', label='回归曲线')
plt.xlabel('负债率')
plt.ylabel('信用额度使用率')
plt.title('负债率与信用额度使用率的回归曲线')
plt.legend()
plt.show()
```

代码说明:

1. **导入必要的库**:
   - Pandas用于数据处理。
   - matplotlib.pyplot用于绘图。

- NumPy用于数值计算。
- sklearn.preprocessing.PolynomialFeatures用于生成多项式特征。
- sklearn.linear_model.LinearRegression用于线性回归模型。
- sklearn.model_selection.train_test_split用于分割数据集。
- sklearn.metrics.mean_squared_error, r2_score用于评估模型性能。

2．**读取数据**：
- 使用pandas.read_excel读取Excel文件中的数据。

3．**数据预处理**：
- 提取自变量（负债率）和因变量（信用额度使用率）。
- 将数据分为训练集和测试集。

4．**特征工程**：
- 使用PolynomialFeatures生成二次多项式特征。

5．**模型训练**：
- 创建并训练线性回归模型。

6．**模型评估**：
- 预测测试集的信用额度使用率。
- 输出模型的系数和截距。
- 计算并输出均方误差和R^2得分。

7．**可视化**：
- 设置中文字体和负号显示。
- 绘制实际值与预测值的对比图。
- 绘制回归曲线。

希望这些注释和解释能帮助你更好地理解代码的每一步。

运行上述Python代码，输出曲线回归的结果如下：

	申请人编号	负债率	信用额度使用率
0	L20230001	0.5951	0.1311
1	L20230002	0.5974	0.1312
2	L20230003	0.6000	0.1324
3	L20230004	0.6046	0.1330
4	L20230005	0.6058	0.1344

给出了曲线回归模型的回归系数及相应的一些统计量，包括模型的截距、负债率系数，以及模型的均方误差、R^2得分，具体如下：

```
模型系数：[ 0.  -0.04535073  0.13972347]
模型截距：0.11751279571138046
均方误差：1.7846090614869485e-05
R^2得分：0.9987631530765341
```

所以，我们可以得出信用额度使用率（Y）与负债率（x）之间的关系近似为：

$$Y = 0.1175 - 0.0454 * x*x + 0.1397 * x*x*x$$

在进行数据分析和建模过程中，除得到各种分析结果外，还输出了实际值与预测值的拟合图，这可以为模型的改进和优化提供方向，如图6-5所示。

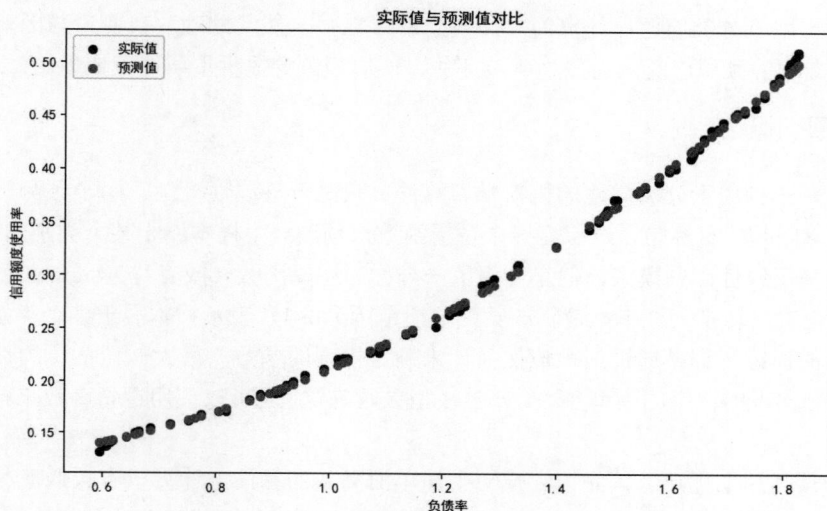

图 6-5　实际值与预测值的拟合图

回归曲线直观地展示了自变量与因变量之间的关系。通过观察回归曲线的形状和趋势，可以快速了解信用额度使用率与负债率两个变量之间的大致关系，如图6-6所示。

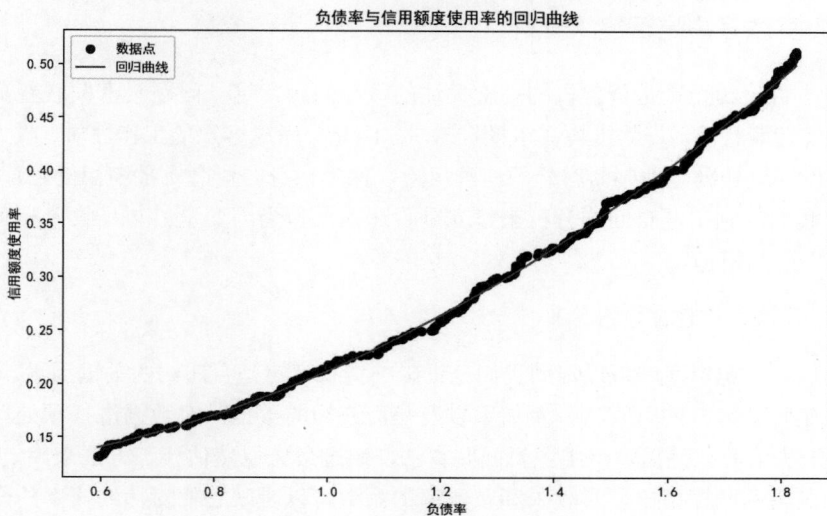

图 6-6　回归曲线

6.3 逻辑回归

逻辑回归可用于分类问题，计算简单高效，解释性强，能帮助理解自变量与因变量之间的关系，在医学、金融等领域广泛应用，为风险评估、疾病预测等提供重要决策依据。

6.3.1 逻辑回归概述

逻辑回归是一种用于分类问题的机器学习算法。它是一种线性模型，用于预测一个二进制变量的概率。逻辑回归的目标是通过拟合一个逻辑函数来预测一个样本属于某个类别的概率。

逻辑回归基于线性回归模型，但它使用了一个称为逻辑函数（或者称为sigmoid函数）的非线性函数来将线性输出转换为概率。逻辑函数的输出范围为0~1，表示样本属于某个类别的概率。

逻辑回归的训练过程是通过最大似然估计来确定模型的参数。最大似然估计的目标是找到能最大化观测数据出现的概率的模型参数。一旦模型参数确定，就可以使用逻辑函数来预测新样本的类别。

逻辑回归具有几个优点。首先，它是一个简单而高效的算法，计算成本较低。其次，它的输出可以被解释为样本属于某个类别的概率。此外，逻辑回归可以处理线性可分和线性不可分的数据。

然而，逻辑回归也有一些限制。它假设特征之间是线性相关的，这可能不适用于某些复杂的问题。此外，逻辑回归对异常值比较敏感，这可能会导致模型的性能下降。

总的来说，逻辑回归是一种简单而有效的分类算法，适用于许多实际应用中的二分类问题。

6.3.2 案例：贷款客户是否违约分析

贷款客户是否违约无疑是贷款机构高度关注的核心问题，这一问题紧密关联着金融机构的资产质量以及稳健运营状况。贷款机构在审批贷款时，应充分考虑客户的工作性质、收入来源以及资产负债状况，以便更加准确地判断客户的违约风险，保障自身的资产质量和稳健运营。

接下来，我们将利用逻辑回归分析来建立是否违约（作为因变量）与月收入和负债率（作为自变量）的逻辑回归模型。

案例 6-3 贷款客户是否违约分析

在这个案例中，逻辑回归可以帮助我们分析影响贷款客户是否违约的关键因素。

首先，收集贷款客户的月收入、负债率以及是否违约的数据。对数据进行预处理，包括清理异常值、处理缺失值等。然后，运用逻辑回归算法，通过最大似然估计等方法来确定模型的参数。

在建立的逻辑回归模型中，月收入和负债率的系数可以反映它们对违约概率的影响方向和程度。如果月收入的系数为负，说明月收入越高，违约的概率越低；若负债率的系数为正，则表明负债率越高，违约的概率越高。

通过分析这个逻辑回归模型，我们可以深入了解月收入和负债率等因素对贷款客户违约的影响。分析师小王满怀期待,精心构思出一段极为详细的提示语,清晰明确地阐述了自己的具体需求。提示语和输出如下。

提示语

你作为一名资深数据分析专家,具备以下能力。

业务理解能力:具备行业和业务领域的知识,能够理解业务需求本质,解决实际问题,并提供数据驱动的建议和解决方案。

数据探索能力:熟悉数据分析与可视化工具,敏锐洞察数据的特征,发现数据中的潜在模式和趋势,为深入分析提供方向。

数据清洗能力:能够识别和处理数据中的缺失值、异常值和重复值,对数据进行标准化和归一化处理,使数据具有可比性。

数据转换能力:能够熟练运用各种工具和技术,对不同格式、类型的数据进行清洗、整理和转换,以满足分析和建模需求。

数理统计能力:熟悉概率分布、期望、方差等基本概念,掌握参数估计和假设检验方法,为后续数据分析和决策提供支持。

数据分析能力:能够运用统计学和数据建模技术分析数据,理解数据之间的关系,识别模式和趋势,从中提取有用的信息。

数据挖掘能力:掌握常见的机器学习算法及应用场景,具备数据处理、分析及模式识别能力,善于从庞杂的数据中探寻规律。

程序开发技能:精通数据分析算法,熟练运用编程语言及开发工具,能够高效设计、编码和测试程序,满足复杂业务需求。

学习创新能力:伴随技术和行业发展,学习新工具和技术,不断更新自己的知识和技能,并不断创新和改进数据分析方法。

首先读取 "D:\\DeepSeek 高效数据分析\\ch06\\贷款客户是否违约.xlsx" 中的数据,包含申请人编号、月收入、负债率和是否违约等信息,然后请你从专业的角度利用逻辑回归分析建立是否违约(因变量)与月收入和负债率(自变量)的逻辑回归模型,分析影响贷款客户是否违约的因素,为代码添加中文注释,对程序进行详细解释说明,并输出逻辑回归分析的结果和曲线,图形默认字体为中文字体(如 SimHei),将 axes.unicode_minus 设置为 False,以确保负号正常显示。

输　出

好的,我会在现有代码的基础上添加详细的中文注释,并输出逻辑回归分析的模型系数和曲线等结果。以下是更新后的代码:

```python
# python:test.py
import pandas as pd
import numpy as np
import matplotlib.pyplot as plt
from sklearn.model_selection import train_test_split
```

```python
from sklearn.linear_model import LogisticRegression
from sklearn.metrics import classification_report, roc_curve, auc

# 读取Excel文件中的数据
file_path = "D:\\DeepSeek高效数据分析\\ch06\\贷款客户是否违约.xlsx"
data = pd.read_excel(file_path)

# 显示数据的前几行
print(data.head())

# 提取自变量和因变量
X = data[['月收入', '负债率']]
y = data['是否违约']

# 将数据分为训练集和测试集
X_train, X_test, y_train, y_test = train_test_split(X, y, test_size=0.3,
random_state=42)

# 创建逻辑回归模型
model = LogisticRegression()

# 训练模型
model.fit(X_train, y_train)

# 预测测试集
y_pred = model.predict(X_test)

# 输出分类报告
print(classification_report(y_test, y_pred))

# 输出逻辑回归模型的系数
print("逻辑回归模型的系数:", model.coef_)
print("逻辑回归模型的截距:", model.intercept_)

# 绘制ROC曲线
y_pred_prob = model.predict_proba(X_test)[:, 1]
fpr, tpr, thresholds = roc_curve(y_test, y_pred_prob)
roc_auc = auc(fpr, tpr)

plt.figure()
plt.plot(fpr, tpr, color='darkorange', lw=2, label='ROC曲线 (面积
= %0.2f)' % roc_auc)
plt.plot([0, 1], [0, 1], color='navy', lw=2, linestyle='--')
plt.xlim([0.0, 1.0])
plt.ylim([0.0, 1.05])
plt.xlabel('假阳性率')
plt.ylabel('真阳性率')
plt.title('接收者操作特征曲线')
plt.legend(loc="lower right")
plt.rcParams['font.sans-serif'] = ['SimHei']  # 设置默认字体
```

```
plt.rcParams['axes.unicode_minus'] = False    # 解决负号显示问题
plt.show()

### 代码说明:
1. **导入必要的库**:导入用于数据处理、模型训练和评估的库。
2. **读取数据**:从指定路径读取Excel文件中的数据。
3. **显示数据的前几行**:使用head()方法查看数据的前几行。
4. **提取自变量和因变量**:选择"月收入"和"负债率"作为自变量,"是否违约"作为因变量。
5. **数据分割**:将数据分为训练集和测试集,测试集占30%。
6. **创建和训练模型**:创建逻辑回归模型并使用训练集进行训练。
7. **预测和评估**:使用测试集进行预测,并输出分类报告。
8. **输出模型系数**:打印逻辑回归模型的系数和截距。
9. **绘制ROC曲线**:计算并绘制ROC曲线,显示模型的性能。
```

这样,代码不仅完成了逻辑回归分析,还详细解释了每一步的操作和目的。

运行上述Python代码,输出逻辑回归的结果如下:

	申请人编号	月收入	负债率	信用额度使用率	是否违约
0	L20230001	6000	0.5951	0.1311	0
1	L20230002	6000	0.5974	0.1312	0
2	L20230003	6000	0.6000	0.1324	0
3	L20230004	6000	0.6046	0.1330	0
4	L20230005	6000	0.6058	0.1344	0

输出逻辑回归模型的各种评估指标,具体如下:

	precision	recall	f1-score	support
0	1.00	1.00	1.00	65
1	1.00	1.00	1.00	70
accuracy			1.00	135
macro avg	1.00	1.00	1.00	135
weighted avg	1.00	1.00	1.00	135

给出了逻辑回归模型的回归系数及相应的一些统计量,包括模型的截距、月收入、负债率系数,具体如下:

```
逻辑回归模型的系数: [[0.11104576  0.31089963]]
逻辑回归模型的截距: [-734.30255522]
```

下面建立"是否违约"与影响因素"月收入"(x_1)和"负债率"(x_2)的近似关系,即:

$$ln\frac{p}{1-p} = -734.30 - 0.11 * x_1 + 0.31 * x_2$$

进行指数变换,得出:

$$\frac{p}{1-p} = e^{-734.30-0.11*x_1+0.31*x_2}$$

即可对客户违约的概率进行预测。

此外，还输出了逻辑回归的接收者操作特征曲线（即ROC曲线），如图6-7所示。从图形可以看出，曲线下面积（AUC）是1，说明模型的分类性能非常好。

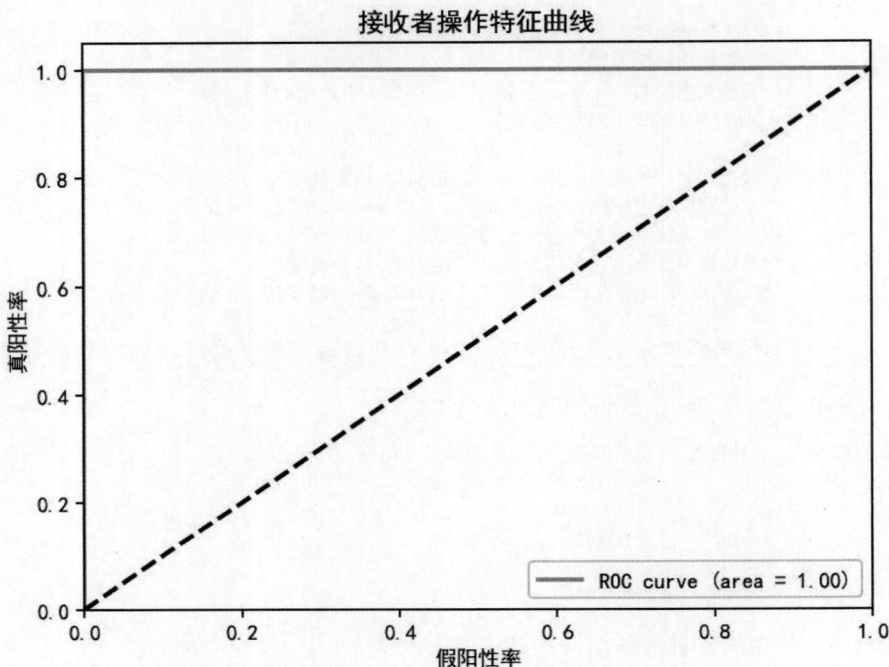

图 6-7   ROC 曲线

6.4   本章小结

本章聚焦于利用DeepSeek实现回归分析模型构建与应用，包括线性回归、曲线回归和逻辑回归三大核心方法。通过理论概述与实际案例的结合，系统讲解了不同场景下的建模思路：在线性回归部分，以贷款申请人负债率分析为例，演示了连续型因变量的预测与解释；曲线回归则通过信用额度使用率的案例，展现了非线性关系的拟合技巧；而逻辑回归则针对二分类问题（如贷款客户违约预测），提供了概率输出与决策支持的解决方案。整体内容兼顾方法论的严谨性和业务落地的实用性，帮助读者掌握如何基于DeepSeek工具选择适配的回归模型解决实际问题，为数据驱动的业务决策提供量化依据。

## 第 7 章

利用DeepSeek进行聚类分析

7

聚类分析能在无先验知识的情况下，将数据划分成不同的簇，发现数据中的潜在模式，为市场细分、图像识别等提供决策依据，提升数据分析的深度。本章将详细介绍如何利用DeepSeek进行聚类分析，包括K-Means聚类、手肘法判断聚类数、轮廓系数法判断聚类数等。

7.1 聚类分析简介

聚类分析是一种无监督学习方法，用于将给定的样本集合划分成若干具有相似特征的簇。聚类分析的目标是使同一簇内的样本相似度尽可能高，而不同簇之间的相似度尽可能低。相似性是定义一个类的基础，那么不同数据之间在同一个特征空间相似度的衡量对于聚类步骤是很重要的，由于特征类型和特征标度的多样性，距离度量必须谨慎，它经常依赖于应用。

例如，通常通过定义在特征空间的距离度量来评估不同对象的相异性，很多距离度量都应用在一些不同的领域，一个简单的距离度量，如欧氏距离，经常被用作反映不同数据间的相异性。常用来衡量数据点间的相似度的距离有海明距离、欧氏距离、马氏距离等，公式如下：

海明距离：

$$d(x_i, x_j) = \sum_{k=1}^{m} |x_{ik} - x_{jk}|$$

欧氏距离：

$$d(x_i, x_j) = \sqrt{\sum_{k=1}^{m} (x_{ik} - x_{jk})^2}$$

马氏距离：

$$d(x_i, x_j) = (x_i - x_j)^T \Sigma^{-1} (x_i - x_j)$$

聚类分析通常分为两类，即基于原型的聚类和基于层次的聚类。基于原型的聚类将每个簇表示为一个原型，如质心、中心点等，然后将每个样本分配给最近的原型所在的簇。常见的基于原型的聚类算法包括K-Means、高斯混合模型等。基于层次的聚类则是将样本逐步合并成越来越大的簇，或者逐步分裂成越来越小的簇。

聚类分析的建模通常包括以下几个步骤：

01 数据预处理：对原始数据进行清洗、去噪、归一化等处理，以便于后续聚类分析。

02 特征选择：根据实际需求选择合适的特征，并进行特征降维，以减少计算量和提高聚类效果。

03 确定聚类数量：根据实际需求和数据特点，确定聚类的数量。常用的方法包括手肘法、轮廓系数法等。

04 选择聚类算法：根据数据特点和聚类需求，选择合适的聚类算法。常用的算法包括 K-Means、DBSCAN、层次聚类等。

05 模型训练：使用选定的聚类算法对数据进行训练，得到聚类模型。

06 模型评估：对聚类模型进行评估，检查聚类效果是否满足实际需求。

07 结果应用：根据聚类结果进行后续分析或决策。

以上步骤并非一成不变，具体应用时需要根据实际情况进行调整。

7.2　K-Means 聚类

K-Means聚类能自动将数据划分为有意义的群组，便于理解数据结构。在市场分析、生物信息学等领域广泛应用，助力发现潜在模式，为决策提供依据，提升数据分析的效率和价值。本节介绍如何利用DeepSeek进行K-Means聚类及其案例。

7.2.1　K-Means 算法

K-Means聚类是一种常用的聚类算法，它将数据集分成K个簇，每个簇包含最接近其质心的数据点。K-Means算法是一种无监督学习算法，主要用于聚类分析。

1. 算法原理

01 初始化：首先随机选择 K 个数据点作为初始聚类中心。

02 分配数据点：对于每个数据点，计算它到每个聚类中心的距离，将其分配到距离最近的聚类中心所属的簇中。

03 更新聚类中心：重新计算每个簇中所有数据点的均值，作为新的聚类中心。

04 重复步骤**02**和**03**：不断重复上述过程，直到聚类中心不再发生变化或者达到预设的迭代次数为止。

2. 算法优势

- 简单易实现：K-Means算法的原理相对简单，容易理解和实现，计算效率较高，适用于处理大规模数据集。
- 可解释性强：聚类结果可以用聚类中心和数据点所属的簇来直观地解释，便于理解数据的分布情况。

3. 算法局限性

- 初始值敏感：算法的结果对初始聚类中心的选择比较敏感，如果初始值选择不当，可能会导致算法收敛到局部最优解。
- 需预先确定K值：在使用K-Means算法之前，需要预先确定聚类的数量K，而在实际应用中，很难准确地确定合适的K值。
- 对异常值敏感：算法对异常值比较敏感，异常值可能会对聚类中心的计算产生较大的影响，从而影响聚类结果。

4. 应用场景

- 客户细分：在市场营销中，可以根据客户的特征（如年龄、收入、购买行为等）使用K-Means算法对客户进行细分，以便企业制定更有针对性的营销策略。
- 图像分割：在图像处理中，可以将图像中的像素点作为数据点，使用K-Means算法进行图像分割，将图像分成不同的区域。
- 文档聚类：在文本挖掘中，可以将文档表示为向量形式，使用K-Means算法对文档进行聚类，以便快速找到相关的文档。

7.2.2 案例：水质监测聚类分析

地表水水质监测通过对地表水的物理、化学和生物特性进行系统的检测和分析，以评估地表水的质量状况。

在物理指标方面，监测水温、色度、浊度等参数。化学指标涵盖众多重要的参数，如pH值、溶解氧、化学需氧量（COD）、生化需氧量（BOD）、氨氮、总磷、总氮等。生物指标主要包括微生物指标和水生生物群落结构。

监测点的选择应具有代表性，能够反映不同区域和不同水体类型的水质状况。监测频率应根据水体的重要性、污染风险和管理需求等因素确定。同时，还需要使用先进的监测设备和仪器，进行严格的质量控制和数据分析，以确保监测结果的准确性和可比性。

案例 7-1 水质检测聚类分析

本例的"地表水水质监测.xlsx"数据文件中存有2023年5月30日长江中游流域湖北省、湖南省、江西省3个省份的地表水水质监测数据。该数据涵盖编号、省份、断面名称以及水温、pH值、溶解氧、电导率、浊度、高锰酸盐指数、氨氮、总磷、总氮等12个变量。下面运用K-Means聚类算法对水温、PH、溶解氧、电导率、浊度、高锰酸盐指数、氨氮、总磷、总氮等变量进行聚类分析，以深入探究长江中游水源的特征。

对于长江中游水源的这些水质变量，通过K-Means聚类可以将具有相似水质特征的区域划分到同一簇中。例如，某些区域可能具有较高的水温、适中的pH值、较高的溶解氧含量以及较低的浊度和污染物指标，这些区域可能代表着水质较好的水源地。而另一些区域可能具有不同的水质特征组合，反映出不同的水源环境和污染状况。

通过对这些水质变量的聚类分析，可以深入了解长江中游水源的水质特征，为水资源管理、环境保护和生态修复提供重要的科学依据。分析师小王怀揣着满满的期待，精心构思出一段极为详细的提示语，清晰明确地阐述了自己的具体需求。

提示语和输出如下。

提示语	你作为一名资深数据分析专家，具备以下能力。

你作为一名资深数据分析专家，具备以下能力。

业务理解能力：具备行业和业务领域的知识，能够理解业务需求本质，解决实际问题，并提供数据驱动的建议和解决方案。

数据探索能力：熟悉数据分析与可视化工具，敏锐洞察数据的特征，发现数据中的潜在模式和趋势，为深入分析提供方向。

数据清洗能力：能够识别和处理数据中的缺失值、异常值和重复值，对数据进行标准化和归一化处理，使数据具有可比性。

数据转换能力：能够熟练运用各种工具和技术，对不同格式、类型的数据进行清洗、整理和转换，以满足分析和建模需求。

数理统计能力：熟悉概率分布、期望、方差等基本概念，掌握参数估计和假设检验方法，为后续数据分析和决策提供支持。

数据分析能力：能够运用统计学和数据建模技术分析数据，理解数据之间的关系，识别模式和趋势，从中提取有用的信息。

数据挖掘能力：掌握常见的机器学习算法及应用场景，具备数据处理、分析及模式识别能力，善于从庞杂的数据中探寻规律。

程序开发技能：精通数据分析算法，熟练运用编程语言及开发工具，能够高效设计、编码和测试程序，满足复杂业务需求。

学习创新能力：伴随技术和行业发展，学习新工具和技术，不断更新自己的知识和技能，并不断创新和改进数据分析方法。

首先读取"D:\\DeepSeek 高效数据分析\\ch07\\地表水水质监测.xlsx"中的数据，数据文件是 2023 年 5 月 30 日，长江中游流域湖北省、湖南省、江西省 3 个省份的地表水水质监测数据，包含编号、省份、断面名称、水温、pH 值、溶解氧、电导率、浊度、高锰酸盐指数、氨氮、总磷、总氮 12 个变量，然后请你从专业的角度利用 K-Means

聚类算法，对水温、pH 值、溶解氧、电导率、浊度、高锰酸盐指数、氨氮、总磷、总氮等变量进行聚类，分析长江中游水源的特征，为代码添加中文注释，对程序进行详细解释说明，并输出聚类分析的结果和曲线，将聚类结果另存到本地 "D:\\DeepSeek高效数据分析\\ch07\\"，命名为地表水水质监测_K-Means 聚类结果，格式是 Excel 表格，图形默认字体为中文字体（如 SimHei），将 axes.unicode_minus 设置为 False，以确保负号正常显示。

输出

好的，下面是一个使用 Python 进行 K-Means 聚类分析的完整代码示例。我们将使用 Pandas 读取 Excel 数据，使用 scikit-learn 进行 K-Means 聚类，并使用 matplotlib 进行可视化。最后，将聚类结果保存到本地 Excel 文件中。

```python
import pandas as pd
from sklearn.cluster import KMeans
import matplotlib.pyplot as plt
from sklearn.preprocessing import StandardScaler

# 读取Excel数据
file_path = "D:\\DeepSeek高效数据分析\\ch07\\地表水水质监测.xlsx"
data = pd.read_excel(file_path)

# 选择需要聚类的变量
features = ['水温', 'PH', '溶解氧', '电导率', '浊度', '高锰酸盐指数', '氨氮',
'总磷', '总氮']
X = data[features]

# 数据标准化
scaler = StandardScaler()
X_scaled = scaler.fit_transform(X)

# 使用K-Means进行聚类
kmeans = KMeans(n_clusters=3, random_state=42)
kmeans.fit(X_scaled)
data['Cluster'] = kmeans.labels_

# 可视化聚类结果
plt.rcParams['font.sans-serif'] = ['SimHei']  # 设置中文字体
plt.rcParams['axes.unicode_minus'] = False     # 解决负号显示问题

# 绘制聚类结果的散点图
plt.figure(figsize=(10, 6))
plt.scatter(X_scaled[:, 0], X_scaled[:, 1], c=data['Cluster'],
cmap='viridis')
plt.title('地表水水质监测K-Means聚类结果')
plt.xlabel('水温 (标准化)')
plt.ylabel('PH (标准化)')
plt.colorbar(label='Cluster')
plt.show()
```

```
# 保存聚类结果到Excel
output_file_path = "D:\\DeepSeek高效数据分析\\ch07\\地表水水质监测_K-Means聚
类结果.xlsx"
data.to_excel(output_file_path, index=False)

print("聚类分析完成，结果已保存到: ", output_file_path)

### 代码说明：
1. **读取数据**：使用pandas读取Excel文件中的数据。
2. **选择变量**：选择需要进行聚类分析的变量。
3. **数据标准化**：使用StandardScaler对数据进行标准化处理。
4. **K-Means聚类**：使用scikit-learn的KMeans进行聚类分析，设定聚类数为3。
5. **可视化**：使用matplotlib绘制聚类结果的散点图，并设置中文字体和负号显示。
6. **保存结果**：将聚类结果保存到本地Excel文件中。
```

希望这段代码能帮助你完成地表水水质监测数据的聚类分析。如果有任何问题，
请随时提问。

运行上述Python代码，绘制数据集的散点图，如图7-1所示。从图形可以看出，数据集可以分为3类，即K为3。

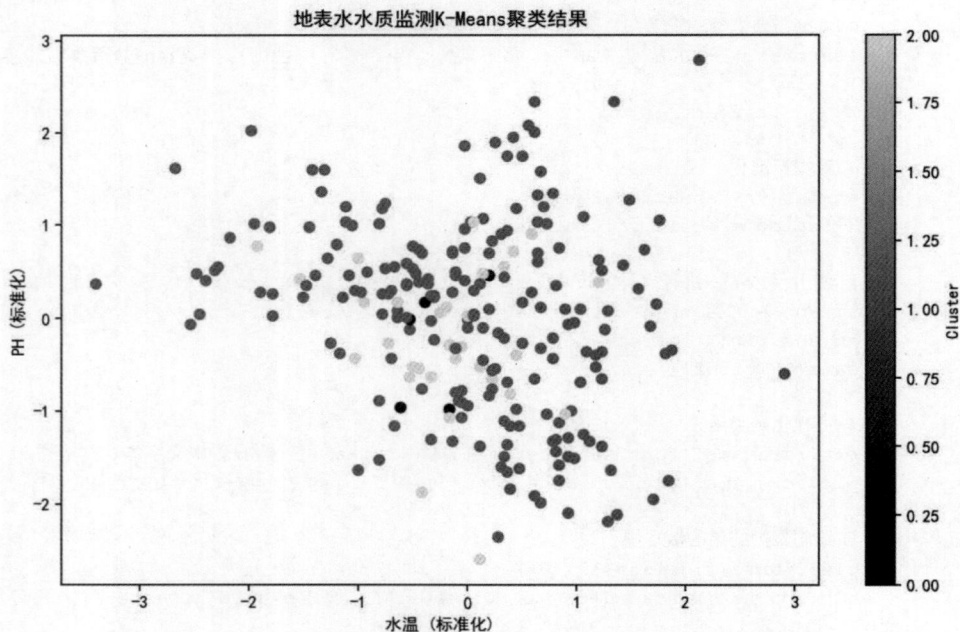

图 7-1　K-Means 聚类结果

其中，KMeans()函数是一种用于聚类分析的函数，它通过计算数据点之间的距离来将它们分成不同的组或簇，这些簇可以根据它们的相似性进行进一步的分析。KMeans()函数的主要参数如

表7-1所示，其中包括要聚类的数据点、簇的数量、初始质心和最大迭代次数。

表 7-1　KMeans()函数参数

编　号	参　数	说　明
1	n_clusters	int，必须。指定 K 值，即聚类数目
2	init	{k-means++, random or an ndarray}，可选。K 均值算法的初始中心点的选择方法。默认值是 k-means++，即利用 k-means++选择初始中心点的方法
3	n_init	int，可选。指定 K 均值算法的初始中心点（centroids）的数量。默认是 10 次
4	max_iter	int，可选。指定最大迭代次数，即最大的更新质心的迭代次数。默认是 300
5	tol	float，可选。用来判断收敛的阈值，默认是 1e-4
6	precompute_distances	{auto, True, False}，可选。用来预处理距离，以便加快聚类过程。默认值是 auto，表示自动选择使用预处理距离计算
7	verbose	int，可选。指定聚类过程中的输出信息等级。默认是 0，表示不输出任何信息
8	random_state	int, RandomState instance or None，可选。为初始化生成器设置种子。单一种子确保在每次调用时产生相同的随机数。默认是 None，表示随机种子
9	copy_x	boolean，可选。在中心更新之前是否先进行复制操作。默认是 True，即表示进行复制操作
10	n_jobs	int，可选。指定计算可使用的 CPU 数量。默认值是 1，即使用一个 CPU 进行计算，−1 表示使用所有的 CPU

Kmeans.fit()函数是sklearn.cluster中K-Means聚类算法的一部分，其作用是通过对数据的聚类分析，将数据分为 k 个不同的类别，使得每个类别内的数据相似度尽可能高，而不同类别之间的相似度尽可能低，它是基于数据的不同特征维度之间的欧几里得距离来计算相似度的。Kmeans.fit()函数参数如表7-2所示。

表 7-2　Kmeans.fit()函数参数

编　号	参　数	说　明
1	X	必须是一个数值矩阵，表示要聚类的数据集。它可以是一个 NumPy 数组、稀疏矩阵或其他可转换为数组的对象
3	y	可选参数，表示聚类数据的真实标签，用于监督学习，一般不需要设置
5	sample_weight	可选参数，表示每个样本的权重，在样本不平衡的情况下会有用，一般不需要设置
7	init	选择初始化簇中心的方式，默认为 k-means++。可以取值 k-means++、random 或者提供一个自定义函数
9	n_init	选择不同初始中心点的个数，默认为 10。在不同的初始中心点，聚类效果可能会不同，可以修改此参数来提高聚类效果

07

（续表）

编　号	参　　数	说　　明
11	max_iter	表示最大迭代次数，默认为 300。这个参数会影响聚类收敛速度和效果
13	tol	表示聚类收敛的相对公差，默认为 1e-4。这个参数会影响聚类收敛速度和效果
15	n_clusters	表示要聚类成的类别数目。如果不设置此参数，则需要设置 max_iter 和 tol
17	algorithm	选择聚类算法，默认是 auto，即自动选择。可以取值 auto、full 或 elkan。auto 会根据数据的规模和特征数自动选择算法。full 表示标准的 K-Means 算法，elkan 表示基于三角不等式的优化算法。一般推荐使用 auto
19	verbose	输出详细信息的等级。默认为 0，表示不输出。值越大，输出信息越多
21	random_state	生成随机数的种子。可以重复实验
23	copy_x	表示是否将数据复制一份，默认为 True。如果设为 False，则表示直接在原数据上进行聚类

7.3　手肘法判断聚类数

手肘法判断聚类数十分重要，它为确定合适的聚类数目提供依据，避免聚类过多或过少，使结果更准确合理，有助于更好地理解数据结构，为后续的分析和决策提供可靠基础。

7.3.1　手肘法概述

手肘法是一种在聚类分析中用于确定最佳聚类数目的方法。在进行聚类时，随着聚类数目的增加，数据的划分会更加细致，但同时也可能导致过拟合。手肘法通过观察不同聚类数目下的某种指标变化情况，来找到一个较为合适的聚类数目。

手肘法判断聚类数的核心指标是误差平方和（Sum of Squared Errors，SSE），或称为组内平方和，它是所有样本的聚类误差，代表了聚类效果的好坏，公式如下：

$$SSE = \sum_{i=1}^{k} \sum_{p \in C_i} |p - m_i|^2$$

其中，C_i 表示第 i 个簇，p 是 C_i 中的样本点，m_i 是 C_i 的质心（C_i 中所有样本的均值）。

手肘法的核心思想如下：

- 对于给定的数据集，当聚类数目从1开始逐渐增加时，SSE会不断减小。一开始，SSE的下降速度很快，但随着聚类数目继续增加，SSE的下降速度会逐渐减缓。
- 当 k 小于真实聚类数时，由于 k 的增大会大幅增加每个簇的聚合程度，故SSE的下降幅度会很大，而当 k 达到真实聚类数时，再增加 k 所得到的聚合程度的提升会迅速减小，所以SSE的下降幅度会骤减，然后随着 k 值的继续增大而趋于平缓。也就是说，SSE和 k 的关系图是一个手肘的形状，而这个肘部对应的 k 值就是数据的真实聚类数。

将不同聚类数目对应的SSE绘制成曲线,这条曲线的形状类似于一个人的手肘,如图7-2所示。在曲线的"肘部"位置,SSE的下降趋势发生明显变化,从这个点开始,继续增加聚类数目带来的SSE减少幅度变得不那么显著。这个"肘部"对应的聚类数目就被认为是比较合适的聚类数目。

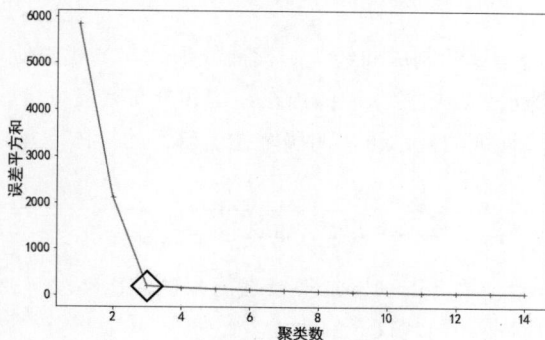

图 7-2　手肘法

手肘法的优点是直观、简单易用,不需要对数据有太多先验知识。但它也有一定的局限性,例如对于一些复杂的数据分布,可能不太容易确定明显的"肘部",而且该方法可能会受到数据噪声和异常值的影响。

然而,手肘法也并非完美无缺。对于一些复杂的数据分布,可能不太容易确定明显的"肘部"。此外,该方法可能会受到数据噪声和异常值的影响。在实际应用中,可以结合其他方法和领域知识来综合确定最佳聚类数目。

7.3.2　案例:手肘法判断聚类数

在聚类分析中,准确判断聚类数至关重要,这是确保分析结果准确、有效且具有实际应用价值的关键环节。

合适的聚类数能确保对数据的准确划分。如果聚类数过多,可能会将原本相似的数据过度细分,导致结果过于复杂,同时可能会引入噪声和错误分类。相反,如果聚类数目过少,会将差异较大的数据合并在一起,掩盖数据中的重要特征和模式,降低分析的准确性。

通过确定合适的聚类数目,可以更好地揭示数据的内在结构和分布特征。不同的聚类代表了数据中的不同模式和群体,这些模式和群体可能反映了现实世界中的不同现象或实体。准确判断聚类数有助于深入理解数据所代表的现实意义,为进一步的研究和决策提供有力支持。

在实际应用中,准确判断聚类数可以为决策制定提供重要的参考依据。无论是企业的市场定位、产品设计,还是政府的政策制定,都可以根据聚类分析的结果进行有针对性的决策。

案例 7-2　手肘法判断聚类数

本例我们将利用手肘法来判断聚类数,以此对水温、pH值、溶解氧、电导率、浊度、高锰酸盐指数、氨氮、总磷、总氮等变量进行聚类分析，进而深入探究长江中游水源的特征。

对于长江中游水源的这些水质变量，从较小的聚类数目开始逐步增加，对每个聚类数目运行聚类算法，并计算相应的误差平方和等指标。随着聚类数目的增加，数据的划分会更加细致，但同时也可能导致过拟合。

将不同聚类数目对应的指标绘制成曲线，观察曲线形状，寻找类似"肘部"的位置，确定最佳聚类数目，从而更好地揭示长江中游水源的内在结构和分布特征。

分析师小王构思了一段详细的提示语，明确阐述了自己的具体需求。

提示语和输出如下。

提示语

你作为一名资深数据分析专家，具备以下能力。

业务理解能力：具备行业和业务领域的知识，能够理解业务需求本质，解决实际问题，并提供数据驱动的建议和解决方案。

数据探索能力：熟悉数据分析与可视化工具，敏锐洞察数据的特征，发现数据中的潜在模式和趋势，为深入分析提供方向。

数据清洗能力：能够识别和处理数据中的缺失值、异常值和重复值，对数据进行标准化和归一化处理，使数据具有可比性。

数据转换能力：能够熟练运用各种工具和技术，对不同格式、类型的数据进行清洗、整理和转换，以满足分析和建模需求。

数理统计能力：熟悉概率分布、期望、方差等基本概念，掌握参数估计和假设检验方法，为后续数据分析和决策提供支持。

数据分析能力：能够运用统计学和数据建模技术分析数据，理解数据之间的关系，识别模式和趋势，从中提取有用的信息。

数据挖掘能力：掌握常见的机器学习算法及应用场景，具备数据处理、分析及模式识别能力，善于从庞杂的数据中探寻规律。

程序开发技能：精通数据分析算法，熟练运用编程语言及开发工具，能够高效设计、编码和测试程序，满足复杂业务需求。

学习创新能力：伴随技术和行业发展，学习新工具和技术，不断更新自己的知识和技能，并不断创新和改进数据分析方法。

首先读取"D:\\DeepSeek 高效数据分析\\ch07\\地表水水质监测.xlsx"中的数据，数据文件是 2023 年 5 月 30 日，长江中游流域湖北省、湖南省、江西省 3 个省份的地表水水质监测数据，包含编号、省份、断面名称、水温、pH 值、溶解氧、电导率、浊度、高锰酸盐指数、氨氮、总磷、总氮 12 个变量，然后请你从专业的角度利用手肘法判断聚类数，对水温、pH 值、溶解氧、电导率、浊度、高锰酸盐指数、氨氮、总磷、总氮等变量进行聚类，分析长江中游水源的特征，为代码添加中文注释，对程序进行详细解释说明，并输出聚类分析的结果和曲线，将聚类结果另存到本地"D:\\DeepSeek

高效数据分析\\ch07\\"，命名为地表水水质监测_手肘法聚类结果，格式是 Excel 表格，图形默认字体为中文字体（如 SimHei），将 axes.unicode_minus 设置为 False，以确保负号正常显示。

输　出

好的，下面是一个完整的 Python 代码示例，使用手肘法判断聚类数，并对指定变量进行聚类分析。代码中包含详细的中文注释，并将结果保存为 Excel 文件。

```python
import pandas as pd
import matplotlib.pyplot as plt
from sklearn.cluster import KMeans
from sklearn.preprocessing import StandardScaler
import os

# 读取数据
file_path = "D:\\DeepSeek高效数据分析\\ch07\\地表水水质监测.xlsx"
data = pd.read_excel(file_path)

# 选择需要聚类的变量
variables = ['水温', 'PH', '溶解氧', '电导率', '浊度', '高锰酸盐指数', '氨氮', '总磷', '总氮']
X = data[variables]

# 数据标准化
scaler = StandardScaler()
X_scaled = scaler.fit_transform(X)

# 使用手肘法确定最佳聚类数
sse = []
for k in range(1, 11):
    kmeans = KMeans(n_clusters=k, random_state=42)
    kmeans.fit(X_scaled)
    sse.append(kmeans.inertia_)

# 绘制手肘法曲线
plt.figure(figsize=(10, 6))
plt.plot(range(1, 11), sse, marker='o')
plt.xlabel('聚类数', fontsize=14)
plt.ylabel('SSE (Sum of Squared Errors)', fontsize=14)
plt.title('手肘法确定最佳聚类数', fontsize=16)
plt.xticks(fontsize=12)
plt.yticks(fontsize=12)
plt.grid(True)
plt.rcParams['font.sans-serif'] = ['SimHei']   # 设置中文字体
plt.rcParams['axes.unicode_minus'] = False     # 解决负号显示问题
plt.show()

# 根据手肘法曲线选择最佳聚类数，例如选择3
optimal_clusters = 3
kmeans = KMeans(n_clusters=optimal_clusters, random_state=42)
```

07

```
        data['聚类结果'] = kmeans.fit_predict(X_scaled)

        # 输出聚类结果
        output_path = "D:\\DeepSeek高效数据分析\\ch07\\地表水水质监测_手肘法聚类结
果.xlsx"
        data.to_excel(output_path, index=False)

        print(f"聚类分析结果已保存到 {output_path}")

        ### 代码说明：
        1. **读取数据**：从指定路径读取Excel文件。
        2. **选择变量**：选择需要进行聚类分析的变量。
        3. **数据标准化**：对数据进行标准化处理。
        4. **手肘法确定聚类数**：使用手肘法绘制SSE曲线，帮助确定最佳聚类数。
        5. **聚类分析**：根据手肘法确定的最佳聚类数进行KMeans聚类分析。
        6. **保存结果**：将聚类结果保存到本地指定路径的Excel文件中。

        ### 输出
        - 手肘法曲线图
        - 聚类分析结果的Excel文件
```

希望这段代码能满足你的需求！如果有任何问题，请随时告诉我。

运行上述Python代码，输出手肘法判断聚类数的折线图，如图7-3所示。从图形可以看出，对于这个数据集的聚类而言，最佳聚类数是3。

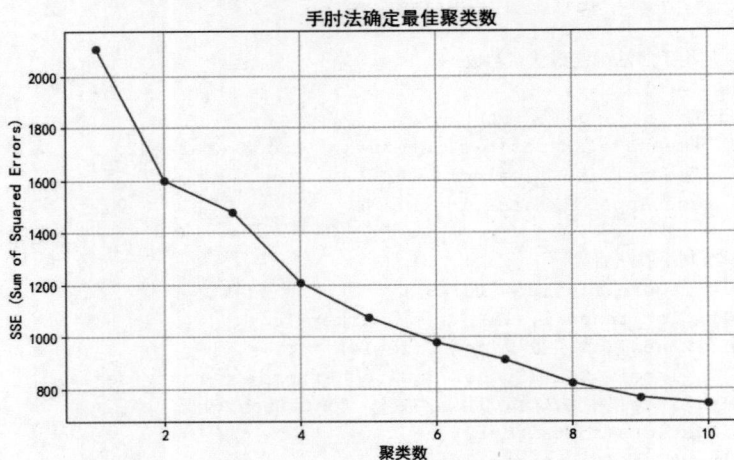

图 7-3　手肘法判断聚类数

7.4　轮廓系数法判断聚类数

轮廓系数法判断聚类数意义重大，它能量化评估不同聚类数下的聚类效果，助力找到最优聚类数目，提升聚类的准确性，为数据分析和模式识别提供可靠支持，使结果更具解释性。

7.4.1　轮廓系数法

轮廓系数法是一种用于评估聚类结果的方法，它通过计算每个样本与其所属簇内其他样本的相似度，以及与其他簇内样本的相似度，来计算轮廓系数。

在 K-Means 算法中，可以使用轮廓系数法来确定最佳的聚类数，即选择使系数较大所对应的 k 值。轮廓系数法的基本判断过程如下：

- 计算样本 i 到同一个簇其他样本的平均距离 a_i，a_i 越小，说明样本 i 越应该被聚类到该簇，将 a_i 称为样本 i 的簇内不相似度。
- 簇 C 中所有样本的 a_i 均值称为簇 C 的簇不相似度。
- 计算样本 i 到其他某簇 C_j 的所有样本的平均距离 b_{ij}，称为样本 i 与簇 C_j 的不相似度。定义为样本 i 的簇间不相似度：$b_i = \min\{b_{i1}, b_{i2}, \ldots, b_{ik}\}$
- b_i 越大，说明样本 i 越不属于其他簇。

根据样本 i 的簇内不相似度 a_i 和簇间不相似度 b_i，定义样本 i 的轮廓系数，计算公式如下：

$$s(i) = \frac{b(i) - a(i)}{\max\{a(i), b(i)\}}$$

轮廓系数法的判断标准如下：

- 轮廓系数 s_i 的取值范围为 $[-1,1]$，该值越大越合理。
- 若 s_i 接近 1，则说明样本 i 聚类合理。
- 若 s_i 接近 -1，则说明样本 i 更应该分类到另外的簇。
- 若 s_i 近似为 0，则说明样本 i 在两个簇的边界上。
- 所有样本的 s_i 均值称为聚类结果的轮廓系数，是该聚类是否合理、有效的度量。

7.4.2　案例：轮廓系数法判断聚类数

轮廓系数法在判断聚类数方面具有重要意义，它能够为聚类分析提供准确、有效的指导，帮助我们更好地理解和利用数据，为各种决策提供科学依据。

准确判断聚类数能确保数据被合理地划分。通过轮廓系数法，可以量化每个数据点在不同聚类数目下的聚类效果。如果聚类数目不合适，数据点可能被错误地分配到不恰当的聚类中，导致结果不准确。轮廓系数综合考虑了数据点与自身所在聚类的紧密程度以及与其他聚类的分离程度，能够为选择最佳聚类数目提供客观的依据。

合适的聚类数目可以提高分析的效率。当聚类数目过多时，会增加计算复杂度和存储需求，同时也会使结果的解释变得困难。而聚类数目过少，则可能无法充分挖掘数据中的潜在信息。轮廓系数法可以帮助我们快速确定一个较为合理的聚类数目范围，从而提高分析的效率。

轮廓系数法有助于揭示数据的内在结构和分布特征。不同的聚类数目会产生不同的聚类结果，通过观察轮廓系数的变化，可以了解数据在不同聚类方案下的组织方式。这有助于我们深入理解数据所代表的现实意义，发现潜在的模式和规律。

下面利用轮廓系数法判断聚类数，对地表水水质监测数据中的水温、pH值、溶解氧、电导率、浊度、高锰酸盐指数、氨氮、总磷、总氮等变量进行聚类。

案例 7-3　轮廓系数法判断聚类数

利用轮廓系数法进行聚类分析，可以帮助我们更好地理解长江中游水源的特征。不同的聚类可能代表着不同的水质状况和水源区域，通过对这些聚类的深入研究，可以为水资源管理、环境保护和生态修复提供重要的科学依据。

分析师小王心中满怀着热切的期待，他全神贯注地投入思考，精心构思出一段极为详细的提示语，小王清晰而明确地阐述了自己的具体需求。

提示语和输出如下。

提示语

你作为一名资深数据分析专家，具备以下能力。

业务理解能力：具备行业和业务领域的知识，能够理解业务需求本质，解决实际问题，并提供数据驱动的建议和解决方案。

数据探索能力：熟悉数据分析与可视化工具，敏锐洞察数据的特征，发现数据中的潜在模式和趋势，为深入分析提供方向。

数据清洗能力：能够识别和处理数据中的缺失值、异常值和重复值，对数据进行标准化和归一化处理，使数据具有可比性。

数据转换能力：能够熟练运用各种工具和技术，对不同格式、类型的数据进行清洗、整理和转换，以满足分析和建模需求。

数理统计能力：熟悉概率分布、期望、方差等基本概念，掌握参数估计和假设检验方法，为后续数据分析和决策提供支持。

数据分析能力：能够运用统计学和数据建模技术分析数据，理解数据之间的关系，识别模式和趋势，从中提取有用的信息。

数据挖掘能力：掌握常见的机器学习算法及应用场景，具备数据处理、分析及模式识别能力，善于从庞杂的数据中探寻规律。

程序开发技能：精通数据分析算法，熟练运用编程语言及开发工具，能够高效设计、编码和测试程序，满足复杂业务需求。

学习创新能力：伴随技术和行业发展，学习新工具和技术，不断更新自己的知识和技能，并不断创新和改进数据分析方法。

首先读取"D:\\DeepSeek高效数据分析\\ch07\\地表水水质监测.xlsx"中的数据，数据文件是2023年5月30日，长江中游流域湖北省、湖南省、江西省3个省份的地表水水质监测数据，包含编号、省份、断面名称、水温、pH 值、溶解氧、电导率、浊度、高锰酸盐指数、氨氮、总磷、总氮 12 个变量，然后请你从专业的角度利用轮廓系数法判断聚类数，对水温、pH 值、溶解氧、电导率、浊度、高锰酸盐指数、氨氮、总磷、总氮等变量进行聚类，分析长江中游水源的特征，为代码添加中文注释，对程序进行详细解释说明，并输出聚类分析的结果和曲线，图形默认字体为中文字体（如 SimHei）。

输　出

好的，下面是一个完整的 Python 代码示例，使用轮廓系数法判断聚类数，并对指定变量进行聚类分析。代码中包含详细的中文注释。

```python
import pandas as pd
import matplotlib.pyplot as plt
from sklearn.cluster import KMeans
from sklearn.metrics import silhouette_score
from sklearn.preprocessing import StandardScaler

# 读取数据
file_path = "D:\\DeepSeek高效数据分析\\ch07\\地表水水质监测.xlsx"
data = pd.read_excel(file_path)

# 选择需要聚类的变量
variables = ['水温', 'PH', '溶解氧', '电导率', '浊度', '高锰酸盐指数', '氨氮',
'总磷', '总氮']
X = data[variables]

# 数据标准化
scaler = StandardScaler()
X_scaled = scaler.fit_transform(X)

# 使用轮廓系数法判断最佳聚类数
silhouette_scores = []
K = range(2, 11)
for k in K:
    kmeans = KMeans(n_clusters=k, random_state=42)
    kmeans.fit(X_scaled)
    score = silhouette_score(X_scaled, kmeans.labels_)
    silhouette_scores.append(score)

# 绘制轮廓系数曲线
plt.figure(figsize=(10, 6))
plt.plot(K, silhouette_scores, 'bo-')
plt.xlabel('聚类数')
plt.ylabel('轮廓系数')
plt.title('不同聚类数的轮廓系数')
plt.grid(True)
plt.xticks(K)
plt.rcParams['font.sans-serif'] = ['SimHei']    # 设置中文字体
plt.rcParams['axes.unicode_minus'] = False      # 确保负号正常显示
plt.show()
```

```
# 选择最佳聚类数
best_k = K[silhouette_scores.index(max(silhouette_scores))]
print(f"最佳聚类数为: {best_k}")

# 使用最佳聚类数进行聚类
kmeans = KMeans(n_clusters=best_k, random_state=42)
data['聚类结果'] = kmeans.fit_predict(X_scaled)

# 输出聚类结果到Excel
output_file = "D:\\DeepSeek高效数据分析\\ch07\\地表水水质监测_轮廓系数法聚类结
果.xlsx"
data.to_excel(output_file, index=False)

print(f"聚类结果已保存到: {output_file}")

### 代码说明:
1. **读取数据**: 从指定路径读取Excel文件中的数据。
2. **选择变量**: 选择需要进行聚类分析的变量。
3. **数据标准化**: 对数据进行标准化处理，使其均值为0，方差为1。
4. **轮廓系数法判断最佳聚类数**: 通过计算不同聚类数下的轮廓系数，选择最佳的聚类数。
5. **绘制轮廓系数曲线**: 绘制不同聚类数下的轮廓系数曲线，帮助直观判断最佳聚类数。
6. **聚类分析**: 使用最佳聚类数对数据进行聚类分析，并将结果添加到原数据中。
7. **保存结果**: 将聚类结果保存到本地Excel文件中。
```

希望这段代码能帮助你完成聚类分析任务。如果有任何问题，请随时告诉我。

运行上述Python代码，输出轮廓系数法判断聚类数的折线图，如图7-4所示。从图形可以初步判断，当聚类数为3时，轮廓系数最大，即对于该数据集来说，聚成3类比较合适。

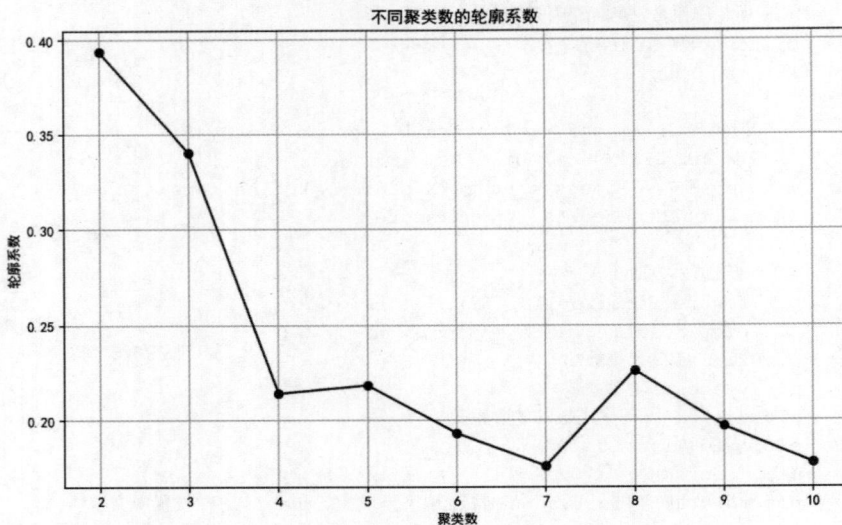

图 7-4 轮廓系数法判断聚类数

7.5 本章小结

本章围绕利用DeepSeek开展聚类分析展开，系统阐述了无监督学习中的核心任务——数据分组方法。内容从基础概念入手（如聚类分析简介），逐步深入到经典算法实现（K-Means及其原理）、聚类数目的科学判定方法（手肘法与轮廓系数法），并配套水质监测等实际案例进行实操演示。通过理论结合实践的方式，使读者能够掌握如何借助DeepSeek工具对未标注数据进行自然分群，理解不同评价指标在优化聚类效果中的应用价值，为后续探索数据内在结构、发现潜在模式奠定技术基础。

07

## 第 8 章

利用DeepSeek进行时间序列分析

时间序列分析能揭示数据随时间的变化规律，并预测未来趋势。它在金融、气象等领域有广泛应用，为决策提供前瞻性依据，有助于把握动态变化，提升风险管理和资源规划的有效性。本章将详细介绍如何利用DeepSeek进行时间序列分析，包括时间序列分析概述、指数平滑法及其案例、ARIMA算法及其案例等。

8.1 时间序列分析概述

时间序列分析是一种针对按时间顺序收集的数据进行研究的方法。它通过分析数据的趋势、季节性、周期性等特征，来理解数据的变化规律，并为决策提供依据。

8.1.1 时序数据简介

通常，具有时间属性且随时间变化的数据称为时序数据，也就是时间序列数据。这是一种较常见的数据类型。注意，在时序数据中，同一数据列中各数据是同口径的，要求具有可比性。

时序数据可以是时点数，也可以是时期数。例如，图8-1是通过Excel绘制的2015年至2024年我国普通高等学校数量的条形图，该时序数据是由10个时期数组成的数列。

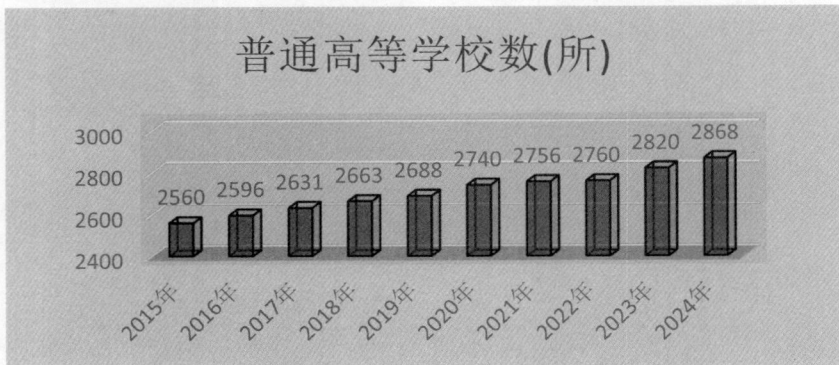

图 8-1　普通高等学校数量

分析时间序列数据的目的是通过样本数据构建时间序列模型，从而进行未来数据的预测。例如，可以根据我国2014年至2023年共计10年的年末总人口历史数据，使用Excel为折线图添加趋势线，建立人口预测模型，从而对我国未来的人口数进行预测。通过模型的比较分析，发现多项式模型比较合适，R^2达到了0.9756，如图8-2所示。

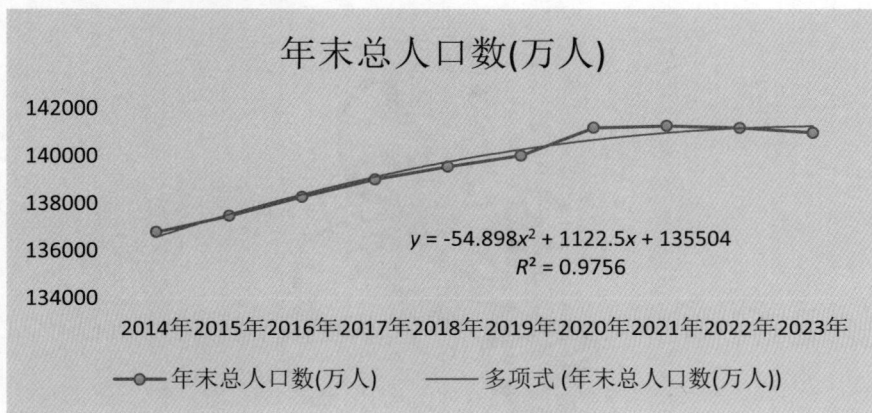

图 8-2　年末总人口数的预测

总之，时序数据在日常生活以及社会各个领域都有广泛的应用，从商品物价指数的预测到企业经营业绩的分析，再到企业税收的预测等，我们都能感受到它的身影。

通常情况下，时序数据可以分成两类：时间序列数据和固有序列数据。

1. 时间序列数据

时间序列数据是按时间方向排列的数据，例如股票交易变动的数据。图8-3显示的是2020年7月31日上证指数的分时数据，它反映了7月31日这个交易日上证指数的变化情况。

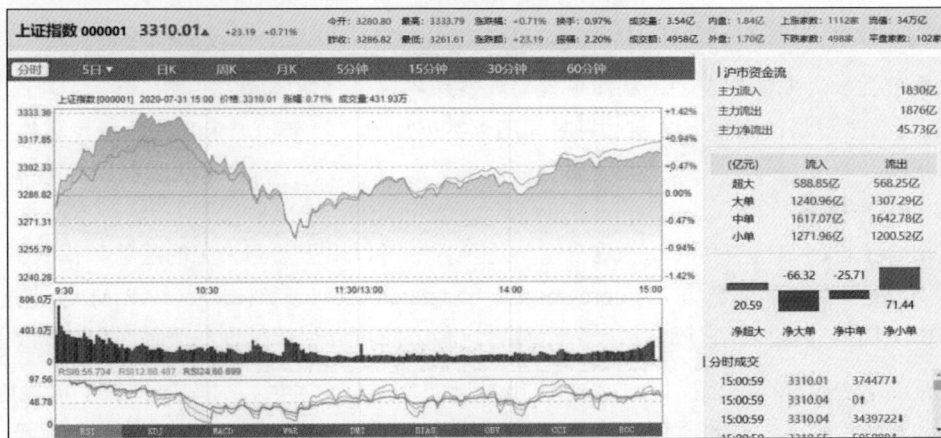

图 8-3　上证指数分时图

2. 固有序列数据

固有序列数据是不宜以时间为变量，但数据存在固有的测序序列。例如，生物DNA测序数据是指分析特定DNA片段的碱基序列，也就是腺嘌呤（A）、胸腺嘧啶（T）、胞嘧啶（C）与鸟嘌呤（G）的排列方式。如图8-4所示，快速DNA测序方法的出现极大地推动了生物学和医学的研究和发展。

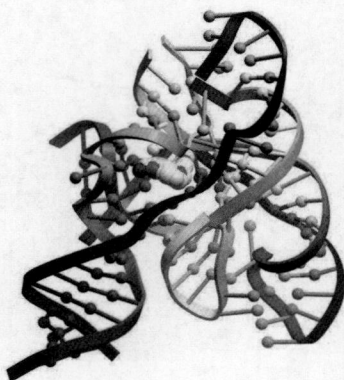

图 8-4 生物 DNA 序列

8.1.2 时间序列算法

时间序列算法是一种数据分析技术，它用于处理按时间顺序排列的数据。这种算法既可以预测未来的趋势和模式，也可以对过去的数据进行分析和解释。时间序列算法主要用于预测和分析时间序列数据，如股票价格、气象数据、销售数据等。

时间序列算法有许多不同的类型，其中一些包括：

（1）移动平均法：这种方法通过计算一系列连续值的平均值来平滑时间序列数据。这种方法可以消除季节性和周期性的波动，从而更容易观察趋势。

（2）指数平滑法：这种方法通过将时间序列数据加权平均来预测未来的趋势。这种方法通常用于短期预测。

（3）自回归移动平均（Autoregressive Moving Average，ARMA）模型：这种方法是一种统计模型，它结合了自回归模型和移动平均模型。这种方法可以用于预测未来的趋势和模式。

（4）自回归积分移动平均（Autoregressive Integrated Moving Average，ARIMA）模型：这种方法是ARMA模型的扩展，它还包括差分运算。这种方法可以用于处理非平稳时间序列数据。

时间序列算法在许多领域都有广泛的应用。例如，在金融领域，时间序列算法可以用于预测股票价格和货币汇率；在气象学领域，时间序列算法可以用于预测天气变化；在销售领域，时间序列算法可以用于预测销售量和需求。

8.2　指数平滑法及其案例

指数平滑法能对时间序列数据进行平滑处理，有效预测未来趋势，计算简便且适应性强，在销售预测、库存管理等领域广泛应用，为企业决策提供可靠的数据分析支持。

8.2.1　指数平滑法

指数平滑法是一种常用的时间序列预测方法，它主要用于对未来的趋势进行预测。该方法通过对历史数据进行加权平均，来预测未来的数据走势。指数平滑法的核心在于加权平均的权重系数，权重系数越大，历史数据对未来的影响就越大。

指数平滑法的基本思想是将历史数据进行加权平均，使得最近的数据对预测结果的影响更大。该方法假设未来的数据是由历史数据加上一个随机误差项组成的，随机误差项服从正态分布。

指数平滑法可以分为简单指数平滑法和双重指数平滑法两种。简单指数平滑法只考虑了一阶指数平滑，即对历史数据进行加权平均，没有考虑趋势的变化。而双重指数平滑法则考虑了趋势的变化，通过对历史数据进行加权平均和趋势的估计，来预测未来的数据走势。

按照模型参数的不同，指数平滑的形式可以分为一次指数平滑法、二次指数平滑法、三次指数平滑法。其中，一次指数平滑法针对没有趋势和季节性的序列，二次指数平滑法针对有趋势但是没有季节特性的时间序列，三次指数平滑法则可以预测具有趋势和季节性的时间序列。术语 Holt-Winter 指的是三次指数平滑法。

1. 一次指数平滑法

指数平滑法是一种结合当前信息和过去信息的方法，新旧信息的权重由一个可调整的参数控制，各种变形的区别之处在于其"混合"的过去信息量的多少和参数的个数。

常见的有单指数平滑和双指数平滑。它们都只有一个加权因子，但是双指数平滑使用相同的参数将单指数平滑进行两次，适用于有线性趋势的序列。单指数平滑实质上就是自适应预期模型，适用于序列值在一个常数均值上下随机波动的情况，无趋势和季节要素的情况。单指数平滑的预测对所有未来的观测值都是常数。

一次指数平滑的递推关系公式如下：

$$s_i = \alpha * x_i + (1-\alpha)s_{i-1}$$

其中，s_i 是第 i 步经过平滑的值，x_i 是这个时间的实际数据。α 是加权因子，取值范围为 [0,1]，它控制着新旧信息之间的权重平衡。当 α 接近 1 时，我们只保留当前数据点（即完全没有对序列进行平滑操作）；当 α 接近 0 时，我们只保留前面的平滑值，整个曲线是一条水平的直线。在该方法中，越早的平滑值作用越小，从这个角度来看，指数平滑法像拥有无限记忆且权值呈指数级递减的移动平均法。

一次指数平滑法的预测公式为：

$$x_{i+k} = s_i$$

因此，一次指数平滑法得到的预测结果在任何时候都是一条直线，并不适合于具有总体趋势的时间序列，如果用来处理有总体趋势的序列，平滑值将滞后于原始数据，除非α的值非常接近1，但这样使得序列不够平滑。

2. 二次指数平滑法

二次指数平滑法保留了平滑信息和趋势信息，使得模型可以预测具有趋势的时间序列。二次指数平滑法有两个等式和两个参数：

$$s_i = \alpha * x_i + (1 - \alpha)(s_{i-1} + t_{i-1})$$
$$t_i = \beta * (s_i - s_{i-1}) + (1 - \beta)t_{i-1}$$

其中，t_i代表平滑后的趋势，当前趋势的未平滑值是当前平滑值s_i和上一个平滑值s_{i-1}的差，s_i为当前平滑值，是在一次指数平滑基础上加入了上一步的趋势信息t_{i-1}，利用这种方法进行预测，就取最后的平滑值，然后每增加一个时间步长，就在该平滑值上增加一个平滑值t_i，公式如下：

$$x_{i+h} = s_i + h * t_i$$

在计算形式上，这种方法与三次指数平滑法类似。因此，二次指数平滑法也被称为无季节性的Holt-Winter平滑法。

3. Holt-Winter指数平滑法

三次指数平滑法相比二次指数平滑法，增加了第三个量来描述季节性，累加式季节性对应的等式为：

$$s_i = \alpha * (x_i - p_{i-k}) + (1 - \alpha)(s_{i-1} + t_{i-1})$$
$$t_i = \beta * (s_i - s_{i-1}) + (1 - \beta)t_{i-1}$$
$$p_i = \gamma(x_i - s_i) + (1 - \gamma)p_{i-k}$$
$$x_{i+h} = s_i + h * t_i + p_{i-k+h}$$

累乘式季节性对应的等式为：

$$s_i = \alpha * \frac{x_i}{p_{i-k}} + (1 - \alpha)(s_{i-1} + t_{i-1})$$
$$t_i = \beta * (s_i - s_{i-1}) + (1 - \beta)t_{i-1}$$
$$p_i = \gamma \frac{x_i}{s_i} + (1 - \gamma)p_{i-k}$$
$$x_{i+h} = s_i + h * t_i + p_{i-k+h}$$

其中，p_i为周期性的分量，代表周期的长度；x_{i+h}为模型预测的等式。

截至目前，指数平滑法已经在零售、医疗、消防、房地产和民航等行业得到了广泛应用。例如，对于商品零售，可以利用二次指数平滑系数法优化马尔可夫预测模型等。

下面结合案例介绍指数平滑法的原理，以及如何使用Python实现指数平滑法。假设2023年6月前10天进店消费的客户数据如下：

data = [12, 15, 13, 16, 14, 17, 15, 18, 16, 19]

我们想要使用指数平滑法对这组数据进行预测。首先,我们需要选择一个平滑系数alpha,通常在0和1之间选择一个合适的值。这里我们选择alpha为0.5。

接下来,我们需要计算出初始值$S1$,这里我们可以选择取数据中的第一个值,即$S1=12$。然后,我们使用以下公式计算出预测值$F2$:

$$F2 = alpha * data[1] + (1-alpha) * S1$$

这里的alpha是平滑系数,data[1]是第二个数据点的值15,$S1$是初始值。根据上面的数据,我们可以得到:

$$F2 = 0.5 * 15 + 0.5 * 12 = 13.5$$

接下来,我们可以使用同样的方法计算出预测值$F3$和$F4$,以此类推。具体公式如下:

$$Ft = alpha * data[t] + (1-alpha) * Ft{-}1$$

其中,t表示当前数据点的索引,$Ft{-}1$表示上一个预测点的值。

8.2.2 案例:制造业采购经理指数预测

采购经理指数(Purchasing Managers Index,PMI)凭借其广泛的涵盖范围和明确的指示作用,成为国家经济活动监测和预测的重要工具,对于把握经济走势、制定合理的经济政策以及企业做出正确的经营决策都具有不可替代的价值。

当制造业PMI指数处于50%以上时,清晰地反映出制造业总体呈现扩张态势。在这种情况下,通常意味着制造业企业的生产活动趋于活跃,订单量增加,产能得到充分利用。然而,当制造业PMI指数低于50%时,通常反映出制造业处于衰退状态。此时,制造业企业可能面临着订单减少、产能过剩、库存积压等问题。从而可能导致失业率上升、投资减少、消费信心下降等一系列问题,进而影响经济的稳定运行。

下面是使用时间序列对制造业采购经理指数在未来几个月的长期走势进行预测的例子。

案例 8-1 制造业采购经理指数预测

本例的"制造业采购经理指数.xlsx"数据文件中记录了从2005年1月到2024年9月中国制造业的采购经理指数,数据来源于国家统计局网站。其中,2024年9月,制造业采购经理指数(PMI)为49.8%,比上月上升0.7个百分点,制造业景气度回升。

在对制造业采购经理指数进行拟合时,需要选择合适的平滑参数,参数的选择会直接影响拟合的效果和预测的准确性。一般来说,可以通过尝试不同的平滑参数值,并比较它们的拟合效果和预测准确性,来确定最合适的平滑参数。

通过对历史数据的分析和拟合,我们可以得到制造业采购经理指数在未来几个月的长期走势预测。

分析师小王满怀热忱与期待,精心构思出一段极为详细的提示语,清晰明确地阐述了自己的具体需求。

提示语和输出如下。

提示语

你作为一名资深数据分析专家，具备以下能力。

业务理解能力：具备行业和业务领域的知识，能够理解业务需求本质，解决实际问题，并提供数据驱动的建议和解决方案。

数据探索能力：熟悉数据分析与可视化工具，敏锐洞察数据的特征，发现数据中的潜在模式和趋势，为深入分析提供方向。

数据清洗能力：能够识别和处理数据中的缺失值、异常值和重复值，对数据进行标准化和归一化处理，使数据具有可比性。

数据转换能力：能够熟练运用各种工具和技术，对不同格式、类型的数据进行清洗、整理和转换，以满足分析和建模需求。

数理统计能力：熟悉概率分布、期望、方差等基本概念，掌握参数估计和假设检验方法，为后续数据分析和决策提供支持。

数据分析能力：能够运用统计学和数据建模技术分析数据，理解数据之间的关系，识别模式和趋势，从中提取有用的信息。

数据挖掘能力：掌握常见的机器学习算法及应用场景，具备数据处理、分析及模式识别能力，善于从庞杂的数据中探寻规律。

程序开发技能：精通数据分析算法，熟练运用编程语言及开发工具，能够高效设计、编码和测试程序，满足复杂业务需求。

学习创新能力：伴随技术和行业发展，学习新工具和技术，不断更新自己的知识和技能，并不断创新和改进数据分析方法。

首先读取"D:\\DeepSeek 高效数据分析\\ch08\\制造业采购经理指数.xlsx"中的数据，包含月份、制造业采购经理指数、生产指数、新订单指数、原材料库存指数、从业人员指数和供应商配送时间指数等信息，然后请你从专业的角度利用指数平滑法对"制造业采购经理指数"变量进行拟合，以消除非正常波动，得到制造业采购经理指数在未来月份的长期走势，为代码添加中文注释，对程序进行详细解释说明，输出指数平滑法的结果和曲线，并输出聚类分析的结果和曲线，将聚类结果另存到本地"D:\\DeepSeek 高效数据分析\\ch08\\"，命名为制造业采购经理指数_指数平滑法结果，格式是 Excel 表格，横坐标是月份，图形默认字体为中文字体（如 SimHei），将 axes.unicode_minus 设置为 False，以确保负号正常显示。

好的，下面是一个使用指数平滑法对"制造业采购经理指数"进行拟合和预测的 Python 代码示例。我们将使用 pandas 读取 Excel 数据，statsmodels 进行指数平滑，matplotlib 进行可视化。

```python
import pandas as pd
import numpy as np
import matplotlib.pyplot as plt
from statsmodels.tsa.holtwinters import ExponentialSmoothing

# 读取Excel文件中的数据
file_path = "D:\\DeepSeek高效数据分析\\ch08\\制造业采购经理指数.xlsx"
data = pd.read_excel(file_path)

# 查看数据结构
print(data.head())

# 提取月份和制造业采购经理指数
months = data['月份']
pmi = data['制造业采购经理指数']

# 使用指数平滑法进行拟合
model = ExponentialSmoothing(pmi, trend='add', seasonal=None,
seasonal_periods=None)
fit = model.fit()

# 预测未来6个月的数据
forecast = fit.forecast(6).round(2)

# 打印预测结果
print("未来6个月的制造业采购经理指数预测值：")
print(forecast)

# 绘制指数平滑结果和预测曲线
plt.figure(figsize=(10, 6))
plt.plot(months, pmi, label='实际值')
plt.plot(months, fit.fittedvalues, label='拟合值')
plt.plot(pd.date_range(start=months.iloc[-1], periods=7, freq='M')[1:],
forecast, label='预测值', linestyle='--')

# 设置图形属性
plt.xlabel('月份')
plt.ylabel('制造业采购经理指数')
```

输出

```
plt.title('制造业采购经理指数的指数平滑拟合与预测')
plt.legend()
plt.grid(True)
plt.xticks(rotation=45)
plt.rcParams['font.sans-serif'] = ['SimHei']  # 设置中文字体
plt.rcParams['axes.unicode_minus'] = False    # 确保负号正常显示

# 显示图形
plt.show()

### 代码说明：
1．**读取数据**：使用pandas读取Excel文件中的数据。
2．**数据预处理**：提取月份和制造业采购经理指数。
3．**指数平滑拟合**：使用statsmodels中的ExponentialSmoothing进行指数平滑拟合。
4．**预测未来数据**：预测未来6个月的制造业采购经理指数，并保留两位有效数字。
5．**绘制图形**：使用matplotlib绘制实际值、拟合值和预测值的曲线，并设置中文字体和负号显示。
```

希望这段代码对你有帮助！如果有任何问题，请随时问我。

运行上述Python代码，输出指数平滑法的结果如下：

```
    月份              制造业采购经理指数
0   2005-01-01       54.7
1   2005-02-01       54.5
2   2005-03-01       57.9
3   2005-04-01       56.7
4   2005-05-01       52.9
```

未来6个月的制造业采购经理指数预测结果如下：

```
237    49.58
238    49.57
239    49.57
240    49.56
241    49.56
242    49.55
dtype: float64
```

指数平滑法绘制的折线图如图8-5所示。可以看到，预测值（橙色线条）比较接近实际值（蓝色线条），但是在数据波动较大的地方仍有一定误差。如果需要更准确的预测结果，可以通过调整平滑系数等参数进行优化。

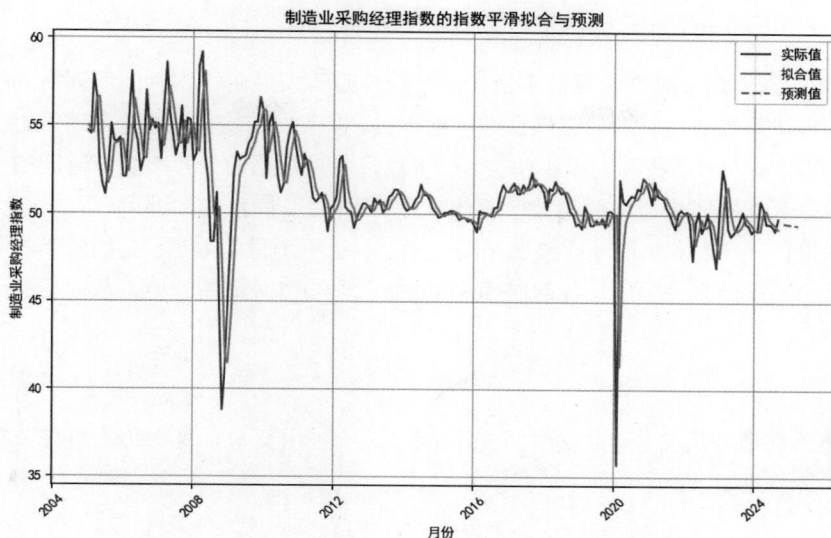

图 8-5　指数平滑法预测

8.3　ARIMA 模型及其案例

ARIMA（Autoregressive Integrated Moving Average，自回归综合移动平均）模型具有重要意义，它能有效处理时间序列数据，进行准确预测。ARIMA模型在经济、金融等领域广泛应用，为决策提供可靠依据，助力把握趋势变化，降低风险，提升资源配置的合理性和有效性。

8.3.1　ARIMA 模型

ARIMA模型是指在将非平稳时间序列转换为平稳时间序列的过程中，仅对因变量的滞后值以及随机误差项的现值和滞后值进行回归所建立的模型。

ARIMA的基本思想是，将预测对象随着时间的推移而形成的数据序列视为一个随机序列，用一定的数学模型来近似描述这个序列。这个模型一旦被识别后，就可以从时间序列的过去值及现在值来预测未来值。现代统计方法、计量经济模型在某种程度上已经能够帮助企业对未来进行预测。

ARIMA(p,d,q)根据原序列是否平稳以及回归中所含部分的不同，包括移动平均过程（MA）、自回归过程（AR）、自回归移动平均过程（ARMA）和自回归滑动平均混合过程（ARIMA）。其中AR是自回归，p为自回归项；MA为移动平均，q为移动平均项数；d为时间序列变为平稳时间序列时所做的差分次数。

理解ARIMA模型需要重点关注以下几点。

1. 平稳性要求

ARIMA模型最重要的地方在于时序数据的平稳性。平稳性是要求经由样本时间序列得到的拟合曲线在未来的短时间内能够顺着现有的形态惯性地延续下去，即数据的均值、方差在理论上不应有过大的变化。平稳性可以分为严平稳和弱平稳两类。严平稳指的是数据的分布不随着时间的改变而改变；而弱平稳指的是数据的期望与相关系数（即依赖性）不发生改变。在实际应用的过程中，严平稳过于理想化与理论化，绝大多数情况应该属于弱平稳。对于不平稳的数据，我们应当对数据进行平滑处理。最常用的手段便是差分法，计算时间序列中t时刻与$t-1$时刻的差值，从而得到一个新的、更平稳的时间序列。

2. 自回归模型

自回归模型是描述当前值与历史值之间的关系的模型，是一种用变量自身的历史事件数据对自身进行预测的方法。其公式如下：

$$y_t = \mu + \sum_{i=1}^{p} \gamma_i y_{t-i} + \varepsilon_t$$

其中，y_t是当前值，μ是常数项，p是阶数，γ_i是自相关系数，ε_t是误差值。

自回归模型的使用有以下4项限制：

- 该模型用自身的数据进行预测，即建模使用的数据与预测使用的数据是同一组数据。
- 使用的数据必须具有平稳性。
- 使用的数据必须具有自相关性，如果自相关系数小于0.5，则不宜采用自回归模型。
- 自回归模型只适用于预测与自身前期相关的现象。

3. 移动平均模型

移动平均模型关注的是自回归模型中的误差项的累加。它能够有效地消除预测中的随机波动。其公式如下：

$$y_t = \mu + \varepsilon_t + \sum_{i=1}^{q} \theta_i \varepsilon_{t-i}$$

其中，各个字母的意义与AR公式相同，θ_i为MA公式的相关系数。

4. 自回归移动平均模型

将自回归模型与移动平均模型相结合，便可以得到移动平均模型。其公式如下：

$$y_t = \mu + \sum_{i=1}^{p} \gamma_i y_{t-i} + \varepsilon_t + \sum_{i=1}^{q} \theta_i \varepsilon_{t-i}$$

在这个公式中，p与q分别为自回归模型与移动平均模型的阶数，是需要人为定义的。γ_i与θ_i分别是两个模型的相关系数，是需要求解的。如果原始数据不满足平稳性要求而进行了差分，则为差分自相关移动平均模型（ARIMA），将差分后所得的新数据代入ARMA公式中即可。

5. 自相关函数与偏自相关函数

自相关函数（ACF）是将有序的随机变量序列与其自身相比较，它反映了同一序列在不同时序的取值之间的相关性。

偏自相关函数（PACF）计算的是严格的两个变量之间的相关性，是剔除了中间变量的干扰之后所得到的两个变量之间的相关程度。对于一个平稳的 AR(p) 模型，求出滞后为 k 的自相关系数 $p(k)$ 时，实际所得并不是 $x(t)$ 与 $x(t-k)$ 之间的相关关系。这是因为在这两个变量之间还存在 $k-1$ 个变量，它们会对这个自相关系数产生一系列的影响，而这个 $k-1$ 个变量本身又是与 $x(t-k)$ 相关的。这对自相关系数 $p(k)$ 的计算是一个不小的干扰。而偏自相关函数可以剔除这些干扰。

CPI 即消费价格指数，是衡量消费者购买一篮子商品和服务价格变化的指标。CPI 的统计分析可以帮助人们了解物价的变化趋势，从而制定个人或企业的消费和投资决策。

8.3.2 案例：居民消费价格指数预测

居民消费价格指数（简称 CPI）是衡量一个国家或地区通货膨胀水平的关键指标。通过对一篮子代表性商品和服务价格的跟踪与计算，CPI 能够直观地反映出一定时期内居民生活成本的变化情况。

CPI 的计算方法通常采用抽样调查和加权平均的方式。统计部门会定期在不同地区、不同市场采集各类商品和服务的价格数据，并根据居民的消费结构对不同商品和服务进行权重分配。然后，通过一定的计算公式得出居民消费价格指数。

居民消费价格指数不仅是衡量通货膨胀水平、反映居民生活成本变化的重要工具，也是政府制定经济政策、企业进行经营决策以及国际经济交往中的重要参考依据。

下面我们利用 ARIMA 模型对 CPI 变量进行拟合操作。

案例 8-2 居民消费价格指数预测

本例的"居民消费价格指数.xlsx"数据文件中完整地记录了从 2021 年 1 月至 2024 年 8 月的 CPI 月度数据。这些数据对于分析经济形势、了解物价变动趋势以及制定相关政策具有重要意义。

在对 CPI 变量进行拟合时，需要先对数据进行平稳性检验，确定数据是否符合 ARIMA 模型的应用条件。如果数据不平稳，则需要进行差分处理，使其变为平稳序列。

然后，通过对模型参数的估计和优化，选择最合适的 ARIMA 模型。经过拟合处理后，可以得到 CPI 在未来月份的长期走势预测。

分析师小王全神贯注地投入思考，精心构思出一段极为详细的提示语，明确地阐述了自己的具体需求。

提示语和输出如下。

08

提示语

你作为一名资深数据分析专家，具备以下能力。

业务理解能力：具备行业和业务领域的知识，能够理解业务需求本质，解决实际问题，并提供数据驱动的建议和解决方案。

数据探索能力：熟悉数据分析与可视化工具，敏锐洞察数据的特征，发现数据中的潜在模式和趋势，为深入分析提供方向。

数据清洗能力：能够识别和处理数据中的缺失值、异常值和重复值，对数据进行标准化和归一化处理，使数据具有可比性。

数据转换能力：能够熟练运用各种工具和技术，对不同格式、类型的数据进行清洗、整理和转换，以满足分析和建模需求。

数理统计能力：熟悉概率分布、期望、方差等基本概念，掌握参数估计和假设检验方法，为后续数据分析和决策提供支持。

数据分析能力：能够运用统计学和数据建模技术分析数据，理解数据之间的关系，识别模式和趋势，从中提取有用的信息。

数据挖掘能力：掌握常见的机器学习算法及应用场景，具备数据处理、分析及模式识别能力，善于从庞杂的数据中探寻规律。

程序开发技能：精通数据分析算法，熟练运用编程语言及开发工具，能够高效设计、编码和测试程序，满足复杂业务需求。

学习创新能力：伴随技术和行业发展，学习新工具和技术，不断更新自己的知识和技能，并不断创新和改进数据分析方法。

首先读取 "D:\\DeepSeek 高效数据分析\\ch08\\居民消费价格指数.xlsx" 中的数据，包含月份、CPI 等信息，然后请你从专业的角度利用 ARIMA 模型对 CPI 变量进行拟合，以消除非正常波动，得到 CPI 在未来月份的长期走势，为代码添加中文注释，对程序进行详细解释说明，并输出 ARIMA 模型的结果和曲线（包括实际值和预测值），将模型结果另存到本地 "D:\\高效数据分析\\ch08\\"，命名为居民消费价格指数_ARIMA 模型结果，格式为 Excel 表格，横坐标是月份，图形默认字体为中文字体（如 SimHei），将 axes.unicode_minus 设置为 False，以确保负号正常显示。

输出

好的，下面是一个完整的 Python 代码示例，使用 ARIMA 模型对居民消费价格指数（CPI）进行拟合，并保存结果。我们将使用 pandas 读取数据，statsmodels 进行 ARIMA 建模，matplotlib 进行可视化，openpyxl 保存结果。

```
import pandas as pd
import matplotlib.pyplot as plt
from statsmodels.tsa.arima.model import ARIMA
import matplotlib.font_manager as fm

# 读取数据
```

```
file_path = "D:\\DeepSeek高效数据分析\\ch08\\居民消费价格指数.xlsx"
data = pd.read_excel(file_path)

# 设置中文字体和负号显示
plt.rcParams['font.sans-serif'] = ['SimHei']
plt.rcParams['axes.unicode_minus'] = False

# 提取月份和CPI数据
data['月份'] = pd.to_datetime(data['月份'])
data.set_index('月份', inplace=True)
cpi = data['CPI']

# 拟合ARIMA模型
model = ARIMA(cpi, order=(5, 1, 0))  # 这里的order可以根据实际情况调整
model_fit = model.fit()

# 预测未来12个月的CPI
forecast = model_fit.forecast(steps=12)

# 绘制实际值和预测值
plt.figure(figsize=(10, 6))
plt.plot(cpi, label='实际值')
plt.plot(forecast, label='预测值', linestyle='--')
plt.xlabel('月份')
plt.ylabel('CPI')
plt.title('居民消费价格指数 (CPI) ARIMA模型预测')
plt.legend()
plt.show()

# 将模型结果保存到Excel
result = pd.DataFrame({'实际值': cpi, '预测值': forecast})
result.to_excel("D:\\DeepSeek高效数据分析\\ch08\\居民消费价格指数_ARIMA模型结
果.xlsx")

# 输出模型结果
print(model_fit.summary())

### 代码说明:
```

1. **读取数据**: 使用pandas读取Excel文件中的数据。
2. **设置中文字体和负号显示**: 确保图表中的中文字体和负号正常显示。
3. **提取月份和CPI数据**: 将月份列转换为日期格式, 并设置为索引。
4. **拟合ARIMA模型**: 使用statsmodels中的ARIMA模型对CPI数据进行拟合。
5. **预测未来12个月的CPI**: 使用拟合的模型进行预测。
6. **绘制实际值和预测值**: 使用matplotlib绘制实际值和预测值的曲线。
7. **保存模型结果到Excel**: 将实际值和预测值保存到本地Excel文件中。
8. **输出模型结果**: 打印ARIMA模型的拟合结果摘要。

希望这段代码能帮助你完成任务！如果有任何问题，请随时问我。

运行上述Python代码，输出ARIMA模型的结果如下：

08

```
                          SARIMAX Results
==========================================================================
Dep. Variable:                 CPI   No. Observations           44
Model:               ARIMA(5, 1, 0)   Log Likelihood         -24.616
Date:            Tue, 01 Oct 2024   AIC                     61.232
Time:                  16:43:01   BIC                     71.799
Sample:               01-31-2021   HQIC                    65.129
                    - 08-31-2024
Covariance Type:             opg
==========================================================================
                  coef    std err       z       P>|z|    [0.025    0.975]
--------------------------------------------------------------------------
ar.L1          -0.9123      0.130    -7.024    0.000    -1.167    -0.658
ar.L2          -0.9484      0.205    -4.634    0.000    -1.350    -0.547
ar.L3          -0.7679      0.196    -3.920    0.000    -1.152    -0.384
ar.L4          -0.6913      0.219    -3.161    0.002    -1.120    -0.263
ar.L5          -0.4909      0.215    -2.285    0.022    -0.912    -0.070
sigma2          0.1732      0.040     4.344    0.000     0.095     0.251
==========================================================================
Ljung-Box (L1) (Q):             0.18   Jarque-Bera (JB):        0.25
Prob(Q):                        0.67   Prob(JB):                0.88
Heteroskedasticity (H):         1.03   Skew:                    0.01
Prob(H) (two-sided):            0.96   Kurtosis:                3.37
==========================================================================

Warnings:
[1] Covariance matrix calculated using the outer product of gradients (complex-step).
```

程序还输出居民消费价格指数ARIMA模型时间序列的折线图，其中蓝色代表实际值，橙色代表预测值，如图8-6所示。

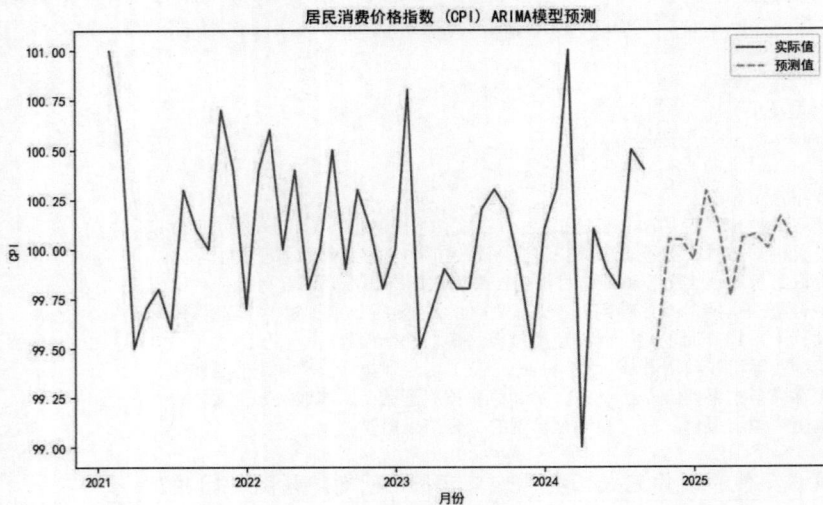

扫码看彩图

图 8-6　居民消费价格指数 ARIMA 模型

其中，AIC是一种信息准则，用于评估时间序列模型的拟合质量。它基于模型的最大似然估计和模型的参数数量来计算。为了选择最佳的p、d、q值，可以使用AIC来比较不同模型的拟合优度，AIC值越小，说明模型越好。

从程序输出可以看到，模型的AIC最优值是61.232。因此，选择最佳的p、d、q组合是（5，1，0）。下面基于已经确定的ARIMA模型参数，预测未来的时间序列值，预测周期是12，即向后预测12个数值，如表8-1所示。

表 8-1　模型结果预测

月　　份	实　际　值
2024 年 9 月	99.50
2024 年 10 月	100.05
2024 年 11 月	100.04
2024 年 12 月	99.95
2025 年 1 月	100.29
2025 年 2 月	100.14
2025 年 3 月	99.76
2025 年 4 月	100.05
2025 年 5 月	100.07
2025 年 6 月	100.00
2025 年 7 月	100.16
2025 年 8 月	100.05

08

8.4　本章小结

本章聚焦于利用DeepSeek进行时间序列分析，系统介绍了时序数据的建模逻辑与预测方法。内容从基础概念切入（包括时序数据特性、建模框架），逐步展开到经典算法实践——通过指数平滑法实现制造业采购经理指数的趋势外推，以及运用ARIMA模型对居民消费价格指数进行多步预测。章节强调理论与业务场景的结合，既解析了时间依赖性和自相关性的处理技巧，又展示了如何基于历史规律构建动态预测系统，为读者提供了从数据洞察到决策支持的完整分析路径。

第 9 章

利用DeepSeek进行模型评估

9

模型评估能衡量模型性能，确定其准确性、稳定性等，帮助发现模型不足，以便改进优化，确保模型在实际应用中可靠有效，为模型的优化和改进提供有价值的参考，提升工作效率。本章将详细介绍如何利用DeepSeek进行模型评估，包括模型评估方法、欠拟合、过拟合等。

9.1 模型评估方法

模型评估方法至关重要，它能衡量模型的性能和准确性，确保模型可靠性，助力提升决策质量，降低错误风险，在数据分析和机器学习领域有着不可替代的作用。本节介绍如何利用DeepSeek进行模型评估，包括混淆矩阵、ROC曲线、R平方、残差、交叉验证、学习曲线等。

9.1.1 混淆矩阵及案例

混淆矩阵是用于评估分类模型性能的一种方法，它是一个二维矩阵，用于比较模型预测的类别和实际类别之间的差异。混淆矩阵是机器学习中统计分类模型预测结果的表，它以矩阵形式将数据集中的记录按照真实的类别与分类模型预测的类别进行汇总，其中矩阵的行表示真实值，矩阵的列表示模型的预测值。

在机器学习中，正样本是使模型得出正确结论的例子，负样本是使模型得出错误结论的例子。例如，要从一张猫和狗的图片中检测出狗，那么狗就是正样本，猫就是负样本；反过来，如果想从中检测出猫，那么猫就是正样本，狗就是负样本。

下面我们举个例子，建立一个二分类的混淆矩阵，假如宠物店有10只动物，其中6只狗、4只猫，现在有一个分类器将这10只动物进行分类，分类结果为5只狗、5只猫，我们画出分类结果的混淆矩阵，如表9-1所示（把狗作为正类）。

表 9-1　混淆矩阵 1

混淆矩阵		预测值	
		正（狗）	负（猫）
真实值	正（狗）	5	1
	负（猫）	0	4

通过混淆矩阵，我们可以计算出真实狗的数量（行相加）为6（5+1），真实猫的数量为4（0+4），预测值分类得到狗的数量（列相加）为5（5+0），分类得到猫的数量为5（1+4）。

混淆矩阵的4个单元格分别表示：

- True Positive（TP）：预测为正类，且实际为正类的数量。
- False Positive（FP）：预测为正类，但实际为负类的数量。
- False Negative（FN）：预测为负类，但实际为正类的数量。
- True Negative（TN）：预测为负类，且实际为负类的数量。

同时，我们不难发现，对于二分类问题，矩阵中的4个元素刚好表示TP、TN、FP、TN这4个指标，如表9-2所示。

表 9-2　混淆矩阵 2

混淆矩阵		预测值	
		正（狗）	负（猫）
真实值	正（狗）	TP	FN
	负（猫）	FP	TN

1. 准确率

准确率（accuracy）是样本中类别预测正确的比例，计算公式如下：

$$accuracy = \frac{TP + TN}{TP + FP + TN + FN}$$

准确率反映模型类别预测的正确能力，包含两种情况：正例被预测为正例，反例被预测为反例。我们可以通过混淆矩阵的计算得出模型的准确率。

2. 精确率

精确率（precision）是被预测为正例的样本中，真实的正例所占的比例，计算公式如下：

$$precision = \frac{TP}{TP + FP}$$

精确率反映模型对正例的预测能力，该指标的关注点在正例上，如果我们对正例的预测准确性很关注，那么精确率是一个不错的指标。例如，在医学病情诊断上，患者在意的是"不要误诊"。

09

精确率是受样本比例分布影响，反例数量越多，那么其被预测为正例的数量也会越多，此时精确率就会下降。因此，当样本分布不平衡时，要谨慎使用精确率。

3. 召回率

召回率（recall）又称灵敏度（sensitivity），是在真实的正例样本中，被预测为正例的样本所占的比例，即真阳性率，计算公式如下：

$$recall = \frac{TP}{TP + FN}$$

召回率反映模型对正例的覆盖率，即"不允许有一条漏网之鱼"，如果我们关注的是对真实正例样本预测为正的全面性，那么召回率是很好的指标。例如，在一些灾害检测的场景中，任何一次灾害的漏检都是难以接受的，此时召回率就是很合适的指标。

召回率是不受样本比例不平衡影响的，因为它只关注正例样本上的预测情况。

4. F1-score

F1-score是兼顾精准率与召回率的模型评价指标，计算公式如下：

$$F1 - score = \frac{2 * precision * recall}{precision + recall}$$

对精准率或召回率没有特殊要求时，评价一个模型的优劣需要同时考虑精准率与召回率，此时可以考虑使用F1-score。F1-score考虑了precision、recall数值大小的影响，只有当二者都比较高时，F1-score才会比较大。

案例 9-1   混淆矩阵案例

在breast_cancer.csv乳腺癌数据集中，包含众多特征变量，如肿瘤大小、细胞形态等，目标变量为是否患乳腺癌Class，可用于乳腺癌诊断模型的研究与开发。对于乳腺癌数据集，混淆矩阵可以清晰地展示模型在预测乳腺癌类别时的表现。

混淆矩阵由真正例（TP）、假正例（FP）、真反例（TN）和假反例（FN）4个部分组成。真正例表示实际为乳腺癌且被模型正确预测为乳腺癌的样本数量；假正例是实际不是乳腺癌却被模型预测为乳腺癌的样本数；真反例是实际不是乳腺癌且被模型正确预测为非乳腺癌的样本数；假反例则是实际为乳腺癌却被模型错误预测为非乳腺癌的样本数。

通过这些指标，可以计算出准确率、精确率、召回率等重要评估指标，以全面了解模型对乳腺癌数据的分类效果。

分析师小王反复斟酌，精心构思出一段极为详细的提示语，他条理清晰地阐述了自己在分析工作中的具体需求。

提示语和输出如下。

提示语

你作为一名资深数据分析专家，具备以下能力。

业务理解能力：具备行业和业务领域的知识，能够理解业务需求本质，解决实际问题，并提供数据驱动的建议和解决方案。

数据探索能力：熟悉数据分析与可视化工具，敏锐洞察数据的特征，发现数据中的潜在模式和趋势，为深入分析提供方向。

数据清洗能力：能够识别和处理数据中的缺失值、异常值和重复值，对数据进行标准化和归一化处理，使数据具有可比性。

数据转换能力：能够熟练运用各种工具和技术，对不同格式、类型的数据进行清洗、整理和转换，以满足分析和建模需求。

数理统计能力：熟悉概率分布、期望、方差等基本概念，掌握参数估计和假设检验方法，为后续数据分析和决策提供支持。

数据分析能力：能够运用统计学和数据建模技术分析数据，理解数据之间的关系，识别模式和趋势，从中提取有用的信息。

数据挖掘能力：掌握常见的机器学习算法及应用场景，具备数据处理、分析及模式识别能力，善于从庞杂的数据中探寻规律。

模型调优能力：深入理解数据，精通各类机器学习模型原理，精准评估模型性能，灵活运用调优算法，并具备持续改进的耐心。

学习创新能力：伴随技术和行业发展，学习新工具和技术，不断更新自己的知识和技能，并不断创新和改进数据分析方法。

首先读取"D:\\DeepSeek 高效数据分析\\ch09\\breast_cancer.csv"中的乳腺癌数据，其中目标变量为 Class，然后请你从专业的角度通过乳腺癌数据集详细介绍混淆矩阵，为代码添加中文注释，对程序进行详细解释说明，并输出混淆矩阵，图形默认字体为中文字体，如 SimHei。

输出

好的，下面是一个示例代码，读取乳腺癌数据集并生成混淆矩阵。代码中包含详细的中文注释，解释每一步的操作。

```python
import pandas as pd
from sklearn.model_selection import train_test_split
from sklearn.preprocessing import StandardScaler
from sklearn.linear_model import LogisticRegression
from sklearn.metrics import confusion_matrix, classification_report

# 读取乳腺癌数据集
data = pd.read_csv("D:\\DeepSeek高效数据分析\\ch09\\breast_cancer.csv")

# 查看数据集的前几行
print(data.head())
```

09

```
# 数据预处理
# 假设数据集的最后一列是目标变量，其他列是特征
X = data.iloc[:, :-1].values  # 特征
y = data.iloc[:, -1].values   # 目标变量

# 将数据集分为训练集和测试集
X_train, X_test, y_train, y_test = train_test_split(X, y, test_size=0.2,
random_state=0)

# 特征缩放
scaler = StandardScaler()
X_train = scaler.fit_transform(X_train)
X_test = scaler.transform(X_test)

# 训练逻辑回归模型
classifier = LogisticRegression(random_state=0)
classifier.fit(X_train, y_train)

# 预测测试集结果
y_pred = classifier.predict(X_test)

# 生成混淆矩阵
cm = confusion_matrix(y_test, y_pred)

# 输出混淆矩阵
print("混淆矩阵：")
print(cm)

# 输出分类报告
print("分类报告：")
print(classification_report(y_test, y_pred))

# 详细解释混淆矩阵
# 混淆矩阵是一个方阵，用于评估分类模型的性能。它的每一行表示实际类别，每一列表示预测类别
# 例如，对于二分类问题，混淆矩阵如下
# [[TN, FP],
#  [FN, TP]]
# 其中：
# TN（True Negative）：真负类，实际为负类且预测为负类的数量
# FP（False Positive）：假正类，实际为负类但预测为正类的数量
# FN（False Negative）：假负类，实际为正类但预测为负类的数量
# TP（True Positive）：真正类，实际为正类且预测为正类的数量
# 混淆矩阵可以帮助我们了解模型在不同类别上的表现，识别出模型的偏差和错误类型
```

这段代码首先读取乳腺癌数据集，然后进行数据预处理，包括特征缩放。接着，使用逻辑回归模型进行训练和预测，最后生成并输出混淆矩阵和分类报告。混淆矩阵的详细解释也包含在注释中。

运行上述Python代码，输出的结果如下：

混淆矩阵：

```
[[42  5]
 [ 2 65]]
```

分类报告：

	precision	recall	f1-score	support
0	0.95	0.89	0.92	47
1	0.93	0.97	0.95	67
accuracy			0.94	114
macro avg	0.94	0.93	0.94	114
weighted avg	0.94	0.94	0.94	114

9.1.2　ROC 曲线及案例

ROC曲线的全称是"受试者工作特征"，通常用来衡量一个二分类学习器的好坏。如果一个学习器的ROC曲线能将另一个学习器的ROC曲线完全包括，则说明该学习器的性能优于另一个学习器。ROC曲线有个很好的特性：当测试集中的正负样本的分布发生变化时，ROC曲线能够保持不变。

ROC曲线的横轴表示的是FPR，即错误地预测为正例的概率；纵轴表示的是TPR，即正确地预测为正例的概率。二者的计算公式如下：

$$FPR = \frac{FP}{FP + TN} \qquad TPR = \frac{TP}{TP + FN}$$

AUC是一个数值，它是ROC曲线与坐标轴围成的面积。很明显，TPR越大，FPR越小，模型效果越好，ROC曲线就越靠近左上角，表明模型效果越好，此时AUC值越大，极端情况下为1。由于ROC曲线一般都处于$y=x$直线的上方，因此AUC的取值范围一般在0.5和1之间。

使用AUC值作为评价标准是因为很多时候ROC曲线并不能清晰地说明哪个分类器的效果更好，而作为一个数值，对应AUC更大的分类器效果更好。与F1-score不同的是，AUC值并不需要先设定一个阈值。

当然，AUC值越大，当前的分类算法越有可能将正样本排在负样本前面，即分类效果越好。因此，AUC值可以作为判断分类器（预测模型）优劣的一个重要标准。

- AUC = 1：这是完美的分类器。采用这种预测模型时，至少存在一个阈值能够实现完美的预测。
- 0.5 < AUC < 1：优于随机猜测。如果对分类器（模型）的阈值进行妥善设定，它将具有预测价值。
- AUC = 0.5：与随机猜测相当，模型没有预测价值。
- AUC < 0.5：比随机猜测还差，模型的预测效果不佳。

09

案例 9-2　ROC 曲线案例

ROC曲线是根据分类器对不同样本的预测概率绘制而成的。对于乳腺癌数据集，分类器会对每个样本预测其属于患乳腺癌（阳性）或未患乳腺癌（阴性）的概率。

真正率（TPR）即实际患乳腺癌且被正确判断为患癌的样本数占所有实际患癌样本数的比例，随着分类阈值的变化而变化。假正率（FPR）是实际未患乳腺癌但被错误判断为患癌的样本数占所有实际未患癌样本数的比例，也随分类阈值改变。

通过不断调整分类阈值，可以得到不同的TPR和FPR值，将这些值绘制成曲线，就是ROC曲线。ROC曲线越靠近左上角，说明分类器性能越好。在乳腺癌数据集中，可以利用ROC曲线来评估不同分类算法对乳腺癌诊断的准确性和可靠性，帮助选择最优的分类模型，为临床诊断提供有力支持。

分析师小王精心构思出一段极为详细的提示语。在这段提示语中，小王明确阐述了自己在分析工作中的具体需求，包括数据要求、分析方法以及期望达成的目标等。

提示语和输出如下。

提示语	你作为一名资深数据分析专家，具备以下能力。 业务理解能力：具备行业和业务领域的知识，能够理解业务需求本质，解决实际问题，并提供数据驱动的建议和解决方案。 数据探索能力：熟悉数据分析与可视化工具，敏锐洞察数据的特征，发现数据中的潜在模式和趋势，为深入分析提供方向。 数据清洗能力：能够识别和处理数据中的缺失值、异常值和重复值，对数据进行标准化和归一化处理，使数据具有可比性。 数据转换能力：能够熟练运用各种工具和技术，对不同格式、类型的数据进行清洗、整理和转换，以满足分析和建模需求。 数理统计能力：熟悉概率分布、期望、方差等基本概念，掌握参数估计和假设检验方法，为后续数据分析和决策提供支持。 数据分析能力：能够运用统计学和数据建模技术分析数据，理解数据之间的关系，识别模式和趋势，从中提取有用的信息。 数据挖掘能力：掌握常见的机器学习算法及应用场景，具备数据处理、分析及模式识别能力，善于从庞杂的数据中探寻规律。 模型调优能力：深入理解数据，精通各类机器学习模型原理，精准评估模型性能，灵活运用调优算法，并具备持续改进的耐心。 学习创新能力：伴随技术和行业发展，学习新工具和技术，不断更新自己的知识和技能，并不断创新和改进数据分析方法。 首先读取 "D:\\DeepSeek 高效数据分析\\ch09\\breast_cancer.csv" 中的乳腺癌数据，其中目标变量为 Class，创建决策树分类器并训练，然后请你从专业的角度通过乳腺癌

数据集详细介绍 ROC 曲线，为代码添加中文注释，对程序进行详细解释，并输出 ROC 曲线，图形默认字体为中文字体，如 SimHei。

输　出

好的，我会在现有代码的基础上添加生成和解释 ROC 曲线的部分，并在代码中添加详细的中文注释。

```python
# python:test.py
import pandas as pd
from sklearn.model_selection import train_test_split
from sklearn.preprocessing import StandardScaler
from sklearn.linear_model import LogisticRegression
from sklearn.metrics import confusion_matrix, classification_report,
roc_curve, auc
import matplotlib.pyplot as plt

# 读取乳腺癌数据集
data = pd.read_csv("D:\\DeepSeek高效数据分析\\ch09\\breast_cancer.csv")

# 查看数据集的前几行
print(data.head())

# 数据预处理
# 假设数据集的最后一列是目标变量，其他列是特征
X = data.iloc[:, :-1].values  # 特征
y = data.iloc[:, -1].values   # 目标变量

# 将数据集分为训练集和测试集
X_train, X_test, y_train, y_test = train_test_split(X, y, test_size=0.2,
random_state=0)

# 特征缩放
scaler = StandardScaler()
X_train = scaler.fit_transform(X_train)
X_test = scaler.transform(X_test)

# 训练逻辑回归模型
classifier = LogisticRegression(random_state=0)
classifier.fit(X_train, y_train)

# 预测测试集结果
y_pred = classifier.predict(X_test)

# 生成混淆矩阵
cm = confusion_matrix(y_test, y_pred)

# 输出混淆矩阵
print("混淆矩阵: ")
print(cm)

# 输出分类报告
print("分类报告: ")
print(classification_report(y_test, y_pred))

# 计算ROC曲线
```

```
y_prob = classifier.predict_proba(X_test)[:, 1]    # 获取预测的概率
fpr, tpr, thresholds = roc_curve(y_test, y_prob)
roc_auc = auc(fpr, tpr)

# 绘制ROC曲线
plt.figure()
plt.plot(fpr, tpr, color='darkorange', lw=2, label='ROC curve (area
= %0.2f)' % roc_auc)
plt.plot([0, 1], [0, 1], color='navy', lw=2, linestyle='--')
plt.xlim([0.0, 1.0])
plt.ylim([0.0, 1.05])
plt.xlabel('False Positive Rate')
plt.ylabel('True Positive Rate')
plt.title('Receiver Operating Characteristic (ROC) Curve')
plt.legend(loc="lower right")
plt.show()

# 详细解释ROC曲线
# ROC曲线（Receiver Operating Characteristic Curve）是评估二分类模型性能的重要工具
# 横轴为假阳性率（False Positive Rate, FPR），纵轴为真阳性率（True Positive Rate, TPR）
# ROC曲线越接近左上角，模型性能越好。AUC（Area Under Curve）是ROC曲线下的面积，AUC
越大，模型性能越好
# 通过ROC曲线，我们可以直观地比较不同模型的性能，选择最优模型
```

在这段代码中，我们添加了生成和绘制 ROC 曲线的部分，并对代码进行了详细的中文注释。ROC 曲线用于评估二分类模型的性能，通过比较不同模型的 ROC 曲线，可以选择性能最优的模型。

运行上述Python代码，输出的结果如图9-1所示。

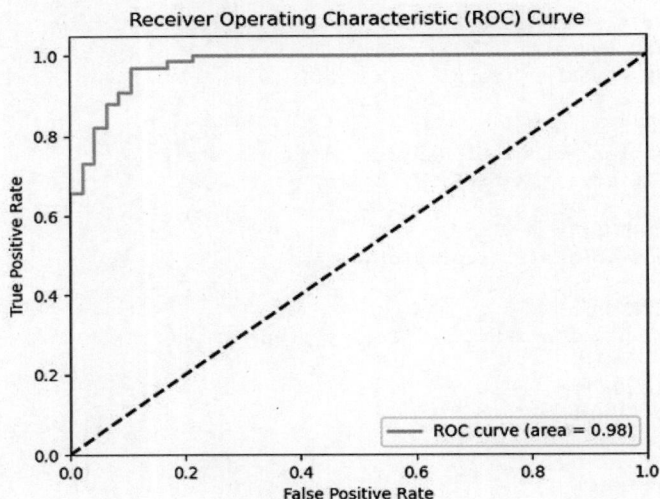

图 9-1　ROC 曲线

9.1.3　R 平方及案例

判定系数 R 平方又叫决定系数，是指在线性回归中，回归可解释离差平方和与总离差平方和的比值，其数值等于相关系数 R 的平方。判定系数是一个解释性系数，在回归分析中，其主要作用是评估回归模型对因变量 y 产生变化的解释程度，即判定系数 R 平方是评估回归模型好坏的指标。

R 平方的取值范围为 0~1，通常以百分数表示。例如，回归模型的 R 平方等于 0.7，表示此回归模型对预测结果的可解释程度为 70%。

一般认为，R 平方大于 0.75，表示模型拟合度很好，可解释程度较高；R 平方小于 0.5，表示模型拟合有问题，不宜进行回归分析。

在多元回归实际应用中，判定系数 R 平方的最大缺陷是：增加自变量的个数时，判定系数就会增加，即随着自变量的增多，R 平方会越来越大，会显得回归模型精度很高，有较好的拟合效果。而实际上可能并非如此，有些自变量与因变量完全不相关，增加这些自变量，并不会提升拟合水平和预测精度。

为解决这个问题，即避免增加自变量而高估 R 平方，需要对 R 平方进行调整。采用的方法是用样本量 n 和自变量的个数 k 来调整 R 平方，调整后的 R 平方的计算公式如下：

$$1 - (1 - R^2)\frac{(n-1)}{(n-k-1)}$$

从公式可以看出，调整后的 R 平方同时考虑了样本量（n）和回归中自变量的个数（k）的影响，这使得调整后的 R 平方永远小于 R 平方，并且调整后的 R 平方的值不会由于回归中自变量个数的增加而越来越接近 1。

因为调整后的 R 平方较 R 平方测算得更准确，在回归分析尤其是多元回归中，我们通常使用调整后的 R 平方对回归模型进行精度测算，以评估回归模型的拟合度和效果。

一般认为，在回归分析中，0.5 为调整后的 R 平方的临界值，如果调整后的 R 平方小于 0.5，则要分析我们所采用和未采用的自变量。如果调整后的 R 平方与 R 平方存在明显差异，则意味着所用的自变量不能很好地测算因变量的变化，或者是遗漏了一些可用的自变量。调整后的 R 平方与原来的 R 平方之间的差距越大，模型的拟合效果就越差。

案例 9-3　R 平方案例

波士顿房价数据集 boston_house_prices.csv 中包含多个与房价相关的特征变量。我们将通过这个数据集进行多元回归分析，以便更好地理解和预测房价。

首先，进行线性回归分析。线性回归模型假设房价与各个特征变量之间存在线性关系。接着，进行岭回归分析。岭回归在普通线性回归的基础上加入了正则化项，以防止过拟合。然后，进行决策树回归分析。通过构建决策树来对房价进行预测，能够处理非线性关系。最后，进行线性 SVR 分析。利用支持向量机的原理进行回归分析，具有较好的泛化能力。

在分析过程中，分别输出这 4 个模型的 R 平方值，反映模型对数据的拟合程度，值越接近 1，表示模型拟合效果越好。分析师小王用心构思出提示语，清晰明确地阐述了自身的需求。

提示语和输出如下。

提示语

你作为一名资深数据分析专家，具备以下能力。

业务理解能力：具备行业和业务领域的知识，能够理解业务需求本质，解决实际问题，并提供数据驱动的建议和解决方案。

数据探索能力：熟悉数据分析与可视化工具，敏锐洞察数据的特征，发现数据中的潜在模式和趋势，为深入分析提供方向。

数据清洗能力：能够识别和处理数据中的缺失值、异常值和重复值，对数据进行标准化和归一化处理，使数据具有可比性。

数据转换能力：能够熟练运用各种工具和技术，对不同格式、类型的数据进行清洗、整理和转换，以满足分析和建模需求。

数理统计能力：熟悉概率分布、期望、方差等基本概念，掌握参数估计和假设检验方法，为后续数据分析和决策提供支持。

数据分析能力：能够运用统计学和数据建模技术分析数据，理解数据之间的关系，识别模式和趋势，从中提取有用的信息。

数据挖掘能力：掌握常见的机器学习算法及应用场景，具备数据处理、分析及模式识别能力，善于从庞杂的数据中探寻规律。

模型调优能力：深入理解数据，精通各类机器学习模型原理，精准评估模型性能，灵活运用调优算法，并具备持续改进的耐心。

学习创新能力：伴随技术和行业发展，学习新工具和技术，不断更新自己的知识和技能，并不断创新和改进数据分析方法。

首先读取"D:\\DeepSeek 高效数据分析\\ch09\\boston_house_prices.csv"中的波士顿房价数据，然后请你从专业的角度通过波士顿房价数据集进行多元回归分析，包括线性回归、岭回归、决策树回归、线性 SVR，并输出相应 4 个模型的 R 平方值，为代码添加中文注释，对程序进行详细解释说明，为图形添加数据标签，默认字体为中文字体（如 SimHei），R^2 显示为 R 平方值。

输出

好的，我会在现有代码的基础上添加详细的中文注释，并确保每个步骤都清晰明了。以下是更新后的代码：

```python
# python:test.py
import pandas as pd
from sklearn.model_selection import train_test_split
from sklearn.linear_model import LinearRegression, Ridge
from sklearn.tree import DecisionTreeRegressor
from sklearn.svm import SVR
from sklearn.metrics import r2_score
```

```
# 读取波士顿房价数据
data = pd.read_csv("D:\\DeepSeek高效数据分析\\ch09\\boston_house_
prices.csv")

# 查看数据的前几行
print(data.head())

# 分离特征和目标变量
X = data.drop(columns=['MEDV'])   # 假设目标变量是'MEDV'
y = data['MEDV']

# 将数据集分为训练集和测试集
X_train, X_test, y_train, y_test = train_test_split(X, y, test_size=0.2,
random_state=42)

# 线性回归
linear_model = LinearRegression()
linear_model.fit(X_train, y_train)              # 训练模型
y_pred_linear = linear_model.predict(X_test)    # 预测测试集
r2_linear = r2_score(y_test, y_pred_linear)     # 计算R平方值
print(f"线性回归 R平方值: {r2_linear}")

# 岭回归
ridge_model = Ridge(alpha=1.0)
ridge_model.fit(X_train, y_train)               # 训练模型
y_pred_ridge = ridge_model.predict(X_test)      # 预测测试集
r2_ridge = r2_score(y_test, y_pred_ridge)        # 计算R平方值
print(f"岭回归 R平方值: {r2_ridge}")

# 决策树回归
tree_model = DecisionTreeRegressor(random_state=42)
tree_model.fit(X_train, y_train)                # 训练模型
y_pred_tree = tree_model.predict(X_test)         # 预测测试集
r2_tree = r2_score(y_test, y_pred_tree)          # 计算R平方值
print(f"决策树回归 R平方值: {r2_tree}")

# 线性支持向量回归
svr_model = SVR(kernel='linear')
svr_model.fit(X_train, y_train)                 # 训练模型
y_pred_svr = svr_model.predict(X_test)          # 预测测试集
r2_svr = r2_score(y_test, y_pred_svr)           # 计算R平方值
print(f"线性SVR R平方值: {r2_svr}")
```

详细解释说明:

1. **读取数据**:

```
data = pd.read_csv("D:\\DeepSeek高效数据分析\\ch09\\boston_house_
prices.csv")
```

读取波士顿房价数据，并查看数据的前几行以了解数据结构。

2．**分离特征和目标变量**：

```
X = data.drop(columns=['MEDV'])   # 假设目标变量是MEDV
y = data['MEDV']
```

将数据集中的特征（自变量）和目标变量（因变量）分开。

3．**划分训练集和测试集**：

```
X_train, X_test, y_train, y_test = train_test_split(X, y, test_size=0.2,
random_state=42)
```

将数据集分为训练集和测试集，测试集占20%。

4．**训练和评估模型**：
- **线性回归**：

```
linear_model = LinearRegression()
linear_model.fit(X_train, y_train)
y_pred_linear = linear_model.predict(X_test)
r2_linear = r2_score(y_test, y_pred_linear)
print(f"线性回归 R平方值: {r2_linear}")
```

- **岭回归**：

```
ridge_model = Ridge(alpha=1.0)
ridge_model.fit(X_train, y_train)
y_pred_ridge = ridge_model.predict(X_test)
r2_ridge = r2_score(y_test, y_pred_ridge)
print(f"岭回归 R平方值: {r2_ridge}")
```

- **决策树回归**：

```
tree_model = DecisionTreeRegressor(random_state=42)
tree_model.fit(X_train, y_train)
y_pred_tree = tree_model.predict(X_test)
r2_tree = r2_score(y_test, y_pred_tree)
print(f"决策树回归 R平方值: {r2_tree}")
```

- **线性支持向量回归**：

```
svr_model = SVR(kernel='linear')
svr_model.fit(X_train, y_train)
y_pred_svr = svr_model.predict(X_test)
r2_svr = r2_score(y_test, y_pred_svr)
print(f"线性SVR R平方值: {r2_svr}")
```

每个模型都进行了训练和预测，并计算了 R 平方值（R^2），用于评估模型的性能。

运行上述Python代码，输出4个模型的R平方值如下：

```
线性回归 R平方值: 0.6687594935356294
```

岭回归 R平方值：0.6662221670168522
决策树回归 R平方值：0.8579634380978161
线性SVR R平方值：0.5986065268181071

9.1.4　残差及案例

残差在数理统计中是指实际观察值与估计值（拟合值）之间的差，它蕴含了有关模型基本假设的重要信息。如果回归模型正确的话，我们可以将残差看作误差的观测值。

通常，回归算法的残差评价指标有均方误差（Mean Squared Error，MSE）、均方根误差（Root Mean Square Error，RMSE）、平均绝对误差（Mean Absolute Error，MAE）3个。

1. 均方误差

均方误差（MSE），表示预测值和观测值之间差异（残差平方）的平均值，公式如下：

$$MSE = \frac{1}{m}\sum_{i=1}^{m}(y_i - \hat{y_i})^2$$

即：真实值减去预测值，然后对差值进行平方，再求和，最后求平均值。这个公式其实就是线性回归的损失函数。在线性回归中，我们的目标是让这个损失函数的数值最小。

2. 均方根误差

均方根误差（RMSE），表示预测值和观测值之间差异（残差）的样本标准差，公式如下：

$$RMSE = \sqrt{MSE}$$

即：均方误差的平方根，均方根误差是有单位的，与样本数据是一样的。

3. 平均绝对误差

平均绝对误差（MAE）表示预测值和观测值之间绝对误差的平均值，公式如下：

$$MAE = \frac{1}{m}\sum_{i=1}^{m}|y_i - \hat{y_i}|$$

MAE是一种线性分数，所有个体差异在平均值上的权重都相等，而RMSE相比MAE，会对高的差异惩罚更多。

案例 9-4　残差案例

利用波士顿房价数据集进行多元回归分析具有重要意义。首先，进行线性回归分析，它通过建立自变量与因变量之间的线性关系来预测房价。接着，进行岭回归分析，引入正则化项以防止过拟合。然后，进行决策树回归分析，利用树状结构对房价进行预测。

对于每个模型，计算其均方误差（MSE）、均方根误差（RMSE）和平均绝对误差（MAE）。MSE衡量了预测值与真实值之间的平均平方差异；RMSE是MSE的平方根，具有与原始数据相同的单位；MAE 衡量了预测值与真实值之间的平均绝对差异。

这些指标（MSE、RMSE、MAE）可以帮助我们评估不同模型的预测准确性和稳定性，从而选择最适合波士顿房价预测的模型。

分析师小王精心构思出详细提示语，清晰地阐述了自己的具体需求。

提示语和输出如下。

提示语

你作为一名资深数据分析专家，具备以下能力。

业务理解能力：具备行业和业务领域的知识，能够理解业务需求本质，解决实际问题，并提供数据驱动的建议和解决方案。

数据探索能力：熟悉数据分析与可视化工具，敏锐洞察数据的特征，发现数据中的潜在模式和趋势，为深入分析提供方向。

数据清洗能力：能够识别和处理数据中的缺失值、异常值和重复值，对数据进行标准化和归一化处理，使数据具有可比性。

数据转换能力：能够熟练运用各种工具和技术，对不同格式、类型的数据进行清洗、整理和转换，以满足分析和建模需求。

数理统计能力：熟悉概率分布、期望、方差等基本概念，掌握参数估计和假设检验方法，为后续数据分析和决策提供支持。

数据分析能力：能够运用统计学和数据建模技术分析数据，理解数据之间的关系，识别模式和趋势，从中提取有用的信息。

数据挖掘能力：掌握常见的机器学习算法及应用场景，具备数据处理、分析及模式识别能力，善于从庞杂的数据中探寻规律。

模型调优能力：深入理解数据，精通各类机器学习模型原理，精准评估模型性能，灵活运用调优算法，并具备持续改进的耐心。

学习创新能力：伴随技术和行业发展，学习新工具和技术，不断更新自己的知识和技能，并不断创新和改进数据分析方法。

首先读取"D:\\DeepSeek 高效数据分析\\ch09\\boston_house_prices.csv"中的波士顿房价数据，然后请你从专业的角度通过波士顿房价数据集进行多元回归分析，包括线性回归、岭回归、决策树回归，并输出相应 4 个模型的 MSE、RMSE 和 MAE 图形，为代码添加中文注释，对程序进行详细解释说明，为图形添加数据标签，图形默认字体为中文字体，如 SimHei。

输出

好的，我会在现有代码的基础上，添加计算 MSE、RMSE 和 MAE 的部分，并在代码中添加详细的中文注释。以下是更新后的代码：

```python
# python:test.py
import pandas as pd
```

```python
from sklearn.model_selection import train_test_split
from sklearn.linear_model import LinearRegression, Ridge
from sklearn.tree import DecisionTreeRegressor
from sklearn.svm import SVR
from sklearn.metrics import r2_score, mean_squared_error,
mean_absolute_error
import numpy as np

# 读取波士顿房价数据
data = pd.read_csv("D:\\DeepSeek高效数据分析\\ch09\\boston_house_
prices.csv")

# 查看数据的前几行
print(data.head())

# 分离特征和目标变量
X = data.drop(columns=['MEDV'])    # 假设目标变量是MEDV
y = data['MEDV']

# 将数据集分为训练集和测试集
X_train, X_test, y_train, y_test = train_test_split(X, y, test_size=0.2,
random_state=42)

# 线性回归
linear_model = LinearRegression()
linear_model.fit(X_train, y_train)              # 训练模型
y_pred_linear = linear_model.predict(X_test)    # 预测测试集
r2_linear = r2_score(y_test, y_pred_linear)     # 计算R平方值
mse_linear = mean_squared_error(y_test, y_pred_linear)    # 计算均方误差
rmse_linear = np.sqrt(mse_linear)               # 计算均方根误差
mae_linear = mean_absolute_error(y_test, y_pred_linear)    # 计算平均绝对误差
print(f"线性回归 R平方值: {r2_linear}, MSE: {mse_linear}, RMSE:
{rmse_linear}, MAE: {mae_linear}")

# 岭回归
ridge_model = Ridge(alpha=1.0)
ridge_model.fit(X_train, y_train)               # 训练模型
y_pred_ridge = ridge_model.predict(X_test)      # 预测测试集
r2_ridge = r2_score(y_test, y_pred_ridge)       # 计算R平方值
mse_ridge = mean_squared_error(y_test, y_pred_ridge)     # 计算均方误差
rmse_ridge = np.sqrt(mse_ridge)    # 计算均方根误差
mae_ridge = mean_absolute_error(y_test, y_pred_ridge)     # 计算平均绝对误差
print(f"岭回归 R平方值: {r2_ridge}, MSE: {mse_ridge}, RMSE: {rmse_ridge},
MAE: {mae_ridge}")

# 决策树回归
tree_model = DecisionTreeRegressor(random_state=42)
tree_model.fit(X_train, y_train)    # 训练模型
y_pred_tree = tree_model.predict(X_test)                 # 预测测试集
r2_tree = r2_score(y_test, y_pred_tree)                  # 计算R平方值
```

09

```
mse_tree = mean_squared_error(y_test, y_pred_tree)        # 计算均方误差
rmse_tree = np.sqrt(mse_tree)                             # 计算均方根误差
mae_tree = mean_absolute_error(y_test, y_pred_tree)  # 计算平均绝对误差
print(f"决策树回归 R平方值: {r2_tree}, MSE: {mse_tree}, RMSE: {rmse_tree},
MAE: {mae_tree}")

# 线性支持向量回归
svr_model = SVR(kernel='linear')
svr_model.fit(X_train, y_train)                          # 训练模型
y_pred_svr = svr_model.predict(X_test)                   # 预测测试集
r2_svr = r2_score(y_test, y_pred_svr)                    # 计算R平方值
mse_svr = mean_squared_error(y_test, y_pred_svr)          # 计算均方误差
rmse_svr = np.sqrt(mse_svr)                              # 计算均方根误差
mae_svr = mean_absolute_error(y_test, y_pred_svr)         # 计算平均绝对误差
print(f"线性SVR R平方值: {r2_svr}, MSE: {mse_svr}, RMSE: {rmse_svr}, MAE:
{mae_svr}")

### 解释说明:
1. **数据读取和预处理**:
   - 读取CSV文件并查看前几行数据。
   - 分离特征（X）和目标变量（y）。

2. **数据集划分**:
   - 将数据集分为训练集和测试集，其中80%为训练集；20%为测试集。

3. **模型训练和评估**:
   - 对每个模型（线性回归、岭回归、决策树回归、线性SVR）进行训练。
   - 预测测试集数据。
   - 计算并输出每个模型的R平方值、均方误差(MSE)、均方根误差(RMSE)和平均绝对误差(MAE)。
```

通过这些步骤，可以全面评估不同回归模型在波士顿房价数据集上的表现。

运行上述Python代码，输出4个模型的R平方值、均方误差（MSE）、均方根误差（RMSE）和平均绝对误差（MAE）如下：

```
线性回归 R平方值: 0.6687594935356294, MSE: 24.29111947497371, RMSE: 4.928602182665355,
MAE: 3.189091965887875
岭回归 R平方值: 0.6662221670168522, MSE: 24.47719122770865, RMSE: 4.9474428978724605,
MAE: 3.1329474278055334
决策树回归 R平方值: 0.8579634380978161, MSE: 10.416078431372549, RMSE:
3.2273949915330395, MAE: 2.394117647058824
线性SVR R平方值: 0.5986065268181071, MSE: 29.435701924289845, RMSE: 5.4254678991115455,
MAE: 3.1404227783347185
```

9.1.5 交叉验证及案例

交叉验证是一种在数据分析和模型评估中广泛应用的方法，具有深刻的意义和丰富的内涵。从概念上来说，交叉验证是将数据集划分为多个子集，通过在不同的子集组合上进行训练和验证，以评估模型的性能和泛化能力。它的核心思想是避免模型过度拟合训练数据，从而确保模型在新的、

未见过的数据上也能表现良好。

在实际应用中，交叉验证具有多方面的重要意义。首先，对于模型评估而言，它提供了一种更加可靠的方式。传统的单一训练集和测试集划分可能会因为数据的随机性而导致评估结果不准确。而交叉验证通过多次划分和评估，能够减少这种随机性的影响，得到更加稳定和准确的模型性能评估指标。例如，在机器学习中，通过使用交叉验证，可以得到更加客观的模型准确率、召回率、F1值等指标，从而更好地判断模型的优劣。

其次，交叉验证有助于选择最优的模型和参数。在模型选择和参数调优过程中，可以使用交叉验证来比较不同模型或不同参数设置下的性能表现。通过在多个子集上进行验证，可以找到在不同数据情况下都能表现良好的模型和参数组合。例如，在选择回归模型时，可以通过交叉验证比较不同的回归算法和参数设置，选择具有最小均方误差的模型。

此外，交叉验证对于数据有限的情况尤为重要。当数据集较小时，单一的划分可能会导致训练集和测试集的数据量都不足，从而影响模型的评估和选择。而交叉验证可以充分利用有限的数据，通过多次划分和组合，提高模型评估的可靠性和有效性。

交叉验证的方法有多种，常见的包括K折交叉验证、留一交叉验证等。K折交叉验证将数据集随机划分为K个大小相等的子集，依次选择其中一个子集作为测试集，其余K-1个子集作为训练集，进行K次训练和验证，最后取平均性能作为模型的评估结果。留一交叉验证则是每次只留下一个样本作为测试集，其余样本作为训练集，进行多次验证，适用于数据量较小的情况。

交叉验证在数据分析和模型评估中具有不可替代的重要作用。它能够提高模型评估的准确性和可靠性，帮助选择最优的模型和参数，尤其在数据有限的情况下更是一种有效的方法。通过合理应用交叉验证，可以更好地发挥数据分析和机器学习的优势，为解决实际问题提供更加准确和可靠的决策支持。

以下我们使用经典的鸢尾花数据集对模型实现交叉验证，以分析模型的性能。

案例 9-5　交叉验证案例

鸢尾花数据集（iris.csv）被广泛用于机器学习和数据分析领域，它包含150个样本，每个样本对应一种鸢尾花。数据集有4个特征变量，分别是花萼长度（sepal length）、花萼宽度（sepal width）、花瓣长度（petal length）和花瓣宽度（petal width）。同时，数据集的目标变量是鸢尾花的品种，分为3种：山鸢尾（Iris setosa）、变色鸢尾（Iris versicolor）和维吉尼亚鸢尾（Iris virginica）。

对于鸢尾花数据集，通过交叉验证可以得到多个模型在不同测试集上的得分。计算这些得分的平均值，即为交叉验证的平均分，它反映了模型的总体性能。同时，计算得分的标准差，可以了解模型性能的稳定性。

对鸢尾花数据集进行交叉验证后，输出交叉验证的得分、平均分及其标准差，为评估模型在该数据集上的表现提供全面的信息。

分析师小王精心构思出一段极为详细的提示语，明确而清晰地阐述了自己的具体需求。

提示语和输出如下。

提示语

你作为一名资深数据分析专家，具备以下能力。

业务理解能力：具备行业和业务领域的知识，能够理解业务需求本质，解决实际问题，并提供数据驱动的建议和解决方案。

数据探索能力：熟悉数据分析与可视化工具，敏锐洞察数据的特征，发现数据中的潜在模式和趋势，为深入分析提供方向。

数据清洗能力：能够识别和处理数据中的缺失值、异常值和重复值，对数据进行标准化和归一化处理，使数据具有可比性。

数据转换能力：能够熟练运用各种工具和技术，对不同格式、类型的数据进行清洗、整理和转换，以满足分析和建模需求。

数理统计能力：熟悉概率分布、期望、方差等基本概念，掌握参数估计和假设检验方法，为后续数据分析和决策提供支持。

数据分析能力：能够运用统计学和数据建模技术分析数据，理解数据之间的关系，识别模式和趋势，从中提取有用的信息。

数据挖掘能力：掌握常见的机器学习算法及应用场景，具备数据处理、分析及模式识别能力，善于从庞杂的数据中探寻规律。

模型调优能力：深入理解数据，精通各类机器学习模型原理，精准评估模型性能，灵活运用调优算法，并具备持续改进的耐心。

学习创新能力：伴随技术和行业发展，学习新工具和技术，不断更新自己的知识和技能，并不断创新和改进数据分析方法。

首先读取"D:\\DeepSeek高效数据分析\\ch09\\iris.csv"中的鸢尾花数据，然后请你从专业的角度通过鸢尾花数据集详细介绍交叉验证，输出交叉验证的得分、平均分及其标准差，为代码添加中文注释，对程序进行详细解释说明，为图形添加数据标签，图形默认字体为中文字体，如 SimHei。

输 出

好的，下面是一个使用 Python 进行交叉验证的示例代码。我们将使用 pandas 读取数据，scikit-learn 进行交叉验证，并输出交叉验证的得分、平均分及其标准差。

```python
import pandas as pd
from sklearn.model_selection import cross_val_score
from sklearn.ensemble import RandomForestClassifier
from sklearn.preprocessing import LabelEncoder

# 读取鸢尾花数据集
data = pd.read_csv("D:\\DeepSeek高效数据分析\\ch09\\iris.csv")

# 数据预处理
# 将类别标签转换为数字
label_encoder = LabelEncoder()
```

```
data['species'] = label_encoder.fit_transform(data['species'])

# 特征和标签
X = data.drop(columns=['species'])
y = data['species']

# 定义模型
model = RandomForestClassifier(random_state=42)

# 进行交叉验证
# cv=5 表示5折交叉验证
scores = cross_val_score(model, X, y, cv=5)

# 输出交叉验证得分
print("交叉验证得分: ", scores)

# 输出平均分
print("平均分: ", scores.mean())

# 输出标准差
print("标准差: ", scores.std())
```

代码说明:
1. **导入必要的库**:
   - pandas用于数据读取和处理。
   - cross_val_score用于进行交叉验证。
   - RandomForestClassifier是我们选择的分类模型。
   - LabelEncoder 用于将类别标签转换为数字。

2. **读取数据**:
   - 使用pd.read_csv读取鸢尾花数据集。

3. **数据预处理**:
   - 使用LabelEncoder将类别标签（species）转换为数字。

4. **特征和标签**:
   - X 是特征数据，y 是标签数据。

5. **定义模型**:
   - 使用RandomForestClassifier作为分类模型。

6. **进行交叉验证**:
   - 使用cross_val_score进行5折交叉验证，并计算得分。

7. **输出结果**:
   - 打印交叉验证得分、平均分及其标准差。

通过上述步骤，我们可以详细了解交叉验证的过程，并从专业的角度分析鸢尾花数据集。

运行上述Python代码，输出交叉验证的结果如下：

```
交叉验证得分： [0.86666667  1.0  1.0  1.0  0.86666667]
平均分： 0.9466666666666667
标准差： 0.06531972647421806
```

9.1.6　学习曲线及案例

学习曲线是一种在机器学习中用来评估和诊断模型性能的工具，特别是在模型训练过程中。它通过展示模型在训练集和验证集上的性能如何随着训练集的增加而变化，来帮助我们理解模型的行为。

1. 学习曲线的组成

学习曲线通常包含两条曲线：一条表示模型在训练集上的性能，另一条表示模型在验证集（或测试集）上的性能。这两条曲线随着训练集大小的增加而变化，通常关注的是模型的准确率或误差率。

2. 学习曲线的绘制步骤

01 数据分割：首先，将数据集分为训练集和验证集（或测试集）。
02 逐步训练：然后，从训练集中选择不同大小的子集（例如，从一个样本开始，逐渐增加到全部样本）进行模型训练。
03 评估和记录：在每个训练集大小下，评估模型在训练集和验证集上的性能，并记录下来。
04 绘制曲线：最后，根据记录的数据绘制学习曲线，通常是以训练集大小为横轴，模型误差率为纵轴。

3. 学习曲线的解读

如果训练误差和验证误差都很高，表明模型可能面临欠拟合问题，即模型过于简单，无法捕捉数据的复杂性。在这种情况下，增加模型的复杂度、添加更多特征或使用更复杂的模型有助于提高性能。

如果训练误差低但验证误差高，表明模型可能面临过拟合问题，即模型在训练集上表现得很好，但在未见过的新数据上表现不佳。在这种情况下，减少模型的复杂度、使用正则化技术或获取更多数据有助于提高性能。

如果训练误差和验证误差都很低，表明模型性能良好，既没有欠拟合，也没有过拟合。

4. 学习曲线的用途

学习曲线主要用于诊断模型的问题，并指导我们如何改进模型。例如，如果学习曲线显示模型过拟合，我们可能需要收集更多数据或减少模型的复杂度。如果学习曲线显示模型欠拟合，我们可能需要增加模型的复杂度或添加更多特征。

案例 9-6　学习曲线案例

在乳腺癌数据集中，可以运用逻辑回归模型进行有效的分类任务。逻辑回归是一种广泛应用于二分类问题的机器学习算法。对于乳腺癌数据集，其目标是根据各种特征变量，如肿瘤大小、形状、患者年龄等，准确地判断患者是否患有乳腺癌。

在使用逻辑回归模型进行分类后，可以引入学习曲线来评估模型的性能。学习曲线是通过绘制不同训练集大小下模型的性能指标变化曲线来判断模型的表现和改进方向的。对于乳腺癌数据集，我们可以逐渐增加训练集的样本数量，观察模型在训练集和验证集上的准确率、精确率、召回率等指标的变化。

分析师小王怀揣着满满的期待，全神贯注地投入思考，精心构思出一段极为详细的提示语。在这段提示语中，他条理清晰、明确地阐述了自己的具体需求，期望能为后续的分析工作提供准确的方向。

提示语和输出如下。

提示语	你作为一名资深数据分析专家，具备以下能力。 　　业务理解能力：具备行业和业务领域的知识，能够理解业务需求本质，解决实际问题，并提供数据驱动的建议和解决方案。 　　数据探索能力：熟悉数据分析与可视化工具，敏锐洞察数据的特征，发现数据中的潜在模式和趋势，为深入分析提供方向。 　　数据清洗能力：能够识别和处理数据中的缺失值、异常值和重复值，对数据进行标准化和归一化处理，使数据具有可比性。 　　数据转换能力：能够熟练运用各种工具和技术，对不同格式、类型的数据进行清洗、整理和转换，以满足分析和建模需求。 　　数理统计能力：熟悉概率分布、期望、方差等基本概念，掌握参数估计和假设检验方法，为后续数据分析和决策提供支持。 　　数据分析能力：能够运用统计学和数据建模技术分析数据，理解数据之间的关系，识别模式和趋势，从中提取有用的信息。 　　数据挖掘能力：掌握常见的机器学习算法及应用场景，具备数据处理、分析及模式识别能力，善于从庞杂的数据中探寻规律。 　　模型调优能力：深入理解数据，精通各类机器学习模型原理，精准评估模型性能，灵活运用调优算法，并具备持续改进的耐心。 　　学习创新能力：伴随技术和行业发展，学习新工具和技术，不断更新自己的知识和技能，并不断创新和改进数据分析方法。 　　首先读取 "D:\\DeepSeek 高效数据分析\\ch09\\breast_cancer.csv" 中的乳腺癌数据，其中目标变量为 Class，然后请你从专业的角度通过乳腺癌数据集，使用逻辑回归模型

09

进行分类，并使用学习曲线来评估模型性能，为代码添加中文注释，对程序进行详细解释说明，并输出学习曲线，为图形添加数据标签，图形默认字体为中文字体，如 SimHei。

输　出

好的，下面是使用 Python 进行数据分析和逻辑回归分类的代码示例，包含中文注释和学习曲线的绘制。

```python
import pandas as pd
import numpy as np
import matplotlib.pyplot as plt
from sklearn.model_selection import train_test_split, learning_curve
from sklearn.linear_model import LogisticRegression
from sklearn.preprocessing import StandardScaler
from sklearn.pipeline import make_pipeline
from sklearn.metrics import accuracy_score

# 读取数据
data = pd.read_csv("D:\\DeepSeek高效数据分析\\ch09\\breast_cancer.csv")

# 查看数据基本信息
print(data.info())
print(data.head())

# 特征和目标变量
X = data.drop(columns=['Class'])
y = data['Class']

# 划分训练集和测试集
X_train, X_test, y_train, y_test = train_test_split(X, y, test_size=0.2,
random_state=42)

# 创建逻辑回归模型管道，包含标准化步骤
pipeline = make_pipeline(StandardScaler(), LogisticRegression())

# 训练模型
pipeline.fit(X_train, y_train)

# 预测并评估模型
y_pred = pipeline.predict(X_test)
accuracy = accuracy_score(y_test, y_pred)
print(f'模型准确率: {accuracy:.2f}')

# 绘制学习曲线
train_sizes, train_scores, test_scores = learning_curve(pipeline, X, y,
cv=5, n_jobs=-1, train_sizes=np.linspace(0.1, 1.0, 10))

# 计算平均和标准差
train_scores_mean = np.mean(train_scores, axis=1)
train_scores_std = np.std(train_scores, axis=1)
```

```
test_scores_mean = np.mean(test_scores, axis=1)
test_scores_std = np.std(test_scores, axis=1)

# 设置中文字体
plt.rcParams['font.sans-serif'] = ['SimHei']
plt.rcParams['axes.unicode_minus'] = False

# 绘制学习曲线
plt.figure()
plt.title('学习曲线')
plt.xlabel('训练样本数')
plt.ylabel('得分')
plt.grid()

# 绘制训练得分曲线
plt.fill_between(train_sizes, train_scores_mean - train_scores_std,
train_scores_mean + train_scores_std, alpha=0.1, color="r")
plt.plot(train_sizes, train_scores_mean, 'o-', color="r", label="训练得分")

# 绘制验证得分曲线
plt.fill_between(train_sizes, test_scores_mean - test_scores_std,
test_scores_mean + test_scores_std, alpha=0.1, color="g")
plt.plot(train_sizes, test_scores_mean, 'o-', color="g", label="交叉验证得分")

# 添加数据标签
for i in range(len(train_sizes)):
    plt.text(train_sizes[i], train_scores_mean[i],
f'{train_scores_mean[i]:.2f}', ha='center', va='bottom', fontsize=8)
    plt.text(train_sizes[i], test_scores_mean[i],
f'{test_scores_mean[i]:.2f}', ha='center', va='bottom', fontsize=8)

plt.legend(loc="best")
plt.show()
```

代码说明：
1. **数据读取和预处理**：
   - 读取乳腺癌数据集。
   - 查看数据基本信息和前几行数据。
   - 将特征和目标变量分开。

2. **数据划分**：
   - 将数据集划分为训练集和测试集。

3. **模型创建和训练**：
   - 创建包含标准化步骤的逻辑回归模型管道。
   - 训练模型并进行预测，计算模型准确率。

4. **学习曲线绘制**：
   - 使用learning_curve函数计算不同训练样本数下的训练和验证得分。
   - 绘制学习曲线，并添加数据标签，设置中文字体。

运行上述Python代码，输出的结果如下：

```
<class 'pandas.core.frame.DataFrame'>
RangeIndex: 699 entries, 0 to 698
Data columns (total 11 columns):
 #   Column                       Non-Null Count  Dtype
---  ------                       --------------  -----
 0   Sample code number           699 non-null    int64
 1   Clump Thickness              699 non-null    int64
 2   Uniformity of Cell Size      699 non-null    int64
 3   Uniformity of Cell Shape     699 non-null    int64
 4   Marginal Adhesion            699 non-null    int64
 5   Single Epithelial Cell Size  699 non-null    int64
 6   Bare Nuclei                  699 non-null    int64
 7   Bland Chromatin              699 non-null    int64
 8   Normal Nucleoli              699 non-null    int64
 9   Mitoses                      699 non-null    int64
 10  Class                        699 non-null    int64
dtypes: int64(11)
memory usage: 60.2 KB
None
   Sample code number  Clump Thickness  ...  Mitoses  Class
0             1000025                5  ...        1      0
1             1002945                5  ...        1      0
2             1015425                3  ...        1      0
3             1016277                6  ...        1      0
4             1017023                4  ...        1      0

[5 rows x 11 columns]
模型准确率: 0.96
```

输出的学习曲线如图9-2所示。

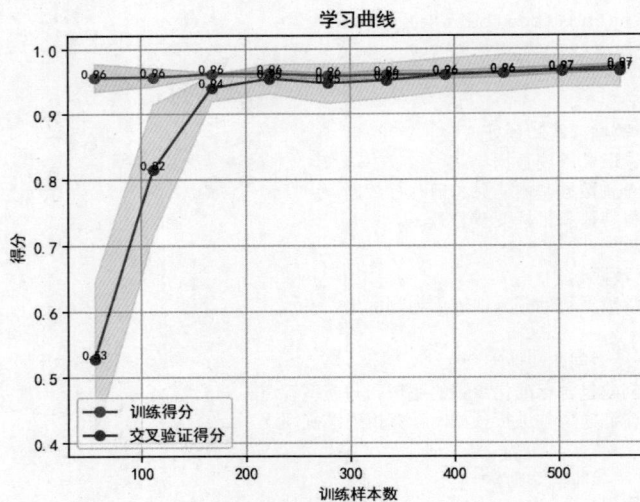

图 9-2　学习曲线

9.2　欠拟合及其案例

欠拟合指模型未能很好地学习训练数据的特征和规律，表现为训练误差较大，对新数据的预测能力不足，导致模型性能不佳，无法准确地进行预测和分析，降低了数据处理的有效性和实用性。

9.2.1　欠拟合及其影响

欠拟合是在机器学习和数据分析中经常遇到的一种现象，对模型的性能和实际应用有着重要的影响。欠拟合指的是模型在训练数据上表现不佳，未能充分学习到数据中的规律和特征。简单来说，就是模型过于简单，无法很好地捕捉数据的复杂模式。

从表现形式来看，欠拟合的模型通常具有以下特点。一方面，在训练数据上的误差较大，无论是预测值与实际值之间的差异，还是损失函数的值都比较高。例如，在进行线性回归时，如果模型只是简单的一条直线，而数据实际上具有更复杂的非线性关系，那么这个线性模型就很可能出现欠拟合。在这种情况下，即使在训练数据上，模型的预测结果也与实际值相差甚远。另一方面，欠拟合的模型在新的数据上的表现也往往不尽如人意。由于它没有充分学习到训练数据的特征，因此对于从未见过的测试数据，其预测能力非常有限。

欠拟合对模型的实际应用带来诸多不利影响。首先，它会导致模型的准确性低下。在实际问题中，我们希望模型能够准确地预测未知数据的结果，然而欠拟合的模型无法满足这一要求。例如，在预测股票价格时，如果模型欠拟合，那么它给出的预测值可能与实际价格相差很大，这对于投资者来说是非常不利的。其次，欠拟合会浪费计算资源和时间。如果花费了大量的时间和计算资源来训练一个模型，结果却发现这个模型欠拟合，不能有效地解决问题，那么就相当于做了无用功。此外，欠拟合还可能误导决策。在一些关键领域，如医疗诊断、金融风险评估等，如果使用欠拟合的模型进行决策，可能会导致错误的判断，带来严重的后果。

为了解决欠拟合问题，可以采取多种方法。一是增加模型的复杂度，例如在神经网络中增加更多的层和神经元，或者在回归模型中加入更高次的多项式项；二是使用更多的特征，通过引入更多与问题相关的特征，可以帮助模型更好地学习数据的规律；三是调整模型的参数，通过优化算法来寻找更合适的参数值，提高模型的性能。

9.2.2　案例：波士顿房价回归分析

波士顿房价回归问题一直是数据分析和机器学习领域中备受关注的经典案例，它对于理解房地产市场以及构建有效的房价预测模型具有重要意义。

波士顿房价数据集包含多个影响房价的因素，如犯罪率、住宅平均房间数、到就业中心的距离等。通过对这些因素与房价之间的关系进行回归分析，可以建立一个能够预测波士顿房价的模型。

从数据分析的角度来看，波士顿房价回归首先需要对数据集进行预处理。这包括数据清洗、去除异常值和缺失值，以及对数据进行标准化处理，使得不同特征的数值在一个合理的区间内，以

09

便更好地进行模型训练。例如，可以使用均值填充或中位数填充等方法处理缺失值，使用标准化方法将数据的均值变为0，标准差变为1。

在选择回归模型时，有多种方法可供选择。线性回归是一种常见的方法，它假设房价与各个特征之间存在线性关系。通过最小二乘法拟合数据，可以得到一个线性方程，用于预测房价。然而，波士顿房价数据可能存在非线性关系，此时可以考虑使用多项式回归或其他非线性回归方法。例如，二次多项式回归可以通过引入特征的二次项来捕捉数据中的非线性关系。

除传统的回归方法外，还可以使用机器学习算法进行房价预测。决策树回归、随机森林回归和支持向量回归等都是常用的机器学习方法。这些方法可以自动学习数据中的复杂模式，并且在处理高维度数据和非线性关系方面具有优势。例如，随机森林回归通过构建多个决策树并进行集成学习，可以提高预测的准确性和稳定性。

在评估模型性能时，可以使用多种指标，如均方误差（MSE）、均方根误差（RMSE）和决定系数（R^2）等。MSE和RMSE 衡量了预测值与实际值之间的误差大小，R^2 则表示模型对数据的拟合程度。通过比较不同模型在这些指标上的表现，可以选择性能最佳的模型。

波士顿房价回归的应用价值广泛。对于房地产开发商和投资者来说，准确的房价预测可以帮助他们做出合理的投资决策。例如，通过分析不同因素对房价的影响，可以确定哪些地区具有较高的投资潜力。对于政府部门来说，房价回归分析可以为城市规划和房地产政策的制定提供参考。例如，了解犯罪率对房价的影响，可以采取措施降低犯罪率，提高居民的生活质量和房价水平。

波士顿房价回归是一个具有重要现实意义的问题。通过深入分析波士顿房价数据集，选择合适的回归模型和评估指标，可以建立准确的房价预测模型，为房地产市场的参与者和决策者提供有价值的信息。

案例 9-7　欠拟合案例

波士顿房价数据集是一个经典的用于回归分析的数据集，当在该数据集上进行多元回归分析出现欠拟合情况时，意味着模型既不能很好地拟合训练数据，也不能在测试数据上有良好的表现，训练误差和测试误差都较高。

出现欠拟合可能是模型过于简单，例如在多元回归中选择的特征变量过少，或者使用的线性模型无法捕捉数据中的复杂关系。对于波士顿房价数据集，房价可能受到多个因素的综合影响，如房屋面积、房间数量、地理位置等，如果模型没有充分考虑这些因素，就容易出现欠拟合。

当在波士顿房价数据集上进行多元回归分析出现欠拟合情况时，需要深入分析原因，并采取相应的措施来改进模型，以提高模型的性能和预测准确性。

分析师小王用心构思出详细的提示语，清晰明确地阐述了自己的具体需求。

提示语和输出如下。

你作为一名资深数据分析专家,具备以下能力。

业务理解能力:具备行业和业务领域的知识,能够理解业务需求本质,解决实际问题,并提供数据驱动的建议和解决方案。

数据探索能力:熟悉数据分析与可视化工具,敏锐洞察数据的特征,发现数据中的潜在模式和趋势,为深入分析提供方向。

数据清洗能力:能够识别和处理数据中的缺失值、异常值和重复值,对数据进行标准化和归一化处理,使数据具有可比性。

数据转换能力:能够熟练运用各种工具和技术,对不同格式、类型的数据进行清洗、整理和转换,以满足分析和建模需求。

数理统计能力:熟悉概率分布、期望、方差等基本概念,掌握参数估计和假设检验方法,为后续数据分析和决策提供支持。

数据分析能力:能够运用统计学和数据建模技术分析数据,理解数据之间的关系,识别模式和趋势,从中提取有用的信息。

数据挖掘能力:掌握常见的机器学习算法及应用场景,具备数据处理、分析及模式识别能力,善于从庞杂的数据中探寻规律。

模型调优能力:深入理解数据,精通各类机器学习模型原理,精准评估模型性能,灵活运用调优算法,并具备持续改进的耐心。

学习创新能力:伴随技术和行业发展,学习新工具和技术,不断更新自己的知识和技能,并不断创新和改进数据分析方法。

首先读取 "D:\\DeepSeek 高效数据分析\\ch09\\boston_house_prices.csv" 中的波士顿房价数据,然后请你从专业的角度通过波士顿房价数据集进行多元回归分析欠拟合的情况,即训练误差和测试误差都较高,为代码添加中文注释,对程序进行详细解释说明,并输出学习曲线,为图形添加数据标签,图形默认字体为中文字体,如 SimHei。

好的,下面是读取波士顿房价数据集并进行多元回归分析的代码。我们将使用学习曲线来分析欠拟合的情况,并在代码中添加详细的中文注释。

```python
import pandas as pd
from sklearn.model_selection import train_test_split, learning_curve
from sklearn.linear_model import LinearRegression
from sklearn.metrics import mean_squared_error
import matplotlib.pyplot as plt
import numpy as np

# 读取波士顿房价数据集
data = pd.read_csv("D:\\DeepSeek高效数据分析\\ch09\\boston_house_
prices.csv")

# 分离特征和标签
```

```
X = data.drop(columns=['MEDV'])   # MEDV是目标变量，即房价
y = data['MEDV']

# 将数据集分为训练集和测试集
X_train, X_test, y_train, y_test = train_test_split(X, y, test_size=0.3,
random_state=42)

# 初始化线性回归模型
lr = LinearRegression()

# 计算学习曲线
train_sizes, train_scores, test_scores = learning_curve(lr, X_train,
y_train, cv=5, n_jobs=-1, train_sizes=np.linspace(0.1, 1.0, 10),
scoring='neg_mean_squared_error')

# 计算训练集和验证集的平均误差和标准差
train_scores_mean = -np.mean(train_scores, axis=1)
train_scores_std = np.std(train_scores, axis=1)
test_scores_mean = -np.mean(test_scores, axis=1)
test_scores_std = np.std(test_scores, axis=1)

# 绘制学习曲线
plt.figure()
plt.title("Learning Curve (Linear Regression)")
plt.xlabel("Training examples")
plt.ylabel("Mean Squared Error")
plt.grid()

# 绘制训练集误差曲线
plt.fill_between(train_sizes, train_scores_mean - train_scores_std,
train_scores_mean + train_scores_std, alpha=0.1, color="r")
plt.plot(train_sizes, train_scores_mean, 'o-', color="r", label="Training
error")

# 绘制验证集误差曲线
plt.fill_between(train_sizes, test_scores_mean - test_scores_std,
test_scores_mean + test_scores_std, alpha=0.1, color="g")
plt.plot(train_sizes, test_scores_mean, 'o-', color="g",
label="Cross-validation error")

plt.legend(loc="best")
plt.show()

# 在整个训练集上训练模型并在测试集上评估
lr.fit(X_train, y_train)
y_pred_train = lr.predict(X_train)
y_pred_test = lr.predict(X_test)

# 输出训练集和测试集的均方误差
print(f"训练集均方误差：{mean_squared_error(y_train, y_pred_train):.2f}")
```

```
print(f"测试集均方误差: {mean_squared_error(y_test, y_pred_test):.2f}")

### 代码说明:
1. **读取数据**: 从指定路径读取波士顿房价数据集。
2. **分离特征和标签**: 将数据集中的特征和目标变量分开。
3. **数据集划分**: 将数据集分为训练集和测试集。
4. **初始化模型**: 初始化线性回归模型。
5. **计算学习曲线**: 使用learning_curve函数计算不同训练集大小下的训练误差和验证误差。
6. **绘制学习曲线**: 绘制训练误差和验证误差随训练样本数量变化的曲线。
7. **模型训练和评估**: 在整个训练集上训练模型,并在测试集上评估模型的表现,输出训练集和测试集的均方误差。
```

通过学习曲线,我们可以观察到训练误差和验证误差的变化情况。如果两者都较高,说明模型存在欠拟合问题。

运行上述Python代码,输出的结果如下:

```
训练集均方误差: 22.55
测试集均方误差: 21.52
```

输出的学习曲线如图9-3所示。

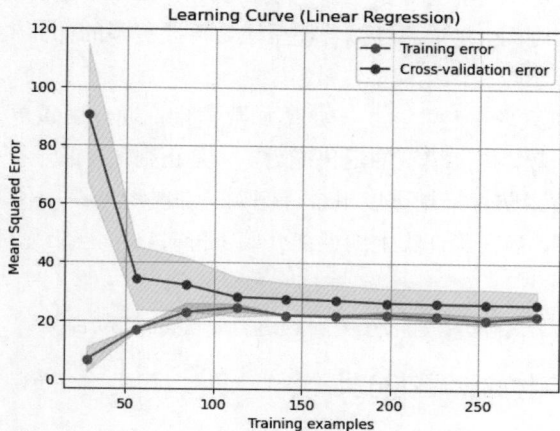

图 9-3　学习曲线

9.3　过拟合及其案例

过拟合是指模型过度学习训练数据中的噪声和特定细节,导致在新数据上表现不佳。这种现象会严重影响模型的泛化能力,使得模型虽然在训练集上表现良好,但在未知数据上的预测却不准确,从而降低了模型的实际应用价值。

9.3.1　过拟合及其影响

过拟合是机器学习和数据分析领域中一个关键的概念，对模型的性能和实际应用有着重大影响。过拟合指的是模型在训练数据上表现非常好，但在新的、未见过的数据上表现不佳的现象。这意味着模型过度地学习了训练数据中的特定模式和噪声，以至于失去了对一般模式的捕捉能力。

从具体表现来看，过拟合的模型通常具有以下特点。一方面，在训练数据上，模型的误差非常小，甚至可以达到几乎完美的预测效果。然而，当面对新的数据时，模型的预测能力却急剧下降。例如，在图像识别任务中，如果一个神经网络模型在训练集上能够准确地识别各种图像，但在测试集上的准确率却很低，那么很可能这个模型出现了过拟合。另一方面，过拟合的模型往往具有较高的复杂度，可能包含过多的参数或者过于复杂的结构，使得模型能够适应训练数据中的每一个细微变化，但却无法泛化到新的数据上。

过拟合对模型的实际应用带来诸多负面影响。首先，它降低了模型的泛化能力。在实际应用中，我们希望模型能够对各种不同的情况都有较好的预测能力，而不是仅仅在训练数据上表现出色。过拟合的模型由于过度适应训练数据，无法有效地处理新的数据，从而限制了其在实际场景中的应用价值。其次，过拟合可能导致错误的结论和决策。如果基于过拟合的模型进行分析和决策，可能会因为模型对新数据的不准确预测而得出错误的结论。例如，在金融领域的风险评估中，如果使用过拟合的模型来预测市场走势，可能会导致错误的投资决策，带来严重的经济损失。此外，过拟合还会增加模型的计算成本和时间。复杂的过拟合模型通常需要更多的计算资源来训练和运行，而且可能需要更长的时间来调整参数和优化模型。

为了避免过拟合，可以采取多种方法。一是增加数据量，通过引入更多的训练数据，可以减少模型对特定数据的过度依赖，提高模型的泛化能力。二是正则化，通过在模型的损失函数中加入正则项，限制模型的复杂度，防止模型过度拟合。例如，在神经网络中使用L1或L2正则化。三是早停法，在模型训练过程中，当在验证集上的性能开始下降时，停止训练，防止模型继续过度拟合训练数据。

下面我们就随机森林算法解决鸢尾花分类问题进行模型的过拟合测试。

9.3.2　案例：基于随机森林的鸢尾花分类

随机森林是一种经典的集成学习算法，它由许多决策树组成（数量从几十到几百棵不等），类似于一片"茂密的森林"。它通过汇总所有树的预测结果形成最终输出——分类任务采用多数投票法决定类别，回归任务则取各树预测值的平均值。

在分类方法上，通常可以采用以下几种常见的技术。一是基于统计的方法，如线性判别分析（Linear Discriminant Analysis，LDA）和二次判别分析（Quadratic Discriminant Analysis，QDA）。这些方法通过计算不同品种鸢尾花在特征空间中的分布差异，建立分类模型。例如，LDA试图找到一个线性投影，使得不同品种的鸢尾花在投影后的空间中尽可能地分开。二是基于机器学习算法的方法，如决策树、支持向量机和随机森林等。决策树通过构建一系列的决策规则来进行分类，具有易于理解和解释的优点。支持向量机则通过寻找一个最优的超平面来分离不同品种的鸢尾花，在处理高维数据和小样本问题上表现出色。而随机森林通过构建多个决策树并进行投票来进行分类，具有较高的准确性和稳定性。

案例 9-8　过拟合案例

在鸢尾花数据集的分类任务中，随机森林可能会出现过拟合情况。当模型在训练集上表现出极高的准确率，而在验证集或测试集上准确率却很低时，就可以判断为过拟合。出现这种情况可能是由于随机森林中的决策树数量过多，或者树的深度过大，导致模型过于复杂，过度学习了训练数据中的噪声和特定模式。此外，如果数据集较小，也容易引发过拟合问题。

为了识别过拟合，可以绘制学习曲线，观察模型在不同数据规模下的准确率变化。如果随着训练数据的增加，训练集准确率继续上升，而验证集/测试集的准确率没有明显提升甚至下降，那么很可能出现了过拟合。

分析师小王怀揣着满满的期待，投入了极大的专注与热情，精心构思出一段极为详细的提示语。在这段提示语中，小王清晰而明确地阐述了自己在工作中的具体需求，从数据的要求到分析方法的选择，再到期望得到的结果呈现形式。

提示语和输出如下。

提示语	你作为一名资深数据分析专家，具备以下能力。 业务理解能力：具备行业和业务领域的知识，能够理解业务需求本质，解决实际问题，并提供数据驱动的建议和解决方案。 数据探索能力：熟悉数据分析与可视化工具，敏锐洞察数据的特征，发现数据中的潜在模式和趋势，为深入分析提供方向。 数据清洗能力：能够识别和处理数据中的缺失值、异常值和重复值，对数据进行标准化和归一化处理，使数据具有可比性。 数据转换能力：能够熟练运用各种工具和技术，对不同格式、类型的数据进行清洗、整理和转换，以满足分析和建模需求。 数理统计能力：熟悉概率分布、期望、方差等基本概念，掌握参数估计和假设检验方法，为后续数据分析和决策提供支持。 数据分析能力：能够运用统计学和数据建模技术分析数据，理解数据之间的关系，识别模式和趋势，从中提取有用的信息。 数据挖掘能力：掌握常见的机器学习算法及应用场景，具备数据处理、分析及模式识别能力，善于从庞杂的数据中探寻规律。 模型调优能力：深入理解数据，精通各类机器学习模型原理，精准评估模型性能，灵活运用调优算法，并具备持续改进的耐心。 学习创新能力：伴随技术和行业发展，学习新工具和技术，不断更新自己的知识和

09

技能，并不断创新和改进数据分析方法。

首先读取"D:\\DeepSeek高效数据分析\\ch09\\iris.csv"中的鸢尾花数据，然后请你从专业的角度通过鸢尾花数据集，在鸢尾花分类任务中识别随机森林过拟合的情况，即训练集上的高准确率与验证集/测试集上的低准确率，为代码添加中文注释，对程序进行详细解释说明，并输出学习曲线，为图形添加数据标签，图形默认字体为中文字体，如 SimHei。

输 出

好的，我会帮助你编写一个 Python 脚本来读取鸢尾花数据集，并使用随机森林分类器来识别过拟合的情况。我们将使用学习曲线来可视化训练集和验证集的准确率。

以下是详细的代码示例：

```python
import pandas as pd
from sklearn.model_selection import train_test_split, learning_curve
from sklearn.ensemble import RandomForestClassifier
from sklearn.metrics import accuracy_score
import matplotlib.pyplot as plt
import numpy as np

# 读取鸢尾花数据集
data = pd.read_csv("D:\\DeepSeek高效数据分析\\ch09\\iris.csv")

# 分离特征和标签
X = data.drop(columns=['species'])
y = data['species']

# 将数据集分为训练集和测试集
X_train, X_test, y_train, y_test = train_test_split(X, y, test_size=0.3,
random_state=42)

# 初始化随机森林分类器
rf = RandomForestClassifier(random_state=42)

# 计算学习曲线
train_sizes, train_scores, test_scores = learning_curve(rf, X_train,
y_train, cv=5, n_jobs=-1, train_sizes=np.linspace(0.1, 1.0, 10))

# 计算训练集和验证集的平均准确率和标准差
train_scores_mean = np.mean(train_scores, axis=1)
train_scores_std = np.std(train_scores, axis=1)
test_scores_mean = np.mean(test_scores, axis=1)
test_scores_std = np.std(test_scores, axis=1)

# 绘制学习曲线
plt.figure()
plt.title("Learning Curve (Random Forest)")
plt.xlabel("Training examples")
plt.ylabel("Score")
```

```
    plt.grid()

    # 绘制训练集的准确率曲线
    plt.fill_between(train_sizes, train_scores_mean - train_scores_std,
train_scores_mean + train_scores_std, alpha=0.1, color="r")
    plt.plot(train_sizes, train_scores_mean, 'o-', color="r", label="Training
score")

    # 绘制验证集的准确率曲线
    plt.fill_between(train_sizes, test_scores_mean - test_scores_std,
test_scores_mean + test_scores_std, alpha=0.1, color="g")
    plt.plot(train_sizes, test_scores_mean, 'o-', color="g",
label="Cross-validation score")

    plt.legend(loc="best")
    plt.show()

    # 在整个训练集上训练模型并在测试集上评估
    rf.fit(X_train, y_train)
    y_pred_train = rf.predict(X_train)
    y_pred_test = rf.predict(X_test)

    # 输出训练集和测试集的准确率
    print(f"训练集准确率: {accuracy_score(y_train, y_pred_train):.2f}")
    print(f"测试集准确率: {accuracy_score(y_test, y_pred_test):.2f}")

    ### 代码说明:
    1. **读取数据**:从指定路径读取鸢尾花数据集。
    2. **数据预处理**:分离特征和标签,并将数据集分为训练集和测试集。
    3. **初始化模型**:初始化随机森林分类器。
    4. **计算学习曲线**:使用learning_curve函数计算不同训练集大小下的训练和验证准确率。
    5. **绘制学习曲线**:使用Matplotlib绘制学习曲线,展示训练集和验证集的准确率随训练样
本数量的变化。
    6. **模型训练和评估**:在整个训练集上训练模型,并在测试集上评估模型的准确率,输出训练
集和测试集的准确率。
```

通过观察学习曲线,如果训练集的准确率很高而验证集的准确率较低,则说明模型可能存在过拟合的情况。

运行上述Python代码,输出的结果如下:

```
训练集准确率: 1.00
测试集准确率: 1.00
```

输出的学习曲线如图9-4所示。

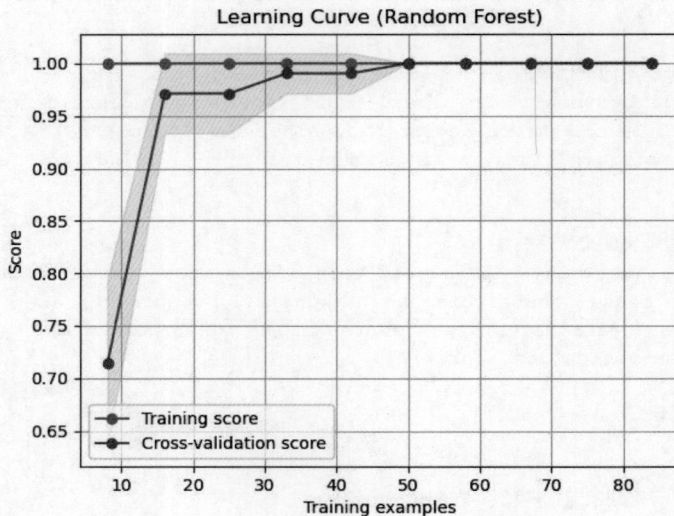

图 9-4   学习曲线

9.4   本章小结

本章围绕利用DeepSeek进行模型评估展开，系统阐述了机器学习模型性能分析的核心方法与常见问题应对策略。内容涵盖两大主线：一是详细介绍了多种评估指标（如混淆矩阵、ROC曲线、R^2分数、残差分析、交叉验证和学习曲线），并配套实际案例帮助读者理解其在分类、回归等任务中的应用；二是深入探讨了模型训练中的两大典型缺陷——欠拟合与过拟合，通过波士顿房价预测和鸢尾花分类等经典案例解析现象成因及改进方向。本章强调理论与实践相结合，既提供技术工具的使用指南，又注重培养读者对模型泛化能力的诊断思维，为构建高效稳定的预测系统奠定基础。

## 第 10 章

利用DeepSeek撰写分析报告

10

数据分析报告是一种沟通与交流的形式，其主要目的在于将分析结果、可行性建议以及其他有价值的信息传递给管理人员。数据分析报告需要对数据进行适当的包装，以便让阅读者能够正确理解分析结果并做出准确的判断。此外，报告应能够支持管理人员做出有针对性、可操作且具有战略意义的决策。本章将详细介绍如何利用DeepSeek撰写数据分析报告。

10.1　数据分析报告的作用

撰写数据分析报告是整个数据分析流程中至关重要的一环。其核心目的在于以清晰、简洁且富有条理的形式，将分析所得结果精准地呈现给相关利益方，使他们能够透彻理解数据背后蕴含的意义，并据此制定科学合理的决策。以下是关于数据分析报告重要作用的具体阐述：

（1）促进沟通与知识共享：数据分析报告堪称沟通和分享分析成果的关键载体。分析师借助撰写报告这一方式，能够把繁杂的数据以及复杂的分析过程，转换为通俗易懂的语言表述与直观形象的图表展示，从而向其他人员有效传达关键性的研究发现和最终结论。如此一来，团队成员、管理层及其他利益相关者便能全面知晓数据分析的结果，进而在组织内部实现高效顺畅的沟通与紧密协作。在编写时，应尽量运用大众易于理解的词汇，减少过于专业的术语使用，以确保所有阅读者都能毫无障碍地领会报告内容。

（2）提供决策支持依据：数据分析的根本目标在于为各类决策提供有力支撑。通过精心撰写数据分析报告，分析师得以将原始数据转化为具有实际价值的有用信息，并在此基础上提出切实可行的建议及具体的决策方案。报告中所呈现的结论与建议，犹如指南针一般，助力决策者做出更为明智的选择，进而优化业务流程、提升工作效率，最终实现组织的既定目标。同时，报告还应明确给出具体的行动要点，让读者知晓应当采取哪些步骤以及这些步骤的重要性。

（3）记录过程与证明成效：数据分析报告是对整个分析过程及其结果的详细记录。它如同一份严谨的证据材料，用以证实分析工作的合理性与可靠性。在报告中，需涵盖数据的来源、所采用的分析方法、具体的操作步骤，以及对结果的深入解读和得出的结论等内容。这样的安排有助于保证分析过程的透明度和可重复性，方便其他人对分析结果进行理解和验证。此外，报告务必秉持客观公正的态度，杜绝个人偏见或主观假设的影响。

（4）揭示问题与挖掘机遇：数据分析具备敏锐洞察潜在问题和宝贵机会的能力。而撰写报告则是将这些重要发现清晰呈现的有效手段，能够迅速引起相关人员的高度关注，促使他们及时采取相应的应对措施。这对于组织而言意义重大，有助于其快速解决问题、牢牢把握发展机遇，从而显著提升业务绩效水平。因此，报告应着重突出关键的问题点和潜在的机会点，并附带具体的建议措施和详细的行动计划。

（5）推动持续改进发展：撰写数据分析报告对于组织的持续改进具有积极的推动作用。通过对过往报告的回顾与深入分析，组织能够准确评估先前决策的实际效果，并依据实际情况灵活调整、优化策略。同时，这些报告还可作为未来分析工作的宝贵参考资料，助力组织不断积累经验、汲取教训，实现持续的学习与进步。为此，报告应当包含对过去决策效果的评价、未来改进的方向指引以及具体的行动计划安排。

综上，通过高质量的数据分析报告，分析师能够更加充分地彰显数据的价值，协助组织做出明智合理的决策，有力推动业务的发展。

10.2　DeepSeep 撰写数据分析报告的注意事项

在数据分析领域，常遵循"80%数据处理+20%分析"的规律。即整个流程中，绝大多数时间与精力都投入到数据的收集和整理环节，实际分析反而占比相对较小。究其原因，在于开展有效分析前必须确保数据的精准可靠——若基础数据存在偏差，后续得出的结论将失去价值，甚至可能引发决策失误。因此，保障数据的质量和准确性始终是数据分析工作的核心前提。

为提升报告产出效率与质量，可借助DeepSeek辅助完成数据分析报告的撰写工作。但在享受技术便利的同时，仍需高度警惕潜在的数据安全风险，具体应注意以下几个方面：

（1）严格把控输入端信息边界。切勿向DeepSeek提交含敏感内容的素材，包括但不限于客户隐私数据（如身份证件号码、银行账户信息、联络方式）、企业商业机密（如未公开的产品设计方案、内部财务台账）及涉及国家安全的特殊领域数据。

（2）强化输出内容审核机制。当利用DeepSeek生成报告框架或部分文本后，务必进行全面核查，确认是否存在意外泄露的风险点。针对包含企业内部信息的文档，需要建立标准化审查流程，安排专人依据既定规范进行泄密隐患排查。

（3）优化数据处理前置流程。在条件允许的情况下，优先对原始数据实施匿名化或脱敏处理，再基于处理后的数据结合DeepSeek的建议开展报告编写。例如采用代号替代个人身份标识、对具体金额进行模糊化处理等策略，即便在与系统交互过程中发生数据流转，也能最大限度降低敏感信息暴露的可能性。

10.3　案例：电商数据分析报告

本节以电商母婴用户的行为数据为基础展开深入分析，其目的在于全方位地揭示用户在消费过程中的行为模式与特点。通过对这些数据的细致剖析，能够为电商平台以及商家提供极具针对性的精准营销策略，同时给予精细化的运营指导建议，有助于平台和商家在激烈的市场竞争中脱颖而出，最终实现营收的稳定增长，开拓更为广阔的商业发展空间。

10.3.1　分析背景

母婴商品在市场上仍然占有巨大的份额，这是因为母婴产品直接关系到下一代的健康成长，家长对于母婴产品的需求和关注度都非常高。随着互联网的发展，电子商务平台成为母婴商品销售的重要渠道，各大电商企业都在积极探寻新的发展模式，以适应市场的变化和消费者的需求。

本案例结合某母婴商品数据，对母婴商品销售背后的大数据进行分析，旨在挖掘出消费者购买行为背后的规律和特点，从而为商家提供更好的销售建议或搜索结果。通过对用户在电商平台的浏览、搜索、购买等行为进行分析，我们可以发现用户的消费习惯、购买偏好和需求，从而为商家提供有针对性的营销策略建议和商品推荐。

具体分析步骤如下：

01　数据收集：首先，我们需要收集某母婴商品平台上的用户行为数据，包括用户 ID、商品 ID、商品类别、商品根类别、购买数量、购买时间、性别等。这些数据可以帮助我们了解用户的消费行为和偏好。

02　数据预处理：对收集到的数据进行清洗和预处理，包括去除重复数据、填补缺失值、转换数据格式等。这一步有助于提高数据的质量和可用性。

03　用户特征分析：对用户的基本信息进行分析，了解用户的年龄、性别、地域分布等特征，为商家提供更加精准的客户对象。

04　购买行为分析：对用户的购买行为进行分析，包括购买数量、购买时间等数据。通过购买数量的统计分析，我们可以发现哪些商品受到用户的青睐，以及用户购买的频率和数量。对购买时间的分析可以帮助商家了解用户的购买习惯，如哪些时间段是用户的购物高峰期，以便商家合理安排促销活动和库存管理。

05　商品类别分析：对商品类别和商品根类别进行分析，以便了解用户在不同商品类别的消费偏好。通过对商品类别和商品根类别的交叉分析，我们可以发现用户在不同商品类别的购买行为是否存在关联，从而帮助商家进行商品组合销售和营销策略的制定。

06　搜索行为分析：对用户的搜索行为进行分析，了解用户在平台上的兴趣点和关注点，以便商家可以针对性地推送相关商品和优惠信息。

10

07 结果应用：根据以上分析结果，商家可以制定有针对性的营销策略和商品推荐，提高销售额和用户满意度。同时，商家还可以根据用户的行为数据优化商品布局、提高商品质量、提升服务水平等，从而提升竞争力。

通过以上分析，商家可以更好地理解消费者的需求和购买行为，从而提供更加精准的销售建议或搜索结果，帮助平台和商家实现营收增长。

10.3.2 理解数据

案例数据集来源于某平台提供的母婴商品的用户行为数据，这些数据记录了用户在平台上的各种互动行为，如浏览、搜索、购买等。数据集包括以下字段：

（1）用户ID：标识每个用户的唯一标识符，用于区分不同的用户。
（2）商品ID：标识每个商品的唯一标识符，用于区分不同的商品。
（3）商品类别：商品所属的大类，如"婴儿用品""儿童服饰"等。
（4）商品根类别：商品所属的根类别，如"家居生活""母婴用品"等。
（5）购买数量：用户购买该商品的数量。
（6）购买时间：用户购买该商品的时间，通常以日期和时间的形式表示。
（7）性别：用户的性别，通常为"男"或"女"。

这些字段构成了数据集的基础，通过分析这些数据，我们可以了解用户在平台上的消费行为、购买偏好和需求等信息。表10-1展示了数据集的示例，其中包括部分用户和商品的购买行为数据。

表 10-1 母婴销售数据

用户 ID	商品 ID	商品类别	商品根类别	购买数量	购买时间	性 别
191039747	7984139502	50008859	28	1	2023/12/31	0
419554296	37829194505	50024153	28	1	2023/12/31	1
730452910	35594802518	50152021	28	1	2023/12/31	0
2122143464	40963468736	50012564	50014815	1	2023/12/31	0
750966815	24670744809	211122	38	3	2023/12/31	1
27899923	38892785409	50023722	28	1	2023/12/31	0
793079132	41600225054	121424027	50008168	1	2023/12/31	0
823167418	40791039747	50011993	28	1	2023/12/31	1
…	…	…	…	…	…	…

通过分析这些数据，我们可以回答以下问题：

（1）哪些商品最受用户欢迎？

（2）用户购买商品的时间分布有何特点？

（3）不同性别的用户在购买母婴商品时有何差异？

（4）哪些商品类别和根类别最受欢迎？

（5）用户购买母婴商品的数量有何规律？

通过对这些问题的回答，我们可以为商家提供有针对性的营销策略和商品推荐，提高销售额和用户满意度。同时，商家还可以根据用户的行为数据优化商品布局、提高商品质量、提升服务水平等，从而提升竞争力。

10.3.3　数据清洗

接下来，我们要对案例中的数据进行全面而细致的清洗工作。首先，仔细检查数据中是否存在缺失值，若有则采用合适的方法进行填充。然后，排查异常值，对明显不合理的数据点进行修正或剔除。同时，对数据的格式进行统一，确保数据的一致性和可用性，为后续的分析和处理奠定坚实的基础。

分析师小王精心构思出一段详细的提示语，明确地阐述了自己的具体需求，从数据要求到分析方向，再到期望的结果呈现，条理清晰。

提示语和输出如下。

提示语

你作为一名资深数据分析专家，具备以下技能。

业务理解能力：具备行业和业务领域的知识，能够理解业务需求本质，解决实际问题，并提供数据驱动的建议和解决方案。

数据探索能力：熟悉数据分析与可视化工具，敏锐洞察数据的特征，发现数据中的潜在模式和趋势，为深入分析提供方向。

数据清洗能力：能够识别和处理数据中的缺失值、异常值和重复值，对数据进行标准化和归一化处理，使数据具有可比性。

数据转换能力：能够熟练运用各种工具和技术，对不同格式、类型的数据进行清洗、整理和转换，以满足分析和建模需求。

数据分析能力：能够运用统计学和数据建模技术分析数据，理解数据之间的关系，识别模式和趋势，从中提取有用的信息。

数据挖掘能力：掌握常见的机器学习算法及应用场景，具备数据处理、分析及模式识别能力，善于从庞杂的数据中探寻规律。

数据绘图能力：掌握可视化工具与技术，将复杂数据转换为直观图表，以清晰美观的形式呈现数据，助力有效沟通与决策。

学习创新能力：伴随技术和行业发展，学习新工具和技术，不断更新自己的知识和技能，并不断创新和改进数据分析方法。

从专业的角度，读取"D:\\DeepSeek 高效数据分析\\ch10\\母婴用品销售数据.xlsx"中的数据。请你帮我处理重复值和缺失值，丢弃含有重复值的行，并删除任何含有缺失值的行，输出处理后的数据集，以代码块的形式给我 Python 代码，为了便于理解，程序中需要添加详细的中文注释，并将处理后的数据表格另存到本地"D:\\DeepSeek 高效数据分析\\ch10\\"，命名为母婴用品销售数据_清洗后，格式为 Excel 表格。

输　出

好的，以下是处理重复值和缺失值的Python代码，将处理后的数据保存为新的 Excel 文件：

```python
import pandas as pd

# 读取Excel文件中的数据
file_path = "D:\\DeepSeek高效数据分析\\ch10\\母婴用品销售数据.xlsx"
data = pd.read_excel(file_path)

# 丢弃含有重复值的行
data = data.drop_duplicates()

# 删除任何含有缺失值的行
data = data.dropna()

# 将处理后的数据保存为新的Excel文件
output_path = "D:\\DeepSeek高效数据分析\\ch10\\母婴用品销售数据_清洗后.xlsx"
data.to_excel(output_path, index=False)

print("数据清洗完成，已保存到:", output_path)

### 代码说明：
1. **导入pandas库**：用于数据处理。
2. **读取Excel文件**：使用pd.read_excel读取指定路径的Excel文件。
3. **丢弃含有重复值的行**：使用drop_duplicates方法。
4. **删除含有缺失值的行**：使用dropna方法。
5. **保存处理后的数据**：使用to_excel方法将清洗后的数据保存到指定路径的新Excel文件中。
```

运行此代码后，处理后的数据将被保存到 D:\\DeepSeek 高效数据分析\\ch10\\母婴用品销售数据_清洗后.xlsx。

经过以上数据清洗步骤，数据集都已经全部清洗完毕，现在的数据是比较干净的，为后续的数据分析工作打下基础。

10.3.4　数据分析

1. 用户性别分析

通过收集电商平台的用户注册信息、购物记录以及用户调研数据等，可以较为准确地确定用户的性别。一般来说，男性和女性在购物行为、偏好以及决策过程上存在着显著差异。男性电商用户往往更注重产品的功能性、实用性和性价比。他们在购买电子产品、运动装备等商品时，会更加关注产品的参数和性能，决策过程相对较为迅速。而女性电商用户通常更注重产品的外观设计、品质以及情感价值。在购买服装、化妆品等商品时，她们会更加关注品牌、款式和口碑，并且会花费更多的时间进行比较和选择。

　　分析电商用户群体的性别比例，可以帮助电商平台更好地了解不同性别用户的需求，从而有针对性地进行商品推荐和营销活动策划。如果平台的女性用户占比较高，那么可以加大对服装、美妆、家居等品类的商品推广力度，并且可以通过举办女性专属的促销活动来提高用户的参与度和购买转化率。反之，如果男性用户居多，那么可以加强对电子产品、运动健身等商品类的推荐，同时推出适合男性用户的优惠活动和服务。

　　分析师小王精心构思出一段详细的提示语，明确地阐述了自己的具体需求，从数据要求到分析方向，再到期望的结果呈现，条理清晰。

　　提示语和输出如下。

提示语	你作为一名资深数据分析专家，具备以下技能。
	业务理解能力：具备行业和业务领域的知识，能够理解业务需求本质，解决实际问题，并提供数据驱动的建议和解决方案。
	数据探索能力：熟悉数据分析与可视化工具，敏锐洞察数据的特征，发现数据中的潜在模式和趋势，为深入分析提供方向。
	数据清洗能力：能够识别和处理数据中的缺失值、异常值和重复值，对数据进行标准化和归一化处理，使数据具有可比性。
	数据转换能力：能够熟练运用各种工具和技术，对不同格式、类型的数据进行清洗、整理和转换，以满足分析和建模需求。
	数据分析能力：能够运用统计学和数据建模技术分析数据，理解数据之间的关系，识别模式和趋势，从中提取有用的信息。
	数据挖掘能力：掌握常见的机器学习算法及应用场景，具备数据处理、分析及模式识别能力，善于从庞杂的数据中探寻规律。
	数据绘图能力：掌握可视化工具与技术，将复杂数据转换为直观图表，以清晰美观的形式呈现数据，助力有效沟通与决策。
	学习创新能力：伴随技术和行业发展，学习新工具和技术，不断更新自己的知识和技能，并不断创新和改进数据分析方法。
	首先，读取"D:\\DeepSeek 高效数据分析\\ch10\\母婴用品销售数据_清洗后.xlsx"中的数据，数据集包括以下字段：
	1. 用户 ID：标识每个用户的唯一标识符，用于区分不同的用户。

10

2. 商品 ID：标识每个商品的唯一标识符，用于区分不同的商品。

3. 商品类别：商品所属的大类，如"婴儿用品""儿童服饰"等。

4. 商品根类别：商品所属的根类别，如"家居生活""母婴用品"等。

5. 购买数量：用户购买该商品的数量。

6. 购买时间：用户购买该商品的时间，通常以日期和时间的形式表示。

7. 性别：数值为 1 表示男，数值为 0 表示女，数值为 2 表示未知。

　　然后，请你从专业的角度帮我对用户群体性别进行分析，并输出环形图，为代码添加中文注释，对程序进行详细解释说明，图形默认字体为中文字体（如 SimHei），将 axes.unicode_minus 设置为 False，以确保负号正常显示。

输　出

以下是读取 Excel 数据并分析用户群体性别的 Python 代码示例。代码中包含中文注释，使用 Matplotlib 绘制环形图，并设置中文字体和负号正常显示。

```python
import pandas as pd
import matplotlib.pyplot as plt
import matplotlib

# 设置中文字体
matplotlib.rcParams['font.sans-serif'] = ['SimHei']
# 确保负号正常显示
plt.rcParams['axes.unicode_minus'] = False

# 读取 Excel 数据
file_path = "D:\\DeepSeek高效数据分析\\ch10\\母婴用品销售数据_清洗后.xlsx"
data = pd.read_excel(file_path)

# 性别分析
gender_counts = data['性别'].value_counts()    # 统计性别分布
gender_labels = {0: '女', 1: '男', 2: '未知'}   # 性别标签映射
gender_counts.index = [gender_labels[i] for i in gender_counts.index]  # 替换为中文标签

# 绘制环形图
plt.figure(figsize=(8, 6))   # 设置图形大小
plt.pie(gender_counts, labels=gender_counts.index, autopct='%1.1f%%', startangle=90, pctdistance=0.85)
# 绘制中心白色圆圈，形成环形图效果
centre_circle = plt.Circle((0, 0), 0.70, fc='white')
fig = plt.gcf()
fig.gca().add_artist(centre_circle)

# 添加标题
plt.title('用户群体性别分布')
plt.axis('equal')   # 确保饼图为圆形
plt.show()          # 显示图形
```

```
### 代码说明：
1．**导入库**：使用pandas读取Excel数据，使用matplotlib绘制图形。
2．**设置字体**：配置中文字体为SimHei，确保中文字符正常显示。
3．**读取数据**：从指定路径读取Excel文件。
4．**性别分析**：统计性别分布，并将数值标签转换为中文。
5．**绘制环形图**：使用plt.pie绘制饼图，并通过添加白色圆圈实现环形效果。
6．**显示图形**：设置标题并显示图形。
```

请根据需要调整文件路径和其他参数。

对商品销售数据进行用户性别分析，女婴占比51.4%，男婴占比45.9%，女婴相比男婴受众更多，营销时可倾向于对女婴进行宣传，如图10-1所示。

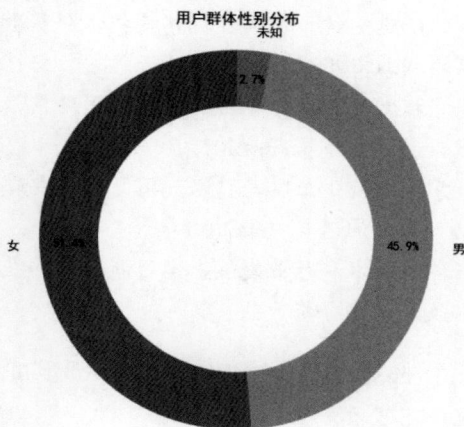

图 10-1　用户性别分析

2．用户偏好分析

电商用户群体极为庞大且多元化，不同的用户在商品偏好上存在显著差异。通过对用户的购买历史、浏览记录、搜索关键词等数据进行深入挖掘，可以逐步勾勒出用户的商品偏好画像。对于一些年轻的电商用户，他们可能更倾向于时尚潮流的商品。在服装领域，追求新颖的设计、独特的风格以及流行的色彩搭配。

例如，当下流行的宽松版型服饰、复古风格的单品等都可能成为他们的心头好。在美妆方面，热衷于尝试新推出的化妆品和护肤品，关注品牌的创新性和口碑。同时，时尚配饰如个性的首饰、潮流的包包和帽子等也备受青睐。

分析师小王精心构思出一段详细的提示语，明确地阐述了自己的具体需求，从数据要求到分析方向，再到期望的结果呈现，条理清晰。

提示语和输出如下。

提示语

你作为一名资深数据分析专家，具备以下技能。

业务理解能力：具备行业和业务领域的知识，能够理解业务需求本质，解决实际问题，并提供数据驱动的建议和解决方案。

数据探索能力：熟悉数据分析与可视化工具，敏锐洞察数据的特征，发现数据中的潜在模式和趋势，为深入分析提供方向。

数据清洗能力：能够识别和处理数据中的缺失值、异常值和重复值，对数据进行标准化和归一化处理，使数据具有可比性。

数据转换能力：能够熟练运用各种工具和技术，对不同格式、类型的数据进行清洗、整理和转换，以满足分析和建模需求。

数据分析能力：能够运用统计学和数据建模技术分析数据，理解数据之间的关系，识别模式和趋势，从中提取有用的信息。

数据挖掘能力：掌握常见的机器学习算法及应用场景，具备数据处理、分析及模式识别能力，善于从庞杂的数据中探寻规律。

数据绘图能力：掌握可视化工具与技术，将复杂数据转换为直观图表，以清晰美观的形式呈现数据，助力有效沟通与决策。

学习创新能力：伴随技术和行业发展，学习新工具和技术，不断更新自己的知识和技能，并不断创新和改进数据分析方法。

首先，读取"D:\\DeepSeek 高效数据分析\\ch10\\母婴用品销售数据_清洗后.xlsx"中的数据，数据集包括以下字段：

1. 用户 ID：标识每个用户的唯一标识符，用于区分不同的用户。
2. 商品 ID：标识每个商品的唯一标识符，用于区分不同的商品。
3. 商品类别：商品所属的大类，如"婴儿用品""儿童服饰"等。
4. 商品根类别：商品所属的根类别，如"家居生活""母婴用品"等。
5. 购买数量：用户购买该商品的数量。
6. 购买时间：用户购买该商品的时间，通常以日期和时间的形式表示。
7. 性别：数值为 1 表示男，数值为 0 表示女，数值为 2 表示未知。

然后，请你从专业的角度帮我对用户群体按男女性别分析购买偏好，输出按商品根类别统计购买数量排名前 6 的并列条形图，为代码添加中文注释，对程序进行详细解释说明，图形默认字体为中文字体，如 SimHei，将 axes.unicode_minus 设置为 False，确保负号正常显示。

输　出

以下是读取 Excel 数据并分析用户群体按性别的购买偏好的 Python 代码示例。代码中包含中文注释，详细解释了每一步的操作。

```python
import pandas as pd
import matplotlib.pyplot as plt
import matplotlib.font_manager as fm

# 读取 Excel 数据
file_path = "D:\\DeepSeek高效数据分析\\ch10\\母婴销售数据_清洗后.xlsx"
data = pd.read_excel(file_path)

# 数据预处理：将性别列转换为分类
data['性别'] = data['性别'].astype('category')

# 按性别和商品根类别统计购买数量
purchase_summary = data.groupby(['性别', '商品根类别'])['购买数量'].sum().unstack()

# 选择购买数量排名前6的商品根类别
top_categories = purchase_summary.sum(axis=0).nlargest(6).index
purchase_summary = purchase_summary[top_categories]

# 绘制并列条形图
plt.figure(figsize=(10, 6))
purchase_summary.plot(kind='bar', width=0.8)

# 设置图形的中文字体
font_path = "C:\\Windows\\Fonts\\SimHei.ttf"  # 确保路径正确
font_prop = fm.FontProperties(fname=font_path)
plt.title('按性别分析购买偏好（前6商品根类别）', fontproperties=font_prop)
plt.xlabel('商品根类别', fontproperties=font_prop)
plt.ylabel('购买数量', fontproperties=font_prop)
plt.xticks(rotation=45, fontproperties=font_prop)
plt.legend(title='性别', prop=font_prop)

# 确保负号正常显示
plt.gca().xaxis.set_major_formatter(plt.FuncFormatter(lambda x, _: str(int(x))))
plt.gca().yaxis.set_major_formatter(plt.FuncFormatter(lambda y, _: str(int(y))))
plt.gca().set_title('按性别分析购买偏好（前6商品根类别）', fontproperties=font_prop)
plt.grid(axis='y')

# 显示图形
plt.tight_layout()
plt.show()

### 代码说明：
1. **读取数据**：使用 pandas 读取指定路径的 Excel 文件。
```

10

2．**数据预处理**：将性别列转换为分类数据类型，以便后续分析。

3．**统计购买数量**：按性别和商品根类别分组，计算每组的购买数量总和，并使用unstack 方法将性别作为列。

4．**选择前6商品根类别**：通过nlargest方法获取购买数量排名前6的商品根类别。

5．**绘制条形图**：使用matplotlib绘制并列条形图，设置中文字体和图例。

6．**确保负号正常显示**：通过设置格式化器确保负号显示正常。

7．**显示图形**：使用plt.show()显示最终图形。

请确保在运行代码前安装所需的库（如 pandas 和 matplotlib），并根据实际情况调整字体路径。

对商品销售数据进行不同性别用户群体的商品偏好分析。从购买量来看，男女婴都偏好28、50008168以及50014815类型的商品，如图10-2所示。

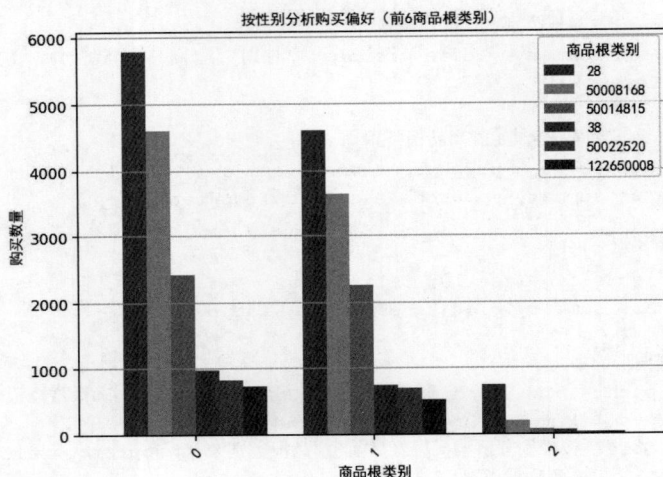

图 10-2 用户偏好分析

3. 商品季度销售量分析

在进行电商商品季度销售量分析时，首先需要收集相关的数据。这些数据包括商品的销售数量、销售额、销售时间、商品类别、客户信息等。通过对这些数据的整理和分析，可以了解不同商品在不同季度的销售情况。

接下来，对数据进行可视化处理，以便更直观地了解销售趋势。例如，可以制作柱状图、折线图、饼图等图表，展示不同商品的销售量、销售额占比以及销售趋势变化。这样可以帮助商家快速了解哪些商品在哪个季度销售较好，哪些商品需要进行促销或调整策略。

分析师小王精心构思出一段详细的提示语，明确地阐述了自己的具体需求，从数据要求到分析方向，再到期望的结果呈现，条理清晰。

提示语和输出如下。

提示语

你作为一名资深数据分析专家，具备以下技能。

业务理解能力：具备行业和业务领域的知识，能够理解业务需求本质，解决实际问题，并提供数据驱动的建议和解决方案。

数据探索能力：熟悉数据分析与可视化工具，敏锐洞察数据的特征，发现数据中的潜在模式和趋势，为深入分析提供方向。

数据清洗能力：能够识别和处理数据中的缺失值、异常值和重复值，对数据进行标准化和归一化处理，使数据具有可比性。

数据转换能力：能够熟练运用各种工具和技术，对不同格式、类型的数据进行清洗、整理和转换，以满足分析和建模需求。

数据分析能力：能够运用统计学和数据建模技术分析数据，理解数据之间的关系，识别模式和趋势，从中提取有用的信息。

数据挖掘能力：掌握常见的机器学习算法及应用场景，具备数据处理、分析及模式识别能力，善于从庞杂的数据中探寻规律。

数据绘图能力：掌握可视化工具与技术，将复杂数据转换为直观图表，以清晰美观的形式呈现数据，助力有效沟通与决策。

学习创新能力：伴随技术和行业发展，学习新工具和技术，不断更新自己的知识和技能，并不断创新和改进数据分析方法。

首先，读取"D:\\DeepSeek 高效数据分析\\ch10\\母婴用品销售数据_清洗后.xlsx"中的数据，数据集包括以下字段：

1. 用户 ID：标识每个用户的唯一标识符，用于区分不同的用户。
2. 商品 ID：标识每个商品的唯一标识符，用于区分不同的商品。
3. 商品类别：商品所属的大类，如"婴儿用品""儿童服饰"等。
4. 商品根类别：商品所属的根类别，如"家居生活""母婴用品"等。
5. 购买数量：用户购买该商品的数量。
6. 购买时间：用户购买该商品的时间，通常以日期和时间的形式表示。
7. 性别：数值为 1 表示男，数值为 0 表示女，数值为 2 表示未知。

然后，请你从专业的角度帮我对商品销量整体趋势进行分析，输出按季度统计购买数量的水平条形图，为代码添加中文注释，对程序进行详细解释说明，图形默认字体为中文字体（如 SimHei），将 axes.unicode_minus 设置为 False，以确保负号正常显示。

输出

以下是读取 Excel 数据并分析商品销量整体趋势的 Python 代码示例。代码中包含中文注释，使用 Matplotlib 绘制按季度统计的购买数量水平条形图，并设置中文字体和负号正常显示。

```
import pandas as pd
import matplotlib.pyplot as plt
import matplotlib.font_manager as fm

# 读取Excel文件中的数据
file_path = "D:\\DeepSeek高效数据分析\\ch10\\母婴销售数据_清洗后.xlsx"
data = pd.read_excel(file_path)

# 将购买时间转换为datetime格式
data['购买时间'] = pd.to_datetime(data['购买时间'])

# 提取季度信息
data['季度'] = data['购买时间'].dt.to_period('Q')

# 按季度统计购买数量
quarterly_sales = data.groupby('季度')['购买数量'].sum().reset_index()

# 设置中文字体
font_path = "C:\\Windows\\Fonts\\SimHei.ttf"  # 确保字体路径正确
font_prop = fm.FontProperties(fname=font_path)

# 绘制水平条形图
plt.figure(figsize=(10, 6))
plt.barh(quarterly_sales['季度'].astype(str), quarterly_sales['购买数量'],
color='skyblue')
plt.xlabel('购买数量', fontproperties=font_prop)
plt.ylabel('季度', fontproperties=font_prop)
plt.title('商品销量整体趋势（按季度统计）', fontproperties=font_prop)
plt.grid(axis='x')

# 确保负号正常显示
plt.gca().xaxis.set_major_formatter(plt.FuncFormatter(lambda x, _:
str(int(x))))

# 显示图形
plt.show()

### 代码说明：
1. **读取数据**：使用pandas读取指定路径的Excel文件。
2. **时间处理**：将"购买时间"列转换为datetime格式，并提取季度信息。
3. **数据聚合**：按季度对"购买数量"进行求和，生成新的数据框。
4. **绘图设置**：使用matplotlib绘制水平条形图，设置中文字体和图形标题。
5. **负号显示**：通过设置格式化函数确保负号正常显示。
```

请确保在运行代码前安装所需的库（如 pandas 和 matplotlib），并根据实际情况调整字体路径。

从商品的季度销量情况来看，在2023年季度商品的销量是不断增长的，在第四季度达到峰值，超过了10 000件，其次是第三季度，接近8 000件，如图10-3所示。

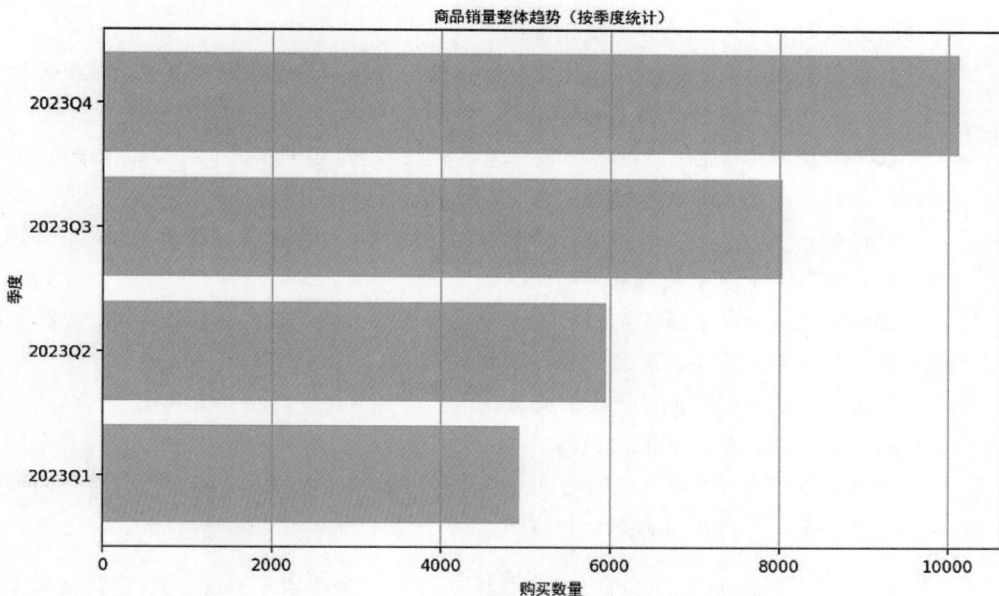

商品销量整体趋势（按季度统计）

图 10-3　商品季度销售量分析

4. 商品月度销售量分析

商品月度销售量分析是电商运营中至关重要的环节，它能为企业提供精准的市场洞察和决策依据。首先，收集商品月度销售数据，包括销售数量、销售额、销售时间、商品种类等。对这些数据进行细致整理，确保数据的准确性和完整性。

接着，进行数据可视化处理。可以绘制折线图等图表，直观地展示不同商品在各个月份的销售数量变化趋势以及销售额的波动情况。通过这些图表，能够迅速识别出销售高峰和低谷月份，为后续的分析提供直观的参考。

然后，确定哪些商品在特定月份表现出色，哪些商品销售不佳。分析不同种类商品的销售季节性特点，例如某些商品可能在特定季节或节日期间销量大增。这有助于企业合理调整商品库存和采购计划，确保畅销商品供应充足，同时减少滞销商品的库存积压。

分析师小王精心构思出一段详细的提示语，明确地阐述了自己的具体需求，从数据要求到分析方向，再到期望的结果呈现，条理清晰。

提示语和输出如下。

提示语	你作为一名资深数据分析专家，具备以下技能。
	业务理解能力：具备行业和业务领域的知识，能够理解业务需求本质，解决实际问题，并提供数据驱动的建议和解决方案。
	数据探索能力：熟悉数据分析与可视化工具，敏锐洞察数据的特征，发现数据中的

潜在模式和趋势, 为深入分析提供方向。

数据清洗能力: 能够识别和处理数据中的缺失值、异常值和重复值, 对数据进行标准化和归一化处理, 使数据具有可比性。

数据转换能力: 能够熟练运用各种工具和技术, 对不同格式、类型的数据进行清洗、整理和转换, 以满足分析和建模需求。

数据分析能力: 能够运用统计学和数据建模技术分析数据, 理解数据之间的关系, 识别模式和趋势, 从中提取有用的信息。

数据挖掘能力: 掌握常见的机器学习算法及应用场景, 具备数据处理、分析及模式识别能力, 善于从庞杂的数据中探寻规律。

数据绘图能力: 掌握可视化工具与技术, 将复杂数据转换为直观图表, 以清晰美观的形式呈现数据, 助力有效沟通与决策。

学习创新能力: 伴随技术和行业发展, 学习新工具和技术, 不断更新自己的知识和技能, 并不断创新和改进数据分析方法。

首先, 读取 "D:\\DeepSeek 高效数据分析\\ch10\\母婴用品销售数据_清洗后.xlsx" 中的数据, 数据集包括以下字段:

1. 用户 ID: 标识每个用户的唯一标识符, 用于区分不同的用户。
2. 商品 ID: 标识每个商品的唯一标识符, 用于区分不同的商品。
3. 商品类别: 商品所属的大类, 如"婴儿用品""儿童服饰"等。
4. 商品根类别: 商品所属的根类别, 如"家居生活""母婴用品"等。
5. 购买数量: 用户购买该商品的数量。
6. 购买时间: 用户购买该商品的时间, 通常以日期和时间的形式表示。
7. 性别: 数值为 1 表示男, 数值为 0 表示女, 数值为 2 表示未知。

然后, 请你从专业的角度帮我对商品销量整体趋势进行分析, 输出按月份统计购买数量的折线图, 为代码添加中文注释, 对程序进行详细解释说明, 图形默认字体为中文字体, 如 SimHei, 横轴是购买时间所在的月份, 将 axes.unicode_minus 设置为 False, 确保负号正常显示。

输 出

以下是读取 Excel 数据并分析商品销量整体趋势的 Python 代码示例。代码中包含中文注释, 使用 pandas 和 matplotlib 库进行数据处理和可视化。

```python
import pandas as pd
import matplotlib.pyplot as plt
import matplotlib

# 设置中文字体
matplotlib.rcParams['font.sans-serif'] = ['SimHei']
```

```
# 确保负号正常显示
matplotlib.rcParams['axes.unicode_minus'] = False

# 读取 Excel 数据
file_path = "D:\\DeepSeek高效数据分析\\ch10\\母婴销售数据_清洗后.xlsx"
data = pd.read_excel(file_path)

# 数据预处理
# 将购买时间转换为日期格式
data['购买时间'] = pd.to_datetime(data['购买时间'])

# 按月份统计购买数量
monthly_sales = data.resample('M', on='购买时间')['购买数量'].sum()

# 绘制折线图
plt.figure(figsize=(12, 6))
plt.plot(monthly_sales.index, monthly_sales.values, marker='o')
plt.title('商品销量整体趋势（按月份统计）')
plt.xlabel('购买时间（月份）')
plt.ylabel('购买数量')
plt.xticks(monthly_sales.index, monthly_sales.index.strftime('%Y-%m'),
rotation=45)
plt.grid()
plt.tight_layout()

# 显示图形
plt.show()

### 代码说明：
1. **导入库**：导入pandas用于数据处理，matplotlib用于绘图。
2. **设置字体**：设置图形的中文字体为SimHei，并确保负号正常显示。
3. **读取数据**：使用pd.read_excel读取指定路径的Excel文件。
4. **数据预处理**：
   - 将购买时间列转换为日期格式，以便进行时间序列分析。
5. **按月份统计**：使用resample方法按月对购买数量进行求和。
6. **绘制折线图**：设置图形大小，绘制折线图，并添加标题和坐标轴标签。
7. **显示图形**：使用plt.show()显示最终的折线图。
```

请确保在运行代码之前安装了 pandas 和 matplotlib 库。

从商品的月度销量情况来看，在2023年的11月份销量最多，超过了4000件，其次是10月份，超过了3200件，如图10-4所示。

商品销量整体趋势（按月份统计）

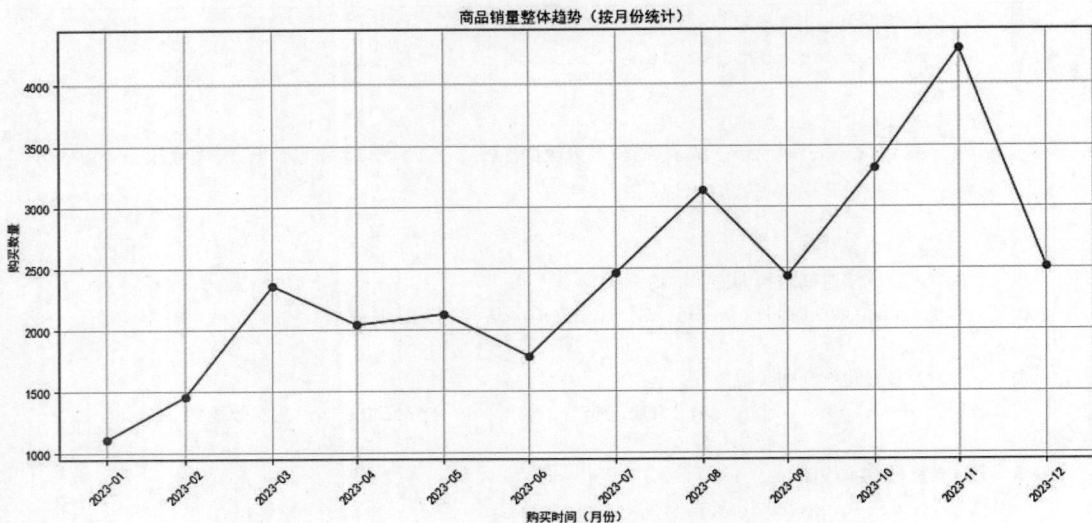

图 10-4　商品月度销售量分析

5. 商品每日销售量分析

每日销售量数据的收集是数据分析的基础，这些基础数据包括每一种商品的具体销售数量、销售时间点、销售渠道、购买客户的相关信息等，通过精心收集和整理这些数据，能够确保分析的准确性和可靠性。

在数据收集完成后，进行可视化呈现至关重要。可以利用面积图清晰地展示商品每日销售量的变化趋势，让人一眼就能看出销售量的起伏波动。通过可视化分析，能够迅速捕捉到销售量的高峰和低谷日子，为进一步的深入分析提供直观的视觉线索。

此外，还可以从时间维度观察是否存在特定的日期规律，比如是否在工作日和周末销售量有明显差异，或者在某些特定的节假日前后销售量会出现大幅度的变化。这有助于企业提前做好库存准备和营销策划，以应对不同时间段的销售需求。

分析师小王精心构思出一段详细的提示语，明确地阐述了自己的具体需求，从数据要求到分析方向，再到期望的结果呈现，条理清晰。

提示语和输出如下。

提示语

你作为一名资深数据分析专家，具备以下技能。

业务理解能力：具备行业和业务领域的知识，能够理解业务需求本质，解决实际问题，并提供数据驱动的建议和解决方案。

数据探索能力：熟悉数据分析与可视化工具，敏锐洞察数据的特征，发现数据中的潜在模式和趋势，为深入分析提供方向。

数据清洗能力：能够识别和处理数据中的缺失值、异常值和重复值，对数据进行标准化和归一化处理，使数据具有可比性。

数据转换能力：能够熟练运用各种工具和技术，对不同格式、类型的数据进行清洗、整理和转换，以满足分析和建模需求。

数据分析能力：能够运用统计学和数据建模技术分析数据，理解数据之间的关系，识别模式和趋势，从中提取有用的信息。

数据挖掘能力：掌握常见的机器学习算法及应用场景，具备数据处理、分析及模式识别能力，善于从庞杂的数据中探寻规律。

数据绘图能力：掌握可视化工具与技术，将复杂数据转换为直观图表，以清晰美观的形式呈现数据，助力有效沟通与决策。

学习创新能力：伴随技术和行业发展，学习新工具和技术，不断更新自己的知识和技能，并不断创新和改进数据分析方法。

首先，读取 "D:\\DeepSeek 高效数据分析\\ch10\\母婴用品销售数据_清洗后.xlsx" 中的数据，数据集包括以下字段：

1. 用户 ID：标识每个用户的唯一标识符，用于区分不同的用户。
2. 商品 ID：标识每个商品的唯一标识符，用于区分不同的商品。
3. 商品类别：商品所属的大类，如 "婴儿用品" "儿童服饰" 等。
4. 商品根类别：商品所属的根类别，如 "家居生活" "母婴用品" 等。
5. 购买数量：用户购买该商品的数量。
6. 购买时间：用户购买该商品的时间，通常以日期和时间的形式表示。
7. 性别：数值为 1 表示男，数值为 0 表示女，数值为 2 表示未知。

然后，请你从专业的角度帮我对商品销量整体趋势进行分析，输出 2023 年 11 月份每日商品购买数量的面积图，为代码添加中文注释，对程序进行详细解释说明，图形默认字体为中文字体，如 SimHei，横轴是购买时间所在的日期，将 axes.unicode_minus 设置为 False，以确保负号正常显示。

输　出

以下是读取 Excel 数据并绘制 2023 年 11 月份每日商品购买数量面积图的 Python 代码示例。代码中包含中文注释，解释每一步的操作。

```python
import pandas as pd
import matplotlib.pyplot as plt
import matplotlib.font_manager as fm

# 读取Excel文件中的数据
file_path = "D:\\DeepSeek高效数据分析\\ch10\\母婴用品销售数据_清洗后.xlsx"
data = pd.read_excel(file_path)

# 数据预处理
# 将购买时间转换为日期格式
```

10

```
    data['购买时间'] = pd.to_datetime(data['购买时间'])

    # 过滤出2023年11月份的数据
    november_data = data[(data['购买时间'].dt.year == 2023) & (data['购买时间
'].dt.month == 11)]

    # 按日期汇总购买数量
    daily_sales = november_data.groupby(november_data['购买时间'].dt.date)['
购买数量'].sum()

    # 绘制面积图
    plt.figure(figsize=(10, 6))
    plt.fill_between(daily_sales.index, daily_sales.values, color="skyblue",
alpha=0.4)
    plt.plot(daily_sales.index, daily_sales.values, color="Slateblue",
alpha=0.6, linewidth=2)

    # 设置图形的中文字体
    font_path = "C:\\Windows\\Fonts\\SimHei.ttf"  # SimHei字体路径
    font_prop = fm.FontProperties(fname=font_path)
    plt.title('2023年11月份每日商品购买数量', fontproperties=font_prop,
fontsize=16)
    plt.xlabel('购买日期', fontproperties=font_prop, fontsize=14)
    plt.ylabel('购买数量', fontproperties=font_prop, fontsize=14)

    # 确保负号正常显示
    plt.gca().xaxis.set_major_formatter(plt.FuncFormatter(lambda x, _:
pd.to_datetime(x).strftime('%Y-%m-%d')))
    plt.gca().tick_params(axis='x', rotation=45)
    plt.gca().set_xticks(daily_sales.index)
    plt.gca().set_xticklabels(daily_sales.index, fontproperties=font_prop)

    # 显示图形
    plt.grid()
    plt.tight_layout()
    plt.show()

### 代码说明：
1. **读取数据**：使用pandas读取指定路径的Excel文件。
2. **数据预处理**：将"购买时间"列转换为日期格式，并过滤出2023年11月份的数据。
3. **汇总数据**：按日期对购买数量进行汇总。
4. **绘制面积图**：使用matplotlib绘制面积图，设置图形的中文字体为SimHei，并确保负
号正常显示。
5. **显示图形**：最后显示图形并调整布局。
```

请确保在运行代码之前安装了所需的库（如 pandas 和 matplotlib），并根据实际情况调整字体路径。

从商品的每日销量情况来看，2023年11月10日的销量最高，接近2000件，这可能与购物节有

关，如图10-5所示。

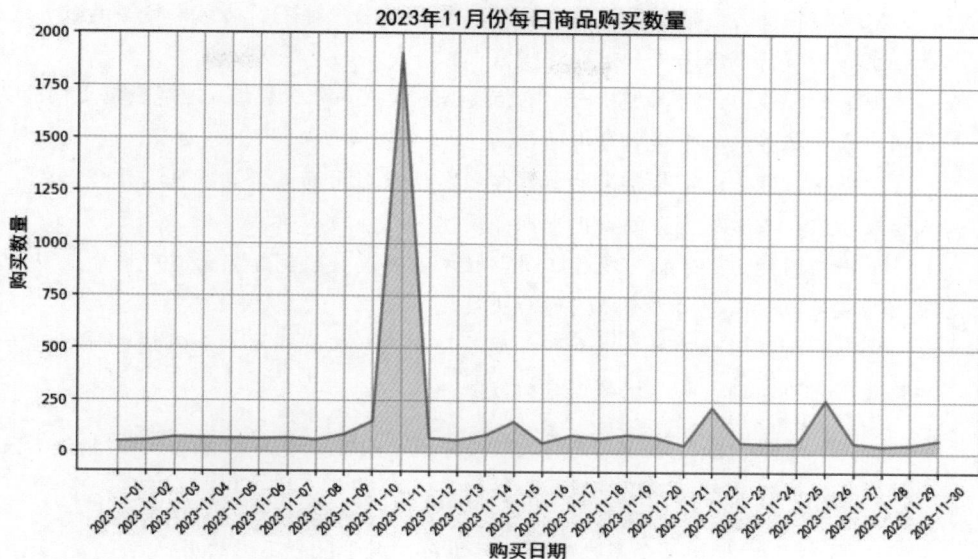

图 10-5　商品每日销售量分析

6. 畅销商品销售量分析

在进行畅销商品销售量分析时，需要全面收集相关的数据。这包括畅销商品在不同时间段的销售数量、销售金额、销售地域分布、销售渠道情况以及购买该商品的客户群体特征等多方面的信息。通过细致地收集这些数据，能够为后续的深入分析提供坚实可靠的基础。

接着，对收集到的数据进行系统地整理和分类。可以按照时间顺序排列销售数据，以便清晰地观察畅销商品销售量的变化趋势。同时，根据销售地域和销售渠道进行分类，了解不同地区和不同渠道对畅销商品的销售贡献度。对于客户群体特征的分类，则有助于深入了解哪些类型的消费者更倾向于购买该畅销商品。

分析师小王精心构思出一段详细的提示语，明确地阐述了自己的具体需求，从数据要求到分析方向，再到期望的结果呈现，条理清晰。

提示语和输出如下。

提示语	你作为一名资深数据分析专家，具备以下技能。 业务理解能力：具备行业和业务领域的知识，能够理解业务需求本质，解决实际问题，并提供数据驱动的建议和解决方案。 数据探索能力：熟悉数据分析与可视化工具，敏锐洞察数据的特征，发现数据中的潜在模式和趋势，为深入分析提供方向。 数据清洗能力：能够识别和处理数据中的缺失值、异常值和重复值，对数据进行

标准化和归一化处理，使数据具有可比性。

数据转换能力：能够熟练运用各种工具和技术，对不同格式、类型的数据进行清洗、整理和转换，以满足分析和建模需求。

数据分析能力：能够运用统计学和数据建模技术分析数据，理解数据之间的关系，识别模式和趋势，从中提取有用的信息。

数据挖掘能力：掌握常见的机器学习算法及应用场景，具备数据处理、分析及模式识别能力，善于从庞杂的数据中探寻规律。

数据绘图能力：掌握可视化工具与技术，将复杂数据转换为直观图表，以清晰美观的形式呈现数据，助力有效沟通与决策。

学习创新能力：伴随技术和行业发展，学习新工具和技术，不断更新自己的知识和技能，并不断创新和改进数据分析方法。

首先，读取 "D:\\DeepSeek 高效数据分析\\ch10\\母婴用品销售数据_清洗后.xlsx" 中的数据，数据集包括以下字段：

1. 用户 ID：标识每个用户的唯一标识符，用于区分不同的用户。
2. 商品 ID：标识每个商品的唯一标识符，用于区分不同的商品。
3. 商品类别：商品所属的大类，如"婴儿用品""儿童服饰"等。
4. 商品根类别：商品所属的根类别，如"家居生活""母婴用品"等。
5. 购买数量：用户购买该商品的数量。
6. 购买时间：用户购买该商品的时间，通常以日期和时间的形式表示。
7. 性别：数值为 1 表示男，数值为 0 表示女，数值为 2 表示未知。

然后，请你从专业的角度帮我对商品根类别（28、38、50008168、50014815、50022520、122650008）的销量整体趋势进行分析，输出按月份统计每种商品购买数量的折线图，为代码添加中文注释，对程序进行详细解释说明，图形及图例默认字体为中文字体，如 SimHei。

输出

以下是读取 Excel 数据并分析商品根类别销量趋势的 Python 代码示例。代码中包含中文注释，解释每一步的操作。

```python
import pandas as pd
import matplotlib.pyplot as plt
import matplotlib

# 设置中文字体和负号正常显示
matplotlib.rcParams['font.sans-serif'] = ['SimHei']
matplotlib.rcParams['axes.unicode_minus'] = False

# 读取 Excel 数据
```

```
file_path = "D:\\DeepSeek高效数据分析\\ch10\\母婴用品销售数据_清洗后.xlsx"
data = pd.read_excel(file_path)

# 选择需要分析的商品根类别
selected_categories = [28, 38, 50008168, 50014815, 50022520, 122650008]
filtered_data = data[data['商品根类别'].isin(selected_categories)]

# 将购买时间转换为日期格式，并提取月份
filtered_data['购买时间'] = pd.to_datetime(filtered_data['购买时间'])
filtered_data['月份'] = filtered_data['购买时间'].dt.to_period('M')

# 按月份和商品根类别统计购买数量
monthly_sales = filtered_data.groupby(['月份', '商品根类别'])['购买数量
'].sum().unstack(fill_value=0)

# 绘制折线图
plt.figure(figsize=(12, 6))
for category in monthly_sales.columns:
    plt.plot(monthly_sales.index.astype(str), monthly_sales[category],
marker='o', label=str(category))

# 设置图表标题和标签
plt.title('商品根类别销量整体趋势分析')
plt.xlabel('月份')
plt.ylabel('购买数量')
plt.xticks(rotation=45)
plt.legend(title='商品根类别')
plt.grid()

# 显示图形
plt.tight_layout()
plt.show()
```

代码说明：
1．**导入库**：使用 pandas 进行数据处理，matplotlib进行数据可视化。
2．**设置字体**：确保图表中的中文字符正常显示，并设置负号显示。
3．**读取数据**：从指定路径读取Excel文件。
4．**过滤数据**：选择特定的商品根类别进行分析。
5．**日期处理**：将购买时间转换为日期格式，并提取月份。
6．**统计销量**：按月份和商品根类别统计购买数量。
7．**绘制折线图**：为每个商品根类别绘制折线图，并设置图表的标题、标签和图例。
8．**显示图形**：调整布局并显示图形。

请根据需要调整文件路径和商品根类别。

从畅销商品月度销售量情况来看，2023年全年6种商品的销量变化趋势基本保持一致，其中28类型的商品在每个月基本都是排名第一，如图10-6所示。

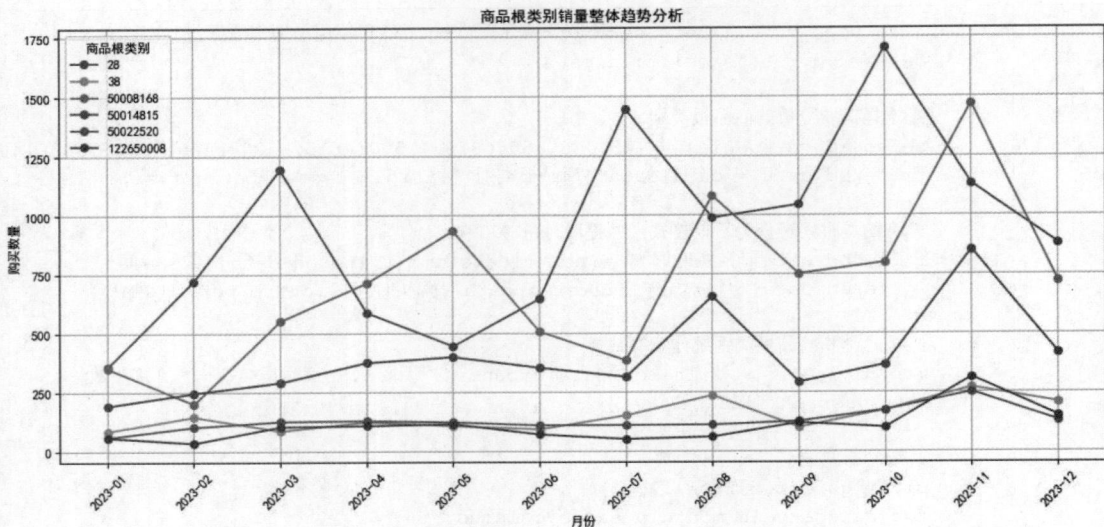

图 10-6   月度销售变化趋势

10.3.5   案例总结

（1）从用户群体分析，结合用户整体销售情况，男女婴都偏好28、50008168以及50014815类型的商品，尤其是28类型的商品。市场销售部门对于男女婴都偏好的28、50008168以及50014815类型的商品保证充足的货源。

（2）从用户整体销售的角度分析，用户对于50008168、50014815以及28类型的商品比较感兴趣，购买量较大，市场销售部门应保证销量排名前三的商品货源充足。为提高销量，需要加强营销，提高购买人数，同时不断改进商品，促进人均购买量的提升。

（3）从商品销售趋势分析，不同类型的商品具有季节性的趋势，类型为28和50008168的商品在第四季度销量较高，而在第一季度较低，由此销售部门可以根据该规律对相关类型的商品进行季节性调整，满足市场需求。

10.4   本章小结

本章围绕如何借助DeepSeek工具高效完成数据分析报告展开，内容结构清晰且注重实践。首先探讨了撰写分析报告的必要性，强调其作为沟通桥梁、决策支持、过程记录、问题发现及持续改进的核心作用；随后聚焦注意事项，指导读者规避常见误区以提升报告质量；最后通过电商案例进行全流程演示，包括分析背景梳理、数据理解与清洗、深度分析实施以及总结提炼等环节，完整呈现了从原始数据到洞察结论的转化路径。整体旨在帮助读者掌握利用DeepSeek系统化输出专业分析报告的能力，实现数据价值的可视化传递和业务赋能。

案例：DeepSeek 金融量化数据分析

11

在当今数字化浪潮席卷金融领域的大背景下，股票投资已不再是单纯依赖直觉与经验的"艺术"，而是逐渐演变为一门融合了先进技术与精准数据的科学。本章聚焦于一个极具代表性的案例——运用DeepSeek进行金融量化数据分析，特别是基于K线图技术的深度挖掘。通过这一实践，不仅能够揭示隐藏在价格波动背后的规律，还能为投资者提供洞察视角，助力其在瞬息万变的股市中把握先机、规避风险。

11.1 案例概述

自1990年我国股票市场建立以来，经历了快速发展与制度革新。随着上交所、深交所相继成立，以及2021年北交所的设立，为量化交易提供了更丰富的标的选择和多层次的市场结构基础。本章案例基于K线图技术进行股票量化数据分析。因此，我们首先介绍K线图技术，然后介绍如何获取股票数据，为后续的股票数据分析奠定基础。

11.1.1 K线图技术理论

技术分析是金融界最为流行的分析方法之一，其中K线图技术作为最典型的技术分析方法之一，被投资者普遍应用。

K线图又称阴阳图、蜡烛图等，是由股票历史价格的最高价、最低价、开盘价、收盘价构成的，根据这4项历史价格数据的相对大小不同，又可以组成不同的K线图形态，可以通过观察K线图这4项指标来预测未来市场的变动状况。K线图技术得到投资者广泛应用，一方面是因为该投资分析方法有着较长的使用历史，支持者众多；另一方面是因为掌握K线图的相关技术是进行股票投资的基础，每位投资者在进行投资分析时一般都会使用K线图。

投资者使用K线图技术是为了获取更多未来市场价格走势的信号，从而进行投资决策获得超额收益。根据信号显示内容的不同，可以将K线图分成持续形态的K线图和反转形态的K线图。持续形态的K线图表示未来股价将会延续现在的趋势，反转形态的K线图出现则意味着原来的股价趋势将会发生变化。通常反转形态的K线图信号更强烈，学者对反转形态K线图组合的研究也相对较多。根据原来股票价格的趋势，可以将反转形态的K线图分为看涨K线图和看跌K线图。处于股价上升趋势的反转形态K线图意味着股价上升到最高点处，未来股票价格将会出现反转，股价开始下跌，常见的有俯冲之鹰、乌云盖顶、看跌吞没、黄昏星等形态，下降趋势中的反转形态意味着股价已经下跌至底部，可以买入出现该信号的股票，常见的包括看涨吞没、刺透线等K线形态。

本案例以Joseph E.Granville提出的八大交易法则为基础，参考平均线由下降逐渐走平，且有向上抬头的迹象，而股价自均线的下方向上突破平均线时是买进信号；均线从上升趋势逐渐转为水平，且有向下跌的倾向，当股价从平均线上方向下突破平均线时，为卖出信号。移动平均线作为平均成本的概念，当短期均线向上穿过长期均线时，说明股价有向上的趋势，出现买入信号；当短期均线向下穿过长期均线时，说明股价有向下的趋势，出现卖出信号。但是，在实际应用中会发现，长短期均线在一段时期内会频繁交叉，导致出现许多虚假的买卖点，如果仍然按照法则进行交易，就会产生亏损。

11.1.2　案例数据采集

在进行数据分析之前，我们需要采集金融股票交易数据。这通常涉及从多个数据源获取信息，包括股票交易所、金融信息提供商和市场研究机构等。在Python中，有一个免费开源的Baostock金融数据接口，它为我们提供了便利，可以进行相应数据的下载。

Baostock金融数据接口可以免费获取股票数据、指数数据、季频财务数据、季频公司报告、宏观经济数据、板块信息等一些股票分析的基础数据。这些数据对于金融分析师来说至关重要，因为它们提供了对市场趋势、公司财务状况和宏观经济环境的深入洞察。

通过Baostock金融数据接口获取的数据返回格式是DataFrame类型。DataFrame是Pandas库中的一个数据结构，它以表格的形式存储数据，包含行和列。这使得我们可以方便地对数据进行筛选、排序、分组、聚合等操作，从而更好地分析和理解数据。

使用Baostock金融数据接口获取的数据，我们可以进行多种分析，包括趋势分析、财务分析、市场情绪分析等。这些分析可以帮助我们预测市场走势，识别投资机会，评估投资风险，并为投资决策提供支持。

下面我们使用DeepSeek来获取该数据集。

分析师小王精心构思出一段详细的提示语，明确地阐述了自己采集数据的具体需求，从数据要求到分析方向，再到期望的结果呈现，条理清晰。

提示语和输出如下。

提示语

你作为一名资深数据分析专家，具备以下技能。

业务理解能力：具备行业和业务领域的知识，能够理解业务需求本质，解决实际问题，并提供数据驱动的建议和解决方案。

数据探索能力：熟悉数据分析与可视化工具，敏锐洞察数据的特征，发现数据中的潜在模式和趋势，为深入分析提供方向。

数据清洗能力：能够识别和处理数据中的缺失值、异常值和重复值，对数据进行标准化和归一化处理，使数据具有可比性。

数据转换能力：能够熟练运用各种工具和技术，对不同格式、类型的数据进行清洗、整理和转换，以满足分析和建模需求。

数据分析能力：能够运用统计学和数据建模技术分析数据，理解数据之间的关系，识别模式和趋势，从中提取有用的信息。

数据挖掘能力：掌握常见的机器学习算法及应用场景，具备数据处理、分析及模式识别能力，善于从庞杂的数据中探寻规律。

金融建模能力：精准收集与分析金融数据，熟练运用复杂数学模型和算法，具备风险评估与预测能力，能为决策提供依据。

程序开发技能：精通数据分析算法，熟练运用编程语言及开发工具，能够高效设计、编码和测试程序，满足复杂业务需求。

学习创新能力：伴随技术和行业发展，学习新工具和技术，不断更新自己的知识和技能，并不断创新和改进数据分析方法。

请你从专业的角度，利用 Python 软件获取 Baostock 接口，帮我下载中国船舶[600150]股票的每日交易数据，代码中添加中文注释，对程序进行详细解释说明，并将数据另存到本地 "D:\\DeepSeek 高效数据分析\\ch11\\" 中，命名为中国船舶交易数据，格式为 Excel 表格。

输出

要使用 Python 下载 Baostock 接口的数据并保存为 Excel 文件，我们可以使用 baostock 库来获取数据，然后使用 pandas 来处理和保存数据。以下是一个详细的步骤和代码示例，包括必要的注释。

首先，确保你已经安装了 baostock 和 pandas 库。如果未安装，可以通过以下命令进行安装：

```
pip install baostock pandas
```

接下来是 Python 代码：

```
import baostock as bs
import pandas as pd
# 登录Baostock系统
lg = bs.login()
```

```
# 获取中国船舶[600150]的每日交易数据
stock_code = "sh.600150"
fields = "date,code,open,high,low,close,volume,amount,adjustflag"
rs = bs.query_history_k_data_plus(stock_code,
                fields,
                start_date='2021-01-01',  # 根据需要调整开始日期
                end_date='2024-06-21',    # 根据需要调整结束日期
                frequency="d", adjustflag="3")
# 将数据转换为DataFrame
data_list = []
while (rs.error_code == '0') & rs.next():
    data_list.append(rs.get_row_data())
result = pd.DataFrame(data_list, columns=rs.fields)
# 登出系统
bs.logout()
# 将数据保存到Excel文件中
file_path = "D:\\DeepSeek高效数据分析\\ch11\\中国船舶交易数据.xlsx"
result.to_excel(file_path, index=False)
print("数据下载完毕, 已保存到: ", file_path)


### 代码说明:
1. **登录Baostock系统**: 使用bs.login()方法登录系统, 以便获取数据。
2. **获取数据**: 使用query_history_k_data_plus方法查询指定股票代码的历史K线数据。
你可以根据需要调整查询的字段、开始日期和结束日期。
3. **数据转换**: 将获取的数据转换为pandas的DataFrame格式, 方便后续处理和保存。
4. **保存数据**: 使用pandas的to_excel方法将DataFrame保存为Excel文件, 指定路径和
文件名。
5. **登出系统**: 完成数据获取后, 使用bs.logout()方法登出系统。
```

这段代码将帮助你下载指定日期范围内的中国船舶股票交易数据, 并将其保存为
Excel 文件。你可以根据实际需要调整日期范围和其他参数。

下载的股票数据包含股票的交易日期、股票代码、每日开盘价、最高价、最低价、收盘价、
成交量、成交金额和复权状态共9个指标, 具体如表11-1所示。

表 11-1　交易数据字段

序　　号	参数名称	参数描述	说　　明
1	date	交易日期	格式: YYYY-MM-DD
2	code	股票代码	格式: sh.600000。sh: 上海, sz: 深圳
3	open	开盘价	精度: 小数点后4位; 单位: 人民币元
4	high	最高价	精度: 小数点后4位; 单位: 人民币元
5	low	最低价	精度: 小数点后4位; 单位: 人民币元
6	close	收盘价	精度: 小数点后4位; 单位: 人民币元
7	volume	成交量	单位: 股
8	amount	成交金额	精度: 小数点后4位; 单位: 人民币元
9	adjustflag	复权状态	3: 不复权, 2: 前复权, 1: 后复权

11.2　数据基础分析

数据基础分析是对数据的初步探究，包括查看数据规模、类型等基本信息，分析数据分布、缺失值与异常值情况，为后续深入分析奠定基础，帮助理解数据特征，以便选择合适的方法进行更精准的数据分析与挖掘。

11.2.1　查看数据集信息

数据集"中国船舶交易数据.xlsx"包含date（交易日期）、code（股票代码）、open（开盘价）、high（最高价）、low（最低价）、close（收盘价）、volume（成交量）、amount（成交金额）、adjustflag（复权状态）等信息。

分析师小王精心构思出一段详细的提示语，明确地阐述了自己查看数据集信息的具体需求，从数据要求到分析方向，再到期望的结果呈现，条理清晰。

提示语和输出如下。

提示语

你作为一名资深数据分析专家，具备以下能力。

业务理解能力：具备行业和业务领域的知识，能够理解业务需求本质，解决实际问题，并提供数据驱动的建议和解决方案。

数据探索能力：熟悉数据分析与可视化工具，敏锐洞察数据的特征，发现数据中的潜在模式和趋势，为深入分析提供方向。

数据清洗能力：能够识别和处理数据中的缺失值、异常值和重复值，对数据进行标准化和归一化处理，使数据具有可比性。

数据转换能力：能够熟练运用各种工具和技术，对不同格式、类型的数据进行清洗、整理和转换，以满足分析和建模需求。

数据分析能力：能够运用统计学和数据建模技术分析数据，理解数据之间的关系，识别模式和趋势，从中提取有用的信息。

数据挖掘能力：掌握常见的机器学习算法及应用场景，具备数据处理、分析及模式识别能力，善于从庞杂的数据中探寻规律。

金融建模能力：精准收集与分析金融数据，熟练运用复杂数学模型和算法，具备风险评估与预测能力，能为决策提供依据。

程序开发技能：精通数据分析算法，熟练运用编程语言及开发工具，能够高效设计、编码和测试程序，满足复杂业务需求。

学习创新能力：伴随技术和行业发展，学习新工具和技术，不断更新自己的知识和技能，并不断创新和改进数据分析方法。

首先读取"D:\\DeepSeek 高效数据分析\\ch11\\中国船舶交易数据.xlsx"中的数据，

包含 date（交易日期）、code（股票代码）、open（开盘价）、high（最高价）、low（最低价）、close（收盘价）、volume（成交量）、amount（成交金额）、adjustflag（复权状态）等信息，然后请你从专业的角度查看数据集信息，用 Pyecharts 库绘制收盘价的折线图，存储到 "D:\\DeepSeek 高效数据分析\\ch11\\"，为代码添加中文注释，对程序进行详细解释说明，并输出结果，为图形添加数据标签，图形默认字体为中文字体（如 SimHei），将 axes.unicode_minus 设置为 False，以确保负号正常显示。

输 出

以下是读取 Excel 数据并使用 Pyecharts 绘制收盘价折线图的代码示例。代码中包含中文注释，详细解释了每一步的操作。

```python
import pandas as pd
from pyecharts import options as opts
from pyecharts.charts import Line
import matplotlib.pyplot as plt

# 读取Excel文件中的数据
file_path = "D:\\DeepSeek高效数据分析\\ch11\\中国船舶交易数据.xlsx"
data = pd.read_excel(file_path)

# 查看数据集信息
print(data.info())    # 输出数据集的基本信息
print(data.head())    # 输出前5行数据

# 提取日期和收盘价
data['date'] = pd.to_datetime(data['date'])  # 将日期列转换为datetime格式
data.set_index('date', inplace=True)  # 将日期设置为索引
close_prices = data['close']  # 获取收盘价数据

# 创建折线图
line_chart = (
    Line()
    # 添加x轴数据
    .add_xaxis(close_prices.index.strftime('%Y-%m-%d').tolist())
    .add_yaxis("收盘价", close_prices.tolist(), is_smooth=True)  # 添加y轴数据
    .set_global_opts(
        title_opts=opts.TitleOpts(title="中国船舶收盘价折线图"),  # 设置图表标题
        xaxis_opts=opts.AxisOpts(name="日期"),           # 设置x轴名称
        yaxis_opts=opts.AxisOpts(name="收盘价"),          # 设置y轴名称
        datazoom_opts=opts.DataZoomOpts(),               # 添加数据缩放
        tooltip_opts=opts.TooltipOpts(trigger="axis"),   # 设置提示框
    )
)

# 添加数据标签
```

```
line_chart.set_series_opts(label_opts=opts.LabelOpts(is_show=True))

# 设置中文字体
plt.rcParams['font.sans-serif'] = ['SimHei']  # 设置默认字体为SimHei
plt.rcParams['axes.unicode_minus'] = False    # 确保负号正常显示

# 保存图表
output_path = "D:\\DeepSeek高效数据分析\\ch11\\收盘价折线图.html"
line_chart.render(output_path)  # 渲染并保存图表
```

代码说明：
1. **读取数据**：使用pandas读取Excel文件，并查看数据集的基本信息和前5行数据。
2. **数据处理**：将日期列转换为datetime格式，并设置为索引，以便于后续绘图。
3. **绘制折线图**：使用Pyecharts创建折线图，添加x轴和y轴数据，并设置图表的标题和轴名称。
4. **数据标签**：在折线图上显示数据标签。
5. **字体设置**：设置中文字体为SimHei，并确保负号正常显示。
6. **保存图表**：将生成的图表保存为HTML文件。

请根据需要调整文件路径和其他参数。

运行上述Python代码，输出的结果如下：

```
<class 'pandas.core.frame.DataFrame'>
RangeIndex: 1132 entries, 0 to 1131
Data columns (total 9 columns):
 #   Column       Non-Null Count   Dtype
---  ------       --------------   -----
 0   date         1132 non-null    object
 1   code         1132 non-null    object
 2   open         1132 non-null    float64
 3   high         1132 non-null    float64
 4   low          1132 non-null    float64
 5   close        1132 non-null    float64
 6   volume       1132 non-null    int64
 7   amount       1132 non-null    float64
 8   adjustflag   1132 non-null    int64
dtypes: float64(5), int64(2), object(2)
memory usage: 79.7+ KB
None
        date        code     open   high   low    close   volume    amount      adjustflag
0   2020-01-02  sh.600150  21.85  22.19  21.78  22.11  11085969  243899299.0      3
1   2020-01-03  sh.600150  22.10  22.29  21.86  22.12  10882575  240381150.0      3
2   2020-01-06  sh.600150  22.30  22.80  22.25  22.52  16058088  362531145.0      3
3   2020-01-07  sh.600150  22.52  22.90  22.35  22.60  10980958  248015231.0      3
4   2020-01-08  sh.600150  22.70  24.50  22.53  24.10  34537429  805846678.0      3
```

输出的股票收盘价折线图如图11-1所示。

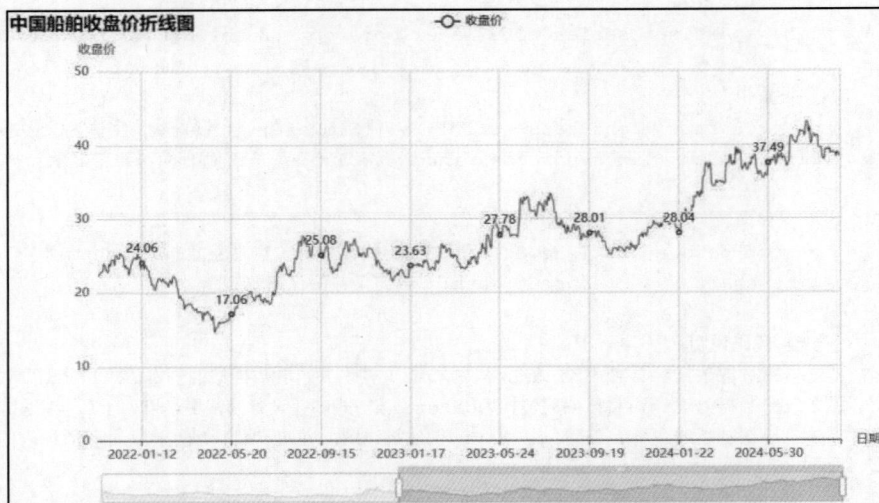

图 11-1　收盘价折线图

11.2.2　数据描述性分析

数据集"中国船舶交易数据.xlsx"涵盖丰富的信息内容。其中，date记录了每笔交易的具体日期；code明确了股票代码；open、high、low、close分别展示了开盘价、最高价、最低价和收盘价，可用于分析股价波动范围和走势；volume记录成交量，反映市场交易的活跃程度；amount表示成交金额，有助于了解资金流向；adjustflag则注明了复权状态，确保数据的准确性和可比性。

这个数据集对于研究中国船舶股票的交易情况和市场动态具有重要价值。在进行数据分析时，如果数据量很小，可以通过直接观察原始数据来获得所有的信息。但是当数据量很大时，就必须借助各种描述指标来完成对数据的描述工作。

分析师小王精心构思出一段详细的提示语，明确地阐述了自己在数据描述性分析中的具体需求，从数据要求到分析方向，再到期望的结果呈现，条理清晰。

提示语和输出如下。

提示语	你作为一名资深数据分析专家，具备以下技能。 业务理解能力：具备行业和业务领域的知识，能够理解业务需求本质，解决实际问题，并提供数据驱动的建议和解决方案。 数据探索能力：熟悉数据分析与可视化工具，敏锐洞察数据的特征，发现数据中的潜在模式和趋势，为深入分析提供方向。 数据清洗能力：能够识别和处理数据中的缺失值、异常值和重复值，对数据进行标准化和归一化处理，使数据具有可比性。 数据转换能力：能够熟练运用各种工具和技术，对不同格式、类型的数据进行清洗、

整理和转换，以满足分析和建模需求。

　　数据分析能力：能够运用统计学和数据建模技术分析数据，理解数据之间的关系，识别模式和趋势，从中提取有用的信息。

　　数据挖掘能力：掌握常见的机器学习算法及应用场景，具备数据处理、分析及模式识别能力，善于从庞杂的数据中探寻规律。

　　金融建模能力：精准收集与分析金融数据，熟练运用复杂数学模型和算法，具备风险评估与预测能力，能为决策提供依据。

　　程序开发技能：精通数据分析算法，熟练运用编程语言及开发工具，能够高效设计、编码和测试程序，满足复杂业务需求。

　　学习创新能力：伴随技术和行业发展，学习新工具和技术，不断更新自己的知识和技能，并不断创新和改进数据分析方法。

　　首先读取 "D:\\DeepSeek 高效数据分析\\ch11\\中国船舶交易数据.xlsx" 中的数据，包含 date（交易日期）、code（股票代码）、open（开盘价）、high（最高价）、low（最低价）、close（收盘价）、volume（成交量）、amount（成交金额）、adjustflag（复权状态）等信息，然后请你从专业的角度出发，利用描述性分析方法对数据文件中的 open（开盘价）、high（最高价）、low（最低价）、close（收盘价）进行分析。请计算这些字段的基本统计量，为代码添加中文注释，对程序进行详细解释说明，并输出描述性分析的全部结果。

输出

以下是读取 Excel 文件并进行描述性分析的 Python 代码示例，包含中文注释和详细解释。请确保已安装了 pandas 和 matplotlib 库。

```python
import pandas as pd
import matplotlib.pyplot as plt
import matplotlib

# 设置中文字体和负号正常显示
matplotlib.rcParams['font.sans-serif'] = ['SimHei']  # 设置中文字体
matplotlib.rcParams['axes.unicode_minus'] = False     # 解决负号显示问题

# 读取Excel文件中的数据
file_path = "D:\\DeepSeek高效数据分析\\ch11\\中国船舶交易数据.xlsx"
data = pd.read_excel(file_path)

# 显示数据的前几行以确认读取成功
print(data.head())

# 描述性统计分析
# 选择需要分析的列
price_columns = ['open', 'high', 'low', 'close']
descriptive_stats = data[price_columns].describe()

# 输出描述性统计结果
```

11

```
print("描述性统计结果: ")
print(descriptive_stats)

# 可视化描述性统计
descriptive_stats.loc[['mean', 'std', 'min', '25%', '50%', '75%',
'max']].plot(kind='bar', figsize=(10, 6))
plt.title('开盘价、最高价、最低价、收盘价的描述性统计')
plt.ylabel('价格')
plt.xlabel('统计量')
plt.xticks(rotation=45)
plt.grid()
plt.show()

### 代码说明:
1. **导入库**: 导入pandas用于数据处理, matplotlib用于数据可视化。
2. **设置字体**: 配置中文字体为SimHei, 并确保负号正常显示。
3. **读取数据**: 使用pd.read_excel()读取指定路径的Excel文件。
4. **数据预览**: 打印数据的前几行以确认读取成功。
5. **描述性统计**: 对开盘价、最高价、最低价和收盘价进行描述性统计分析, 使用describe()
方法。
6. **输出结果**: 打印描述性统计结果。
7. **可视化**: 绘制描述性统计的柱状图, 展示各统计量的值。
```

请根据需要运行代码并查看输出结果。

运行上述Python代码，输出的结果如下：

```
     date         code    open   high   low   close    volume     amount  adjustflag
0  2020-01-02  sh.600150  21.85  22.19  21.78  22.11  11085969  243899299.0     3
1  2020-01-03  sh.600150  22.10  22.29  21.86  22.12  10882575  240381150.0     3
2  2020-01-06  sh.600150  22.30  22.80  22.25  22.52  16058088  362531145.0     3
3  2020-01-07  sh.600150  22.52  22.90  22.35  22.60  10980958  248015231.0     3
4  2020-01-08  sh.600150  22.70  24.50  22.53  24.10  34537429  805846678.0     3
```

描述性统计结果：

```
            open         high          low         close
count  1132.000000  1132.000000  1132.000000  1132.000000
mean     23.887147    24.381475    23.518277    23.945062
std       6.675586     6.802908     6.580472     6.702116
min      14.130000    14.570000    13.910000    14.100000
25%      18.480000    18.770000    18.250000    18.487500
50%      22.860000    23.375000    22.360000    22.880000
75%      27.542500    28.087500    27.075000    27.582500
max      42.990000    43.660000    42.500000    43.100000
```

输出的开盘价、最高价、最低价、收盘价的描述性统计条形图如图11-2所示。

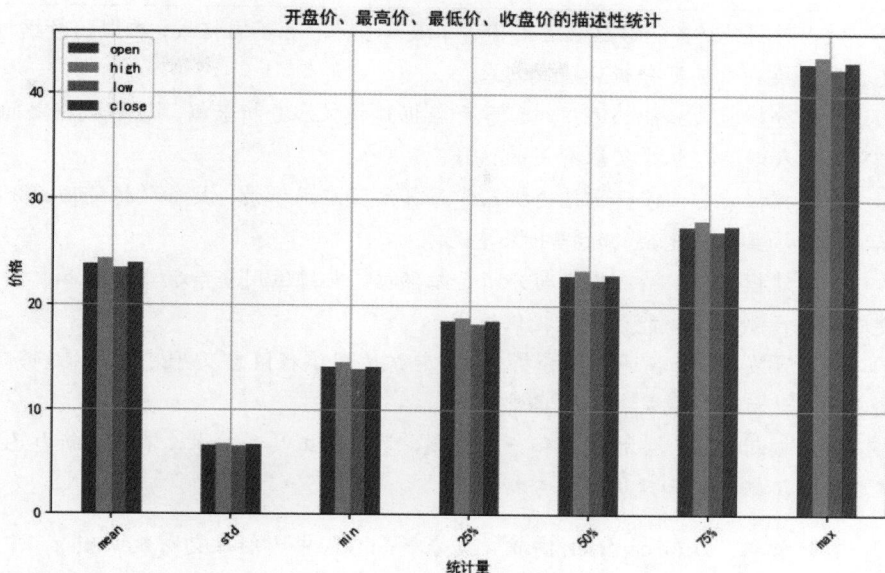

图 11-2　描述性统计

11.2.3　数据可视化分析

1. 股票成交量时间序列图

在分析股票时，时间序列分析是观察变量如何随时间变化的有效方法。下面深入研究股票交易情况，我们绘制其成交量的时间序列图，以时间为横坐标，每日的成交量为纵坐标，可以观察股票成交量随时间的变化情况。

使用"中国船舶交易数据.xlsx"数据集，绘制成交量的时间序列图，通过图表可直观展现成交量随时间的变化趋势。

分析师小王精心构思出一段详细的提示语，明确地阐述了自己的具体需求，从数据要求到分析方向，再到期望的结果呈现，条理清晰。

提示语和输出如下。

提示语	你作为一名资深数据分析专家，具备以下技能。 业务理解能力：具备行业和业务领域的知识，能够理解业务需求本质，解决实际问题，并提供数据驱动的建议和解决方案。 数据探索能力：熟悉数据分析与可视化工具，敏锐洞察数据的特征，发现数据中的潜在模式和趋势，为深入分析提供方向。 数据清洗能力：能够识别和处理数据中的缺失值、异常值和重复值，对数据进行标准化和归一化处理，使数据具有可比性。

11

数据转换能力：能够熟练运用各种工具和技术，对不同格式、类型的数据进行清洗、整理和转换，以满足分析和建模需求。

数据分析能力：能够运用统计学和数据建模技术分析数据，理解数据之间的关系，识别模式和趋势，从中提取有用的信息。

数据挖掘能力：掌握常见的机器学习算法及应用场景，具备数据处理、分析及模式识别能力，善于从庞杂的数据中探寻规律。

金融建模能力：精准收集与分析金融数据，熟练运用复杂数学模型和算法，具备风险评估与预测能力，能为决策提供依据。

程序开发技能：精通数据分析算法，熟练运用编程语言及开发工具，能够高效设计、编码和测试程序，满足复杂业务需求。

学习创新能力：伴随技术和行业发展，学习新工具和技术，不断更新自己的知识和技能，并不断创新和改进数据分析方法。

首先读取"D:\\DeepSeek 高效数据分析\\ch11\\中国船舶交易数据.xlsx"中的数据，包含 date（交易日期）、code（股票代码）、open（开盘价）、high（最高价）、low（最低价）、close（收盘价）、volume（成交量）、amount（成交金额）、adjustflag（复权状态）等信息，然后请你从专业的角度帮我绘制 volume（成交量）的时间序列图，为代码添加中文注释，对程序进行详细解释说明，图形默认字体为中文字体（如 SimHei），将 axes.unicode_minus 设置为 False，以确保负号正常显示。

输　出

以下是读取 Excel 数据并绘制成交量时间序列图的 Python 代码示例。代码中包含中文注释，并设置了中文字体和负号正常显示。

```python
import pandas as pd
import matplotlib.pyplot as plt
import matplotlib.font_manager as fm

# 读取Excel文件中的数据
file_path = "D:\\DeepSeek高效数据分析\\ch11\\中国船舶交易数据.xlsx"
data = pd.read_excel(file_path)

# 将date列转换为日期格式
data['date'] = pd.to_datetime(data['date'])

# 设置中文字体
font_path = "C:\\Windows\\Fonts\\SimHei.ttf"  # 确保路径正确
my_font = fm.FontProperties(fname=font_path)

# 设置负号显示
plt.rcParams['axes.unicode_minus'] = False
```

```
# 绘制成交量时间序列图
plt.figure(figsize=(12, 6))
plt.plot(data['date'], data['volume'], label='成交量', color='blue')
plt.title('成交量时间序列图', fontproperties=my_font, fontsize=16)
plt.xlabel('交易日期', fontproperties=my_font, fontsize=14)
plt.ylabel('成交量', fontproperties=my_font, fontsize=14)
plt.legend(prop=my_font)
plt.grid()

# 显示图形
plt.show()

### 代码说明：
1. **读取数据**：使用pandas读取指定路径的Excel文件。
2. **日期转换**：将date列转换为日期格式，以便于绘图。
3. **设置字体**：使用matplotlib的字体管理器设置中文字体为SimHei。
4. **负号显示**：通过plt.rcParams设置确保负号正常显示。
5. **绘图**：使用plt.plot绘制成交量的时间序列图，并设置标题、坐标轴标签和图例。
6. **显示图形**：最后调用plt.show()显示图形。
```

请确保在运行代码前安装了所需的库（如 pandas 和 matplotlib），并确认字体路径正确。

运行上述Python代码，输出的时间序列图如图11-3所示。

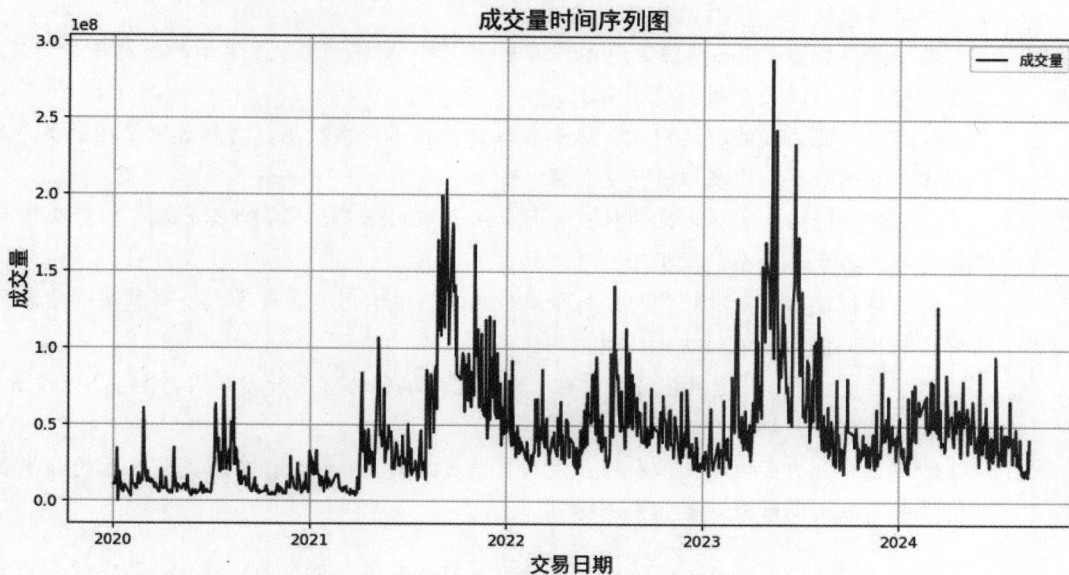

图 11-3 成交量时间序列图

2. 股票收盘价和成交量时间序列图

使用"中国船舶交易数据.xlsx"数据集，为了深入分析股票收盘价和日成交量之间的关系，接下来绘制收盘价和成交量的时间序列图。由于两者在数值上存在很大差异，若在同一坐标轴上绘制，可能无法清晰地展现各自的变化趋势及相互关系。因此，分别采用主坐标轴和次坐标轴来绘制图形是十分必要的。

主坐标轴用于绘制收盘价，能够准确呈现收盘价随时间的波动情况。次坐标轴则用于绘制日成交量，可清晰展示成交量的变化动态。通过这样的方式，可以更直观地观察两者在时间序列上的变化关系，为进一步的分析提供有力依据。

分析师小王精心构思出一段详细的提示语，明确地阐述了自己的具体需求，从数据要求到分析方向，再到期望的结果呈现，条理清晰。

提示语和输出如下。

提示语

你作为一名资深数据分析专家，具备以下技能。

业务理解能力：具备行业和业务领域的知识，能够理解业务需求本质，解决实际问题，并提供数据驱动的建议和解决方案。

数据探索能力：熟悉数据分析与可视化工具，敏锐洞察数据的特征，发现数据中的潜在模式和趋势，为深入分析提供方向。

数据清洗能力：能够识别和处理数据中的缺失值、异常值和重复值，对数据进行标准化和归一化处理，使数据具有可比性。

数据转换能力：能够熟练运用各种工具和技术，对不同格式、类型的数据进行清洗、整理和转换，以满足分析和建模需求。

数据分析能力：能够运用统计学和数据建模技术分析数据，理解数据之间的关系，识别模式和趋势，从中提取有用的信息。

数据挖掘能力：掌握常见的机器学习算法及应用场景，具备数据处理、分析及模式识别能力，善于从庞杂的数据中探寻规律。

金融建模能力：精准收集与分析金融数据，熟练运用复杂数学模型和算法，具备风险评估与预测能力，能为决策提供依据。

程序开发技能：精通数据分析算法，熟练运用编程语言及开发工具，能够高效设计、编码和测试程序，满足复杂业务需求。

学习创新能力：伴随技术和行业发展，学习新工具和技术，不断更新自己的知识和技能，并不断创新和改进数据分析方法。

首先读取"D:\\DeepSeek 高效数据分析\\ch11\\中国船舶交易数据.xlsx"中的数据，包含 date（交易日期）、code（股票代码）、open（开盘价）、high（最高价）、low（最低价）、close（收盘价）、volume（成交量）、amount（成交金额）、adjustflag（复权状态）等信息，然后请你从专业的角度帮我绘制 close（收盘价）、volume（成交量）的时间序列图，为代码添加中文注释，对程序进行详细解释说明，图形默认字体为中文字体（如 SimHei），将 axes.unicode_minus 设置为 False，以确保负号正常显示。

输出

以下是读取 Excel 数据并绘制收盘价和成交量时间序列图的 Python 代码示例。代码中包含中文注释，并设置了中文字体和负号正常显示。

```python
import pandas as pd
import matplotlib.pyplot as plt
import matplotlib

# 设置中文字体和负号显示
matplotlib.rcParams['font.sans-serif'] = ['SimHei']  # 设置中文字体
matplotlib.rcParams['axes.unicode_minus'] = False     # 解决负号显示问题


file_path = "D:\\DeepSeek高效数据分析\\ch11\\中国船舶交易数据.xlsx"
data = pd.read_excel(file_path)

# 数据预处理
data['date'] = pd.to_datetime(data['date'])   # 将日期列转换为datetime格式
data.set_index('date', inplace=True)           # 将日期设置为索引

# 绘制收盘价和成交量的时间序列图
fig, ax1 = plt.subplots(figsize=(12, 6))

# 绘制收盘价
ax1.plot(data.index, data['close'], color='b', label='收盘价')
ax1.set_ylabel('收盘价', color='b')
ax1.tick_params(axis='y', labelcolor='b')

# 创建第二个y轴绘制成交量
ax2 = ax1.twinx()
ax2.bar(data.index, data['volume'], color='g', alpha=0.3, label='成交量')
ax2.set_ylabel('成交量', color='g')
ax2.tick_params(axis='y', labelcolor='g')

# 添加标题和图例
plt.title('中国船舶交易数据：收盘价与成交量时间序列图')
ax1.legend(loc='upper left')
ax2.legend(loc='upper right')

# 显示图形
plt.show()
```

代码说明：
1. **导入库**：使用pandas读取Excel数据，使用matplotlib绘制图形。
2. **设置字体**：配置中文字体为SimHei，并确保负号正常显示。
3. **读取数据**：从指定路径读取Excel文件，并将日期列转换为datetime格式。

运行上述Python代码，输出的时间序列图如图11-4所示。

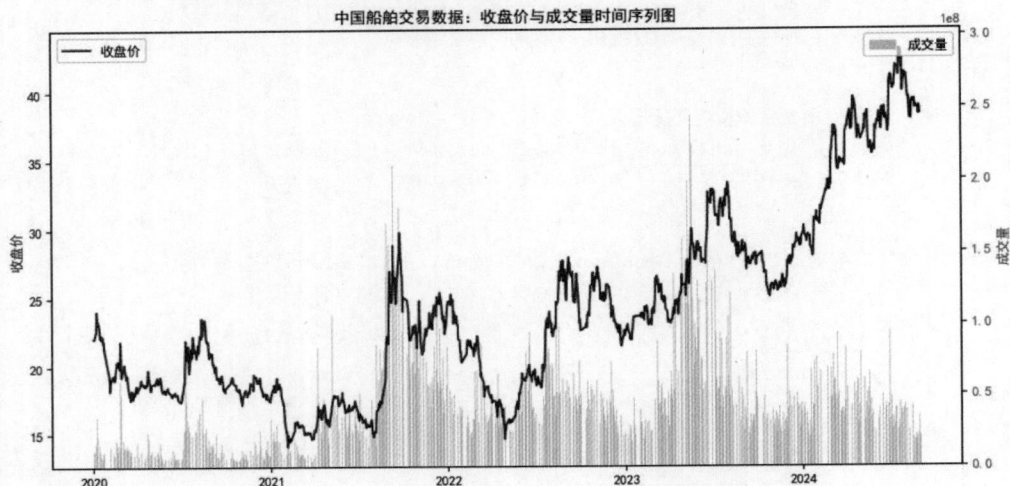

图 11-4　收盘价和成交量时间序列图

3. 股票价格走势K线图

使用"中国船舶交易数据.xlsx"这个数据集来绘制K线图具有重要意义。通过绘制K线图，我们不仅能够清晰地看到股价的整体趋势，无论是上涨、下跌还是横盘整理，都能一目了然。同时，K线图还能让我们深入了解每日市场的波动情形。

每一根K线都反映了当天的开盘价、收盘价、最高价和最低价，通过观察K线的形态，如阳线、阴线、十字星等，可以推断出市场的多空力量对比和投资者的情绪变化，为投资决策提供有力的参考依据。

分析师小王精心构思出一段详细的提示语，明确地阐述了自己的具体需求，从数据要求到分析方向，再到期望的结果呈现，条理清晰。

提示语和输出如下。

提示语

你作为一名资深数据分析专家，具备以下技能。

业务理解能力：具备行业和业务领域的知识，能够理解业务需求本质，解决实际问题，并提供数据驱动的建议和解决方案。

数据探索能力：熟悉数据分析与可视化工具，敏锐洞察数据的特征，发现数据中的

潜在模式和趋势，为深入分析提供方向。

数据清洗能力：能够识别和处理数据中的缺失值、异常值和重复值，对数据进行标准化和归一化处理，使数据具有可比性。

数据转换能力：能够熟练运用各种工具和技术，对不同格式、类型的数据进行清洗、整理和转换，以满足分析和建模需求。

数据分析能力：能够运用统计学和数据建模技术分析数据，理解数据之间的关系，识别模式和趋势，从中提取有用的信息。

数据挖掘能力：掌握常见的机器学习算法及应用场景，具备数据处理、分析及模式识别能力，善于从庞杂的数据中探寻规律。

金融建模能力：精准收集与分析金融数据，熟练运用复杂数学模型和算法，具备风险评估与预测能力，能为决策提供依据。

程序开发技能：精通数据分析算法，熟练运用编程语言及开发工具，能够高效设计、编码和测试程序，满足复杂业务需求。

学习创新能力：伴随技术和行业发展，学习新工具和技术，不断更新自己的知识和技能，并不断创新和改进数据分析方法。

首先读取"D:\\DeepSeek 高效数据分析\\ch11\\中国船舶交易数据.xlsx"中的数据，包含 date（交易日期）、code（股票代码）、open（开盘价）、high（最高价）、low（最低价）、close（收盘价）、volume（成交量）、amount（成交金额）、adjustflag（复权状态）等信息，然后请你从专业的角度，使用 Pyecharts 库绘制股票价格走势的 K 线图，存储到"D:\\DeepSeek 高效数据分析\\ch11\\"，为代码添加中文注释，对程序进行详细解释说明，图形默认字体为中文字体（如 SimHei）将 axes.unicode_minus 设置为 False，以确保负号正常显示。

以下是使用 Pyecharts 库绘制股票价格走势 K 线图的代码示例。代码中包含中文注释，并对程序进行了详细解释。

```python
import pandas as pd
from pyecharts import options as opts
from pyecharts.charts import Kline
import matplotlib.pyplot as plt

# 读取Excel文件中的数据
file_path = "D:\\DeepSeek高效数据分析\\ch11\\中国船舶交易数据.xlsx"
data = pd.read_excel(file_path)

# 数据预处理
data['date'] = pd.to_datetime(data['date'])  # 转换日期格式
```

```
        data = data[['date', 'open', 'close', 'low', 'high']]  # 选择需要的列
        data = data.sort_values('date')  # 按日期排序

        # 准备K线图数据
        kline_data = []
        for index, row in data.iterrows():
            kline_data.append([row['date'].strftime('%Y-%m-%d'), row['open'],
row['close'], row['low'], row['high']])

        # 创建K线图
        kline = (
            Kline()
            .add_xaxis([x[0] for x in kline_data])  # 添加日期
            # 添加开盘价、收盘价、最低价、最高价
            .add_yaxis("K线图", [[x[1], x[2], x[3], x[4]] for x in kline_data])
            .set_global_opts(
                title_opts=opts.TitleOpts(title="中国船舶股票价格走势"),
                xaxis_opts=opts.AxisOpts(type_="category", name="日期"),
                yaxis_opts=opts.AxisOpts(name="价格"),
                tooltip_opts=opts.TooltipOpts(trigger="axis"),
            )
        )

        # 设置中文字体
        plt.rcParams['font.sans-serif'] = ['SimHei']  # 设置默认字体为SimHei
        plt.rcParams['axes.unicode_minus'] = False    # 确保负号正常显示

        # 保存图表
        kline.render("D:\\DeepSeek高效数据分析\\ch11\\中国船舶股票价格走势.html")

        ### 代码说明：
        1．**数据读取**：使用pandas读取Excel文件，提取所需的列并转换日期格式。
        2．**数据预处理**：对数据进行排序，准备K线图所需的数据格式。
        3．**K线图创建**：使用Pyecharts库创建K线图，设置图表的标题和坐标轴。
        4．**中文字体设置**：通过matplotlib设置中文字体，确保图表中的中文正常显示。
        5．**图表保存**：将生成的K线图保存为HTML文件。
```

请根据需要调整文件路径和其他参数。

运行上述Python代码，输出的K线图如图11-5所示。

第 11 章   案例：DeepSeek 金融量化数据分析   283

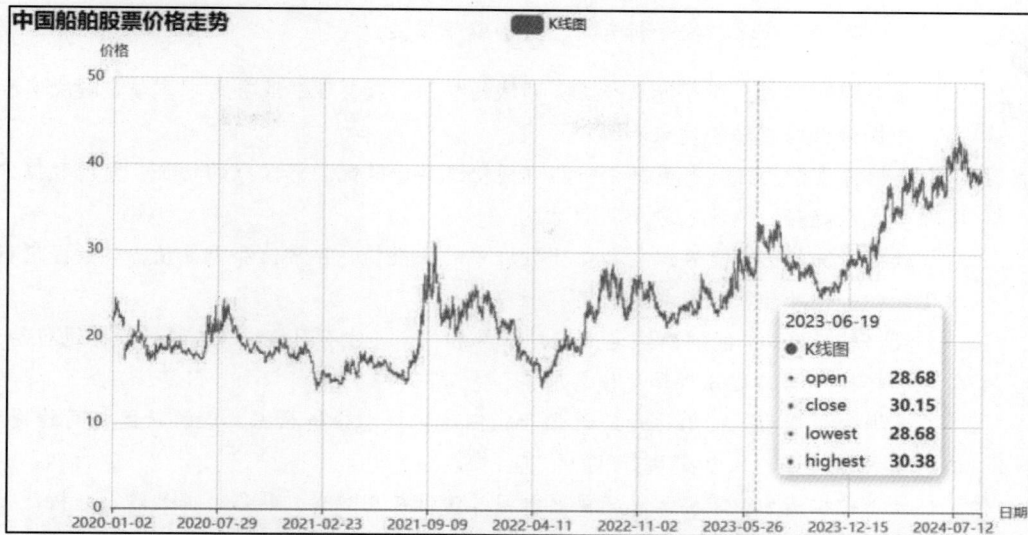

图 11-5   K 线图

11.3   股票数据分析

　　股票数据分析至关重要，通过分析股价走势、成交量等指标，可以判断市场趋势，评估公司财务数据，了解其经营状况，帮助投资者制定合理的投资策略，降低风险，提高收益，在复杂的股票市场中做出更明智的决策。本节介绍如何利用DeepSeek进行股票数据分析。

11.3.1   指标相关性分析

　　使用"中国船舶交易数据.xlsx"数据集来绘制相关系数矩阵具有重要意义。首先，读取该数据集后，从中选取开盘价、最高价、最低价、收盘价、成交量和成交金额等关键数据列。通过计算这些变量之间的相关系数，可以得到一个全面反映它们相互关系密切程度的矩阵。这个矩阵能让我们直观地了解不同变量之间的关联情况。

　　例如，观察开盘价与收盘价的相关系数，可以判断市场的稳定性；而成交量与价格之间的关系则能反映市场的活跃程度和投资者情绪。绘制出的相关系数矩阵以可视化的方式呈现这些信息，为进一步的数据分析和决策提供有力依据。

　　分析师小王精心构思出一段详细的提示语，明确地阐述了自己的具体需求，从数据要求到分析方向，再到期望的结果呈现，条理清晰。

　　提示语和输出如下。

11

提示语

你作为一名资深数据分析专家，具备以下技能。

业务理解能力：具备行业和业务领域的知识，能够理解业务需求本质，解决实际问题，并提供数据驱动的建议和解决方案。

数据探索能力：熟悉数据分析与可视化工具，敏锐洞察数据的特征，发现数据中的潜在模式和趋势，为深入分析提供方向。

数据清洗能力：能够识别和处理数据中的缺失值、异常值和重复值，对数据进行标准化和归一化处理，使数据具有可比性。

数据转换能力：能够熟练运用各种工具和技术，对不同格式、类型的数据进行清洗、整理和转换，以满足分析和建模需求。

数据分析能力：能够运用统计学和数据建模技术分析数据，理解数据之间的关系，识别模式和趋势，从中提取有用的信息。

数据挖掘能力：掌握常见的机器学习算法及应用场景，具备数据处理、分析及模式识别能力，善于从庞杂的数据中探寻规律。

金融建模能力：精准收集与分析金融数据，熟练运用复杂数学模型和算法，具备风险评估与预测能力，能为决策提供依据。

程序开发技能：精通数据分析算法，熟练运用编程语言及开发工具，能够高效设计、编码和测试程序，满足复杂业务需求。

学习创新能力：伴随技术和行业发展，学习新工具和技术，不断更新自己的知识和技能，并不断创新和改进数据分析方法。

首先读取"D:\\DeepSeek 高效数据分析\\ch11\\中国船舶交易数据.xlsx"中的数据，包含 date（交易日期）、code（股票代码）、open（开盘价）、high（最高价）、low（最低价）、close（收盘价）、volume（成交量）、amount（成交金额）、adjustflag（复权状态）等信息，然后请你从专业的角度帮我绘制 open（开盘价）、high（最高价）、low（最低价）、close（收盘价）、volume（成交量）、amount（成交金额）的相关系数矩阵，为代码添加中文注释，对程序进行详细解释说明，图形默认字体为中文字体（如 SimHei），将 axes.unicode_minus 设置为 False，以确保负号正常显示，并打印出相关系数。

输 出

下面是读取 Excel 数据并绘制相关系数矩阵的 Python 代码示例。代码中包含中文注释，解释了每一步的功能。

```python
import pandas as pd
import matplotlib.pyplot as plt
import seaborn as sns
from matplotlib import font_manager

# 读取Excel文件中的数据
file_path = "D:\\DeepSeek高效数据分析\\ch11\\中国船舶交易数据.xlsx"
```

```
    data = pd.read_excel(file_path)

    # 选择需要分析的列
    columns_of_interest = ['open', 'high', 'low', 'close', 'volume', 'amount']
    data_subset = data[columns_of_interest]

    # 计算相关系数矩阵
    correlation_matrix = data_subset.corr()

    # 设置中文字体
    font_path = "C:\\Windows\\Fonts\\SimHei.ttf"  # 确保字体路径正确
    font_prop = font_manager.FontProperties(fname=font_path)
    plt.rcParams['font.family'] = font_prop.get_name()
    plt.rcParams['axes.unicode_minus'] = False  # 确保负号正常显示

    # 绘制相关系数矩阵热图
    plt.figure(figsize=(10, 8))
    sns.heatmap(correlation_matrix, annot=True, fmt=".2f", cmap='coolwarm',
square=True, cbar_kws={"shrink": .8})
    plt.title('相关系数矩阵', fontsize=16)
    plt.xticks(rotation=45)
    plt.yticks(rotation=45)
    plt.tight_layout()

    # 显示图形
    plt.show()

    # 打印相关系数矩阵
    print("相关系数矩阵：")
    print(correlation_matrix)
```

代码说明：
1. **导入库**：导入必要的库，包括pandas用于数据处理，matplotlib和seaborn用于绘图。
2. **读取数据**：使用pd.read_excel读取指定路径的Excel文件。
3. **选择列**：提取需要分析的列（开盘价、最高价、最低价、收盘价、成交量、成交金额）。
4. **计算相关系数**：使用data_subset.corr()计算相关系数矩阵。
5. **设置字体**：配置中文字体以确保图形中的中文正常显示，并设置负号显示。
6. **绘制热图**：使用seaborn绘制相关系数矩阵的热图，并添加注释和标题。
7. **打印相关系数**：输出相关系数矩阵到控制台。

请确保在运行代码之前安装了所需的库，并根据需要调整字体路径。

运行上述Python代码，输出的结果如下：

```
相关系数矩阵：
          open      high       low     close    volume    amount
open   1.000000  0.997557  0.998553  0.996030  0.299259  0.509572
high   0.997557  1.000000  0.997547  0.998629  0.332609  0.539774
low    0.998553  0.997547  1.000000  0.997892  0.285684  0.497728
close  0.996030  0.998629  0.997892  1.000000  0.315081  0.524087
volume 0.299259  0.332609  0.285684  0.315081  1.000000  0.958688
```

```
amount  0.509572  0.539774  0.497728  0.524087  0.958688  1.000000
```

输出的相关系数矩阵如图11-6所示，图中用颜色来代表相关系数大小。

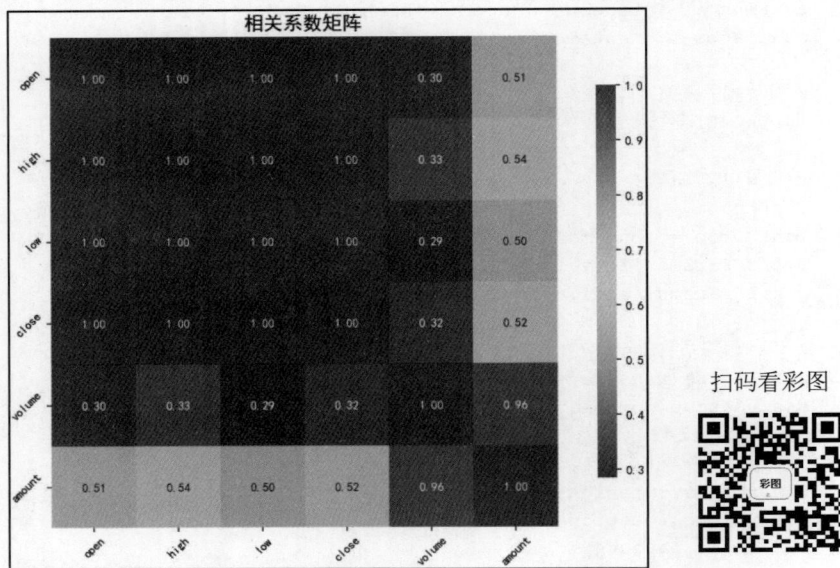

扫码看彩图

图 11-6　相关系数矩阵

从图11-6可以看出，开盘价、最高价、最低价、收盘价四者之间有强烈的正相关，两两相关系数都在0.99以上，其他变量之间的相关性较弱。

11.3.2　指标趋势性分析

移动平均线（Moving Average，MA）是用统计分析的方法，将一定时期内的股票价格加以平均，并把不同时间的平均值连接起来，用以观察股票价格变动趋势的一种技术指标。移动平均线具有抹平短期波动的作用，更能反映长期的走势。

下面将从"中国船舶交易数据.xlsx"中选取该股票2024年第二季度的数据进行深入分析。在这个过程中，我们主要关注股票数据中每日的收盘价。通过特定的计算方法，计算出收盘价的5日均价和20日均价，这两个均价能够在一定程度上反映出股票价格在短期和中期的趋势。

将这些均价的移动平均线与K线图画在一起。这样的呈现方式可以让我们更加直观地观察股票价格的走势以及不同周期均价的变化情况，为投资决策提供更全面、更准确的参考依据。

分析师小王精心构思出一段详细的提示语，明确地阐述了自己的具体需求，从数据要求到分析方向，再到期望的结果呈现，条理清晰。

提示语和输出如下。

| 提示语 | 你作为一名资深数据分析专家，具备以下技能。 |

你作为一名资深数据分析专家，具备以下技能。

业务理解能力：具备行业和业务领域的知识，能够理解业务需求本质，解决实际问题，并提供数据驱动的建议和解决方案。

数据探索能力：熟悉数据分析与可视化工具，敏锐洞察数据的特征，发现数据中的潜在模式和趋势，为深入分析提供方向。

数据清洗能力：能够识别和处理数据中的缺失值、异常值和重复值，对数据进行标准化和归一化处理，使数据具有可比性。

数据转换能力：能够熟练运用各种工具和技术，对不同格式、类型的数据进行清洗、整理和转换，以满足分析和建模需求。

数据分析能力：能够运用统计学和数据建模技术分析数据，理解数据之间的关系，识别模式和趋势，从中提取有用的信息。

数据挖掘能力：掌握常见的机器学习算法及应用场景，具备数据处理、分析及模式识别能力，善于从庞杂的数据中探寻规律。

金融建模能力：精准收集与分析金融数据，熟练运用复杂数学模型和算法，具备风险评估与预测能力，能为决策提供依据。

程序开发技能：精通数据分析算法，熟练运用编程语言及开发工具，能够高效设计、编码和测试程序，满足复杂业务需求。

学习创新能力：伴随技术和行业发展，学习新工具和技术，不断更新自己的知识和技能，并不断创新和改进数据分析方法。

首先读取"D:\\DeepSeek 高效数据分析\\ch11\\中国船舶交易数据.xlsx"中的数据，包含 date（交易日期）、code（股票代码）、open（开盘价）、high（最高价）、low（最低价）、close（收盘价）、volume（成交量）、amount（成交金额）、adjustflag（复权状态）等信息，然后请你使用 2024 年第二季度的数据，从专业的角度使用股票数据中每日的收盘价，计算出收盘价的 5 日均价和 20 日均价，并将均价的移动平均线与 K 线图画在一起，为代码添加中文注释，对程序进行详细解释说明，图形默认字体为中文字体（如 SimHei），将 axes.unicode_minus 设置为 False，以确保负号正常显示。

输出

好的，下面是一个完整的 Python 代码示例，使用 pandas 和 matplotlib 库来读取数据、计算移动平均线并绘制 K 线图和移动平均线。请确保你已经安装了所需的库，如果未安装，可以使用以下命令进行安装：

```
pip install pandas matplotlib
```

然后，使用以下代码：

```
import pandas as pd
import matplotlib.pyplot as plt
```

```python
import matplotlib.dates as mdates
from mplfinance.original_flavor import candlestick_ohlc

# 读取Excel文件中的数据
file_path = "D:\\DeepSeek高效数据分析\\ch11\\中国船舶交易数据.xlsx"
df = pd.read_excel(file_path)

# 将date列转换为日期类型
df['date'] = pd.to_datetime(df['date'])

# 筛选2024年第二季度的数据
df_q2_2024 = df[(df['date'] >= '2024-04-01') & (df['date'] <= '2024-06-30')]

# 计算5日均价和20日均价
df_q2_2024['5日均价'] = df_q2_2024['close'].rolling(window=5).mean()
df_q2_2024['20日均价'] = df_q2_2024['close'].rolling(window=20).mean()

# 准备绘制K线图的数据
df_q2_2024['date_num'] = mdates.date2num(df_q2_2024['date'])
ohlc = df_q2_2024[['date_num', 'open', 'high', 'low', 'close']]

# 设置图形默认字体为中文字体
plt.rcParams['font.sans-serif'] = ['SimHei']
plt.rcParams['axes.unicode_minus'] = False

# 创建图形和子图
fig, ax = plt.subplots(figsize=(15, 7))

# 绘制K线图
candlestick_ohlc(ax, ohlc.values, width=0.6, colorup='r', colordown='g')

# 绘制5日均价和20日均价
ax.plot(df_q2_2024['date'], df_q2_2024['5日均价'], label='5日均价',
color='blue')
ax.plot(df_q2_2024['date'], df_q2_2024['20日均价'], label='20日均价',
color='orange')

# 设置日期格式
ax.xaxis.set_major_formatter(mdates.DateFormatter('%Y-%m-%d'))
plt.xticks(rotation=45)

# 添加标题和标签
plt.title('2024年第二季度中国船舶交易数据K线图及移动平均线')
plt.xlabel('日期')
plt.ylabel('价格')

# 添加图例
plt.legend()

# 显示图形
```

```
plt.show()
```

代码说明：
　1．**读取数据**：使用pandas读取Excel文件中的数据，并将date列转换为日期类型。
　2．**筛选数据**：筛选出2024年第二季度的数据（4月1日至6月30日）。
　3．**计算均价**：计算5日均价和20日均价，并将结果添加到数据框中。
　4．**准备绘图数据**：将日期转换为matplotlib可以识别的数值格式，并准备绘制K线图的数据。
　5．**设置图形参数**：设置图形默认字体为中文字体，并确保负号正常显示。
　6．**绘制图形**：创建图形和子图，绘制K线图和移动平均线，设置日期格式，添加标题、标签和图例，最后显示图形。

希望这段代码能满足你的需求！如果有任何问题，请随时告诉我。

　　运行上述Python代码，输出的K线图如图11-7所示。在图中比较5日均线和20日均线，特别是关注它们的交叉点，这些是交易的时机。移动平均线策略最简单的方式就是：当5日均线从下方超越20日均线时，买入股票，当5日均线从上方越到20日均线之下时，卖出股票。

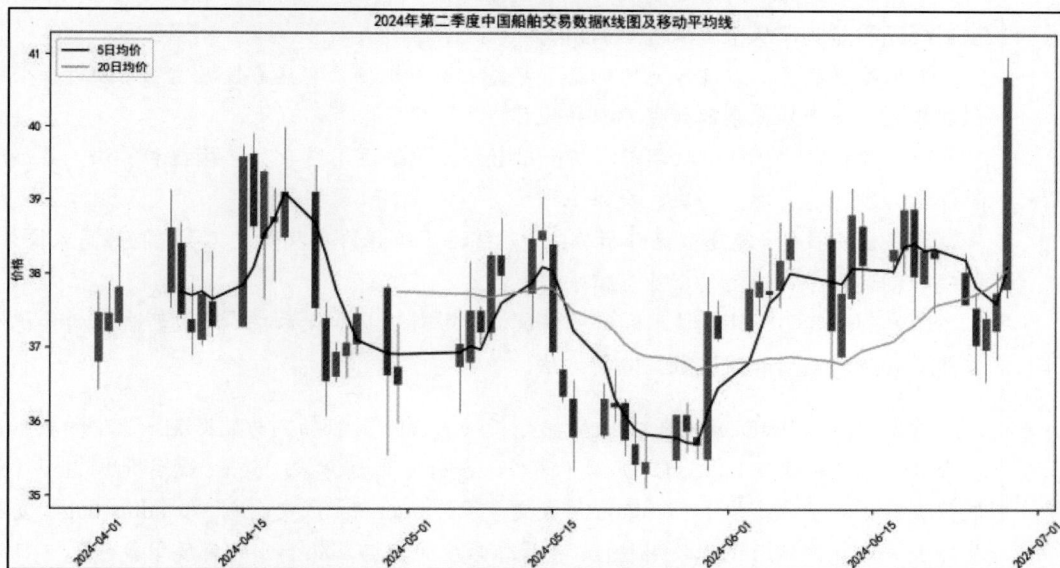

图 11-7　5 日均线与 20 日均线 K 线图

11.3.3　股票交易时机分析

　　为了找出交易的时机，我们计算5日均价和20日均价的差值，并取其正负号，当图中水平线出现跳跃的时候就是交易时机。为了更直观地观察，上述计算得到的均价差值，再取其相邻日期的差值，得到信号指标：当信号为1时，表示买入股票；当信号为-1时，表示卖出股票；当信号为0时，不进行任何操作。

　　分析师小王精心构思出一段详细的提示语，明确地阐述了自己的具体需求，从数据要求到分析方向，再到期望的结果呈现，条理清晰。

提示语和输出如下。

提示语

你作为一名资深数据分析专家，具备以下技能。

业务理解能力：具备行业和业务领域的知识，能够理解业务需求本质，解决实际问题，并提供数据驱动的建议和解决方案。

数据探索能力：熟悉数据分析与可视化工具，敏锐洞察数据的特征，发现数据中的潜在模式和趋势，为深入分析提供方向。

数据清洗能力：能够识别和处理数据中的缺失值、异常值和重复值，对数据进行标准化和归一化处理，使数据具有可比性。

数据转换能力：能够熟练运用各种工具和技术，对不同格式、类型的数据进行清洗、整理和转换，以满足分析和建模需求。

数据分析能力：能够运用统计学和数据建模技术分析数据，理解数据之间的关系，识别模式和趋势，从中提取有用的信息。

数据挖掘能力：掌握常见的机器学习算法及应用场景，具备数据处理、分析及模式识别能力，善于从庞杂的数据中探寻规律。

金融建模能力：精准收集与分析金融数据，熟练运用复杂数学模型和算法，具备风险评估与预测能力，能为决策提供依据。

程序开发技能：精通数据分析算法，熟练运用编程语言及开发工具，能够高效设计、编码和测试程序，满足复杂业务需求。

学习创新能力：伴随技术和行业发展，学习新工具和技术，不断更新自己的知识和技能，并不断创新和改进数据分析方法。

首先读取 "D:\\DeepSeek 高效数据分析\\ch11\\中国船舶交易数据.xlsx" 中的数据，包含 date（交易日期）、code（股票代码）、open（开盘价）、high（最高价）、low（最低价）、close（收盘价）、volume（成交量）、amount（成交金额）、adjustflag（复权状态）等信息，然后请你使用 2024 年第二季度的数据，从专业的角度帮我计算 5 日均价和 20 日均价的差值，取其正负号，并绘制正负号的折线图，标题为 "2024 年第二季度股票交易时机折线图"，为代码添加中文注释，对程序进行详细解释说明，图形默认字体为中文字体（如 SimHei），将 axes.unicode_minus 设置为 False，以确保负号正常显示，并输出交易时机。

输出

好的，下面是一个详细的 Python 代码示例，使用 pandas 和 matplotlib 库来读取数据、计算 5 日均价和 20 日均价的差值并取其正负号，并绘制折线图。

```
import pandas as pd
import matplotlib.pyplot as plt
```

```python
# 读取Excel文件中的数据
file_path = "D:\\DeepSeek高效数据分析\\ch11\\中国船舶交易数据.xlsx"
df = pd.read_excel(file_path)

# 过滤2024年第二季度的数据
df['date'] = pd.to_datetime(df['date'])
df_q2_2024 = df[(df['date'] >= '2024-04-01') & (df['date'] <= '2024-06-30')]

# 计算5日均价和20日均价
df_q2_2024['5日均价'] = df_q2_2024['close'].rolling(window=5).mean()
df_q2_2024['20日均价'] = df_q2_2024['close'].rolling(window=20).mean()

# 计算5日均价和20日均价的差值，并取其正负号
df_q2_2024['均价差值'] = df_q2_2024['5日均价'] - df_q2_2024['20日均价']
df_q2_2024['均价差值正负号'] = df_q2_2024['均价差值'].apply(lambda x: 1 if x >
0 else (-1 if x < 0 else 0))

# 绘制正负号的折线图
plt.figure(figsize=(14, 7))
plt.plot(df_q2_2024['date'], df_q2_2024['均价差值正负号'], marker='o',
linestyle='-')
plt.title('2024年第二季度股票交易时机折线图', fontsize=16)
plt.xlabel('日期', fontsize=14)
plt.ylabel('均价差值正负号', fontsize=14)
plt.grid(True)

# 设置中文字体和负号显示
plt.rcParams['font.sans-serif'] = ['SimHei']
plt.rcParams['axes.unicode_minus'] = False

# 显示图形
plt.show()

# 输出交易时机
print(df_q2_2024[['date', '均价差值正负号']])

### 代码说明：
1. **读取数据**：使用pd.read_excel读取Excel文件中的数据。
2. **过滤数据**：将日期列转换为日期格式，并过滤出2024年第二季度的数据。
3. **计算均价**：使用rolling方法计算5日均价和20日均价。
4. **计算差值及正负号**：计算5日均价和20日均价的差值，并使用apply方法取其正负号。
5. **绘制折线图**：使用matplotlib绘制折线图，并设置中文字体和负号正常显示。
6. **输出交易时机**：打印出日期和均价差值正负号。
```

希望这段代码能满足你的需求！如果有任何问题，请随时告诉我。

11

运行上述Python代码，输出2024年第二季度股票交易时机的折线图，如图11-8所示。

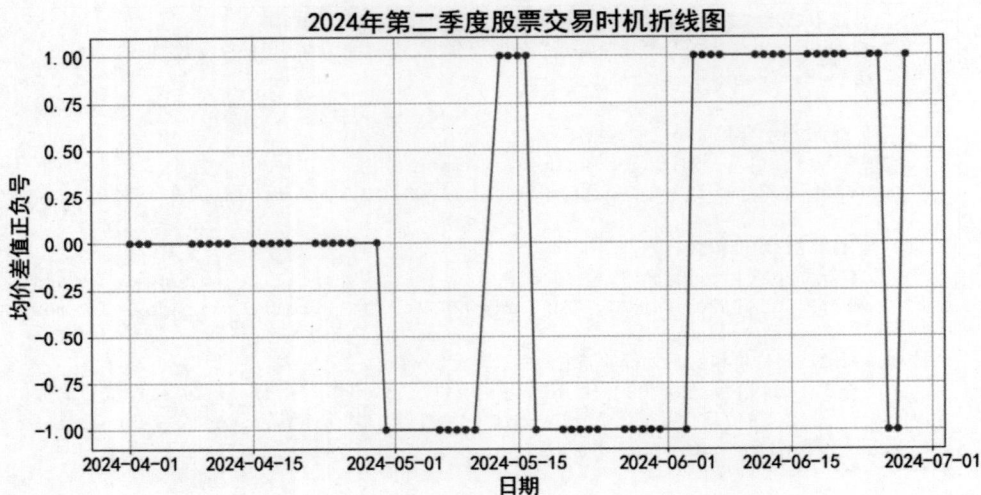

图 11-8　股票交易时机分析

从图形可以看出，在2024年第二季度有多轮买进和卖出的时机。

11.4　本章小结

基于移动平均线的投资策略是投资实践中最常使用的技术分析方法之一，也是准确率最高的技术评价体系，移动平均线策略的重点是根据均线的形态来判断股价走势。

本章案例使用2024年第二季度的中国船舶（600150）股票交易数据，基于收盘价的5日均线和20日均线，对其交易策略进行了深入研究。

如果考虑更长的时间跨度，比如1年、3年，并考虑更长的均线，比如将60日均线和120日均线进行比较，虽然过程中也有亏损的时候，但是实现收益的概率可能会提升。

## 第 12 章

案例：DeepSeek电商平台数据分析

12

互联网是一个信息共享平台，各大网购平台拥有着巨量的消费者购买评论数据。这些数据逐渐成为消费者制定购买决策的依据，以及制造商升级产品的重要参考。但是，如何在浩瀚的文本评论数据中挖掘到有价值、有参考的信息成为新的挑战。本章将详细介绍如何利用DeepSeek进行电商平台数据分析。

12.1 案例背景

在京东等网络平台上购物，已成为大众化的购物方式。通常我们在购买商品之前，往往会在对应商品店铺下查看以往买家的购物体验和商品评价，以此来判断该商品是否值得购买。因此，收集商品评论及销量数据以及对各种商品及用户的消费场景进行分析成为必不可少的环节。

如果没有这些数据，也可以使用爬虫技术来获取。网络爬虫是人为编写的程序或脚本，是重复的人工操作的替代品，可以实现快捷、自动、定时地访问，保存网页源信息以进行后续筛选。网络爬虫普遍应用于信息门户网站与数据网站，使用一定的筛选规则即可获得所需的网站信息。

本例使用的是京东上华为手机的部分商品评论数据，包括评论ID、评论时间、评论内容、用户昵称、商品颜色、商品尺寸、商品得分等，这些手机评论数据被存储到本地MySQL数据库中。准备好数据后，我们可以通过前面介绍的方法来进行具体的分析和可视化。

12.2 商品销售数据分析

商品销售数据分析通过分析销量、销售额等指标，了解商品的受欢迎程度，洞察销售趋势与季节性变化，为库存管理、营销策略制定提供依据，助力企业提升销售业绩与市场竞争力。本节介绍如何利用DeepSeek进行商品销售数据分析。

12.2.1　每日商品订单量日历图

日历图作为一种独特的数据视图，具有显著的优势。它以直观的日历布局呈现，为我们提供了一段时间范围内的清晰展示。通过这种布局，我们能够更加便捷地查看所选日期每一天的数据情况，无论是分析销售数据、活动参与情况还是其他类型的数据指标，都能一目了然。日历图可以帮助我们快速发现数据的时间规律和趋势，为决策提供有力的支持。

下面从本地MySQL数据库读取订单表（orders）数据，包括订单编号（OrderID）、订单日期（OrderDate）、客户类型（CustomerType）、地区（Region）、产品编号（ProductID）、产品名称（ProductName）、商品类别（Category）、子类别（Subcategory）、销售额（Sales）、数量（Amount）、利润额（Profit）、利润率（ProfitRate）等24个字段。

首先，查询订单表（orders）中2023年的数据。接着，以这些数据为基础，绘制商品每日订单量的日历图。在这个日历图中，清晰地展示了商品在2023年每一天的订单数量情况。标题明确显示为"商品销售订单日历图"。

分析师小王精心构思出一段详细的提示语，明确地阐述了自己的具体需求，从数据要求到分析方向，再到期望的结果呈现，条理清晰。

提示语和输出如下。

提示语

你作为一名资深数据分析专家，具备以下技能。

业务理解能力：具备行业和业务领域的知识，能够理解业务需求本质，解决实际问题，并提供数据驱动的建议和解决方案。

数据探索能力：熟悉数据分析与可视化工具，敏锐洞察数据的特征，发现数据中的潜在模式和趋势，为深入分析提供方向。

数据清洗能力：能够识别和处理数据中的缺失值、异常值和重复值，对数据进行标准化和归一化处理，使数据具有可比性。

数据转换能力：能够熟练运用各种工具和技术，对不同格式、类型的数据进行清洗、整理和转换，以满足分析和建模需求。

数据分析能力：能够运用统计学和数据建模技术分析数据，理解数据之间的关系，识别模式和趋势，从中提取有用的信息。

数据挖掘能力：掌握常见的机器学习算法及应用场景，具备数据处理、分析及模式识别能力，善于从庞杂的数据中探寻规律。

电商用户建模：善于利用分析技术和工具，对电商用户数据进行建模，发现用户的行为模式、购买偏好、兴趣爱好等特征。

程序开发技能：精通数据分析算法，熟练运用编程语言及开发工具，能够高效设计、编码和测试程序，满足复杂业务需求。

学习创新能力：伴随技术和行业发展，学习新工具和技术，不断更新自己的知识和技能，并不断创新和改进数据分析方法。

首先使用 pymysql 库，从本地 MySQL 数据库读取数据，连接名是 MySQL，端口号是 3306，用户名是 root，密码是 root，数据库是 trove，利用 pyecharts 库，订单表（orders）中有订单编号（OrderID）、订单日期（OrderDate）、门店名称（StoreName）、支付方式（PayMethod）、发货日期（DeliverDate）、实际配送天数（ActualDays）、计划配送天数（PlannedDays）、客户编号（CustomerID）、客户姓名（CustomerName）、客户类型（CustomerType）、城市（City）、省市（Province）、地区（Region）、产品编号（ProductID）、产品名称（ProductName）、供应商编号（SupplierID）、商品类别（Category）、子类别（Subcategory）、销售额（Sales）、数量（Amount）、折扣（Discount）、利润额（Profit）、利润率（ProfitRate）、是否满意（Satisfied）等 24 个字段。

其次查询订单表（orders）中 2023 年的数据，绘制商品每日订单量的日历图，图形标题显示为商品销售订单日历图。以 HTML 的形式将其另存到本地"D:\\DeepSeek 高效数据分析\\ch12\\"中，并命名为订单日历图。

输 出

好的，以下是使用 pymysql 从 MySQL 数据库读取数据，并使用 pyecharts 绘制商品每日订单量日历图的代码示例：

```python
import pymysql
import pandas as pd
from pyecharts.charts import Calendar
from pyecharts import options as opts

# 连接数据库
connection = pymysql.connect(
    host='localhost',
    port=3306,
    user='root',
    password='root',
    database='trove'
)

# 查询2023年的订单数据
query = """
SELECT OrderDate, COUNT(OrderID) as OrderCount
FROM orders
WHERE YEAR(OrderDate) = 2023
GROUP BY OrderDate
"""

# 读取数据到DataFrame
df = pd.read_sql(query, connection)
connection.close()

# 准备数据
```

```
        data = [(row['OrderDate'].strftime('%Y-%m-%d'), row['OrderCount']) for _,
row in df.iterrows()]

        # 创建日历图
        calendar = (
            Calendar()
            .add(
                "订单量",
                data,
                calendar_opts=opts.CalendarOpts(
                    range_="2023",
                    daylabel_opts=opts.CalendarDayLabelOpts(name_map="cn"),
                    monthlabel_opts=opts.CalendarMonthLabelOpts(name_map="cn"),
                ),
            )
            .set_global_opts(
                title_opts=opts.TitleOpts(title="商品销订单日历图"),
                visualmap_opts=opts.VisualMapOpts(
                    max_=df['OrderCount'].max(),
                    min_=df['OrderCount'].min(),
                    orient="horizontal",
                    is_piecewise=True,
                    pos_top="230px",
                    pos_left="100px",
                ),
            )
        )

        # 保存为HTML文件
        calendar.render("D:\\DeepSeek高效数据分析\\ch12\\订单日历图.html")

        ### 代码说明:
        1. **连接数据库**: 使用pymysql.connect连接到MySQL数据库。
        2. **查询数据**: 执行SQL查询，获取2023年的订单数据，并按日期分组统计订单数量。
        3. **读取数据**: 将查询结果读取到Pandas DataFrame中。
        4. **准备数据**: 将数据转换为适合pyecharts的格式。
        5. **创建日历图**: 使用pyecharts创建日历图，并设置图表的全局选项。
        6. **保存图表**: 将生成的图表保存为HTML文件。
```

希望这段代码能满足你的需求！如果有任何问题，请随时告诉我。

运行上述Python代码，输出每日商品订单量日历图，如图12-1所示。

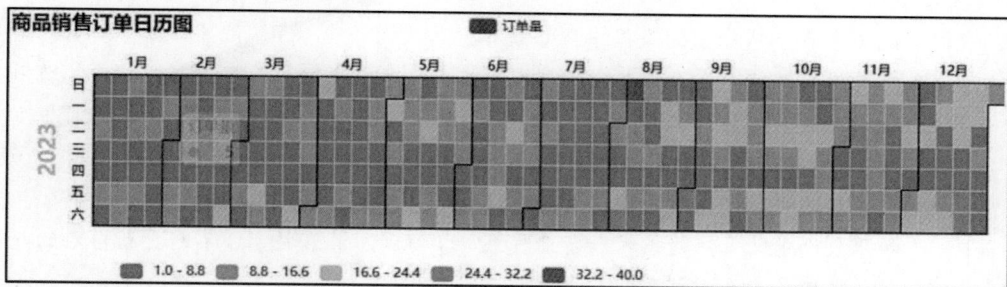

图 12-1　每日商品订单量日历图

12.2.2　每月商品销售额折线图

折线图是用直线段将各个数据点连接起来而组成的图形，以折线方式显示数据的变化趋势。折线图可以显示随时间（根据常用比例设置）而变化的连续数据，因此非常适合显示相等时间间隔的数据趋势。在折线图中，类别数据沿水平轴均匀分布，值数据沿垂直轴均匀分布。

首先，从订单表（orders）中查询出2023年的数据。对这些数据进行处理，以月份为单位计算商品的销售额。然后，根据每个月的销售额数据绘制折线图，在折线图中，横轴表示月份，纵轴表示商品销售额。

通过这样的折线图，可以清晰地看出商品销售额在2023年各个月份的变化趋势。无论是销售额的上升、下降还是波动情况，都能一目了然。这有助于我们分析商品销售的季节性变化、市场趋势以及可能的影响因素，为制定营销策略和销售计划提供重要的参考依据。

分析师小王精心构思出一段详细的提示语，明确地阐述了自己的具体需求，从数据要求到分析方向，再到期望的结果呈现，条理清晰。

提示语和输出如下。

提示语	你作为一名资深数据分析专家，具备以下技能。 业务理解能力：具备行业和业务领域的知识，能够理解业务需求本质，解决实际问题，并提供数据驱动的建议和解决方案。 数据探索能力：熟悉数据分析与可视化工具，敏锐洞察数据的特征，发现数据中的潜在模式和趋势，为深入分析提供方向。 数据清洗能力：能够识别和处理数据中的缺失值、异常值和重复值，对数据进行标准化和归一化处理，使数据具有可比性。 数据转换能力：能够熟练运用各种工具和技术，对不同格式、类型的数据进行清洗、整理和转换，以满足分析和建模需求。 数据分析能力：能够运用统计学和数据建模技术分析数据，理解数据之间的关系，识别模式和趋势，从中提取有用的信息。 数据挖掘能力：掌握常见的机器学习算法及应用场景，具备数据处理、分析及模式

12

识别能力，善于从庞杂的数据中探寻规律。

电商用户建模：善于利用分析技术和工具，对电商用户数据进行建模，发现用户的行为模式、购买偏好、兴趣爱好等特征。

程序开发技能：精通数据分析算法，熟练运用编程语言及开发工具，能够高效设计、编码和测试程序，满足复杂业务需求。

学习创新能力：伴随技术和行业发展，学习新工具和技术，不断更新自己的知识和技能，并不断创新和改进数据分析方法。

首先使用 pymysql 库，从本地 MySQL 数据库读取数据，连接名是 MySQL，端口号是 3306，用户名是 root，密码是 root，数据库是 trove，利用 pyecharts 库，订单表（orders）表中有订单编号（OrderID）、订单日期（OrderDate）、门店名称（StoreName）、支付方式（PayMethod）、发货日期（DeliverDate）、实际配送天数（ActualDays）、计划配送天数（PlannedDays）、客户编号（CustomerID）、客户姓名（CustomerName）、客户类型（CustomerType）、城市（City）、省市（Province）、地区（Region）、产品编号（ProductID）、产品名称（ProductName）、供应商编号（SupplierID）、商品类别（Category）、子类别（Subcategory）、销售额（Sales）、数量（Amount）、折扣（Discount）、利润额（Profit）、利润率（ProfitRate）、是否满意（Satisfied）24 个字段。

其次查询订单表（orders）中 2023 年的数据，绘制每月商品销售额的折线图，字体为宋体，字号为 15，数值保留两位有效数字，图形标题显示为每月商品销售额折线图，横轴是订单日期所在的月份。以 HTML 的形式将其另存到本地 "D:\\DeepSeek 高效数据分析可视化\\ch12\\" 中，并命名为销售额折线图。

好的，下面是使用 pymysql 从本地 MySQL 数据库读取数据，并使用 pyecharts 绘制每月商品销售额折线图的代码示例：

```python
import pymysql
import pandas as pd
from pyecharts.charts import Line
from pyecharts import options as opts

# 连接数据库
connection = pymysql.connect(
    host='localhost',
    port=3306,
    user='root',
    password='root',
    database='trove'
)

# 查询2023年的订单数据
query = """
SELECT OrderDate, Sales
```

```
        FROM orders
        WHERE YEAR(OrderDate) = 2023
        """
        df = pd.read_sql(query, connection)

        # 关闭数据库连接
        connection.close()

        # 处理数据，按月份汇总销售额
        df['OrderDate'] = pd.to_datetime(df['OrderDate'])
        df['Month'] = df['OrderDate'].dt.to_period('M')
        monthly_sales = df.groupby('Month')['Sales'].sum().reset_index()
        monthly_sales['Month'] = monthly_sales['Month'].astype(str)

        # 创建折线图
        line = (
            Line()
            .add_xaxis(monthly_sales['Month'].tolist())
            .add_yaxis("销售额", monthly_sales['Sales'].round(2).tolist())
            .set_global_opts(
                title_opts=opts.TitleOpts(title="每月商品销售额折线图",
title_textstyle_opts=opts.TextStyleOpts(font_size=15, font_family="宋体")),
                xaxis_opts=opts.AxisOpts(name="月份"),
                yaxis_opts=opts.AxisOpts(name="销售额",
axislabel_opts=opts.LabelOpts(formatter="{value}"))
            )
        )

        # 保存为HTML文件
        line.render("D:\\DeepSeek高效数据分析\\ch12\\销售额折线图.html")

        ### 代码说明:
        1. **连接数据库**: 使用pymysql连接到本地MySQL数据库。
        2. **查询数据**: 从orders表中查询2023年的订单数据。
        3. **数据处理**: 将订单日期转换为月份，并按月份汇总销售额。
        4. **绘制折线图**: 使用pyecharts创建折线图，设置标题和轴标签。
        5. **保存图表**: 将图表保存为HTML文件。
```

请确保已经安装了 pymysql、pandas 和 pyecharts 库，如果未安装，可以使用以下命令进行安装：

```
        pip install pymysql pandas pyecharts
```

运行上述Python代码，输出每月商品销售额折线图，如图12-2所示。

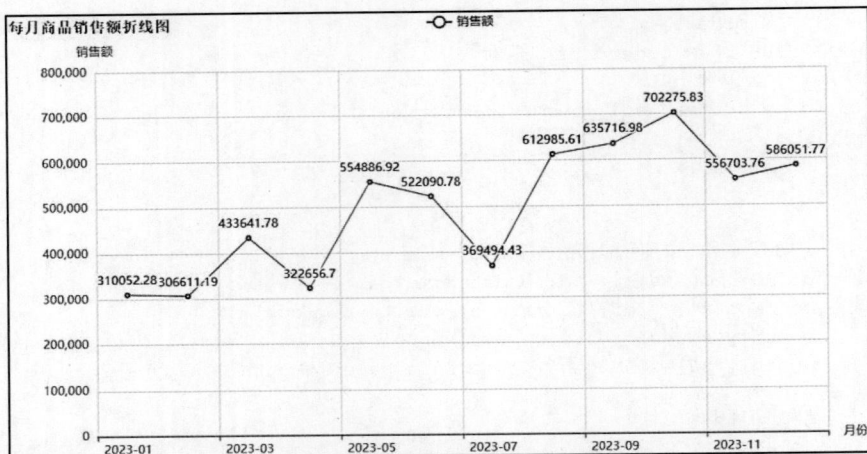

图 12-2　每月商品销售额折线图

12.2.3　不同区域销售业绩雷达图

雷达图又叫作蜘蛛网图，适用于显示3个或更多维度的变量。雷达图是以在同一点开始的轴上显示3个或更多变量的二维图表的形式来显示多元数据的方法，其中轴的相对位置和角度通常是无意义的。

雷达图的每个变量都有一个从中心向外发射的轴线，所有的轴之间的夹角相等，同时每个轴有相同的刻度，将轴到轴的刻度用网格线连接作为辅助元素，连接每个变量在其各自的轴线的数据点形成一个多边形。

为了深入分析2023年商品在不同区域的销售业绩情况，绘制销售额的雷达图是一种非常有效的方式。雷达图可以将多个维度的数据同时展示在一个图形中，对于比较不同区域的销售业绩具有独特的优势。

首先，从相关数据来源中收集2023年商品在各个不同区域的销售额数据。然后，确定雷达图的维度，例如可以将不同的区域作为雷达图的各个轴。在绘制雷达图时，将每个区域的销售额数据在相应的轴上进行标注，形成一个封闭的多边形。

分析师小王精心构思出一段详细的提示语，明确地阐述了自己的具体需求，从数据要求到分析方向，再到期望的结果呈现，条理清晰。

提示语和输出如下。

提示语

你作为一名资深数据分析专家，具备以下技能。

业务理解能力：具备行业和业务领域的知识，能够理解业务需求本质，解决实际问题，并提供数据驱动的建议和解决方案。

数据探索能力：熟悉数据分析与可视化工具，敏锐洞察数据的特征，发现数据中的

潜在模式和趋势，为深入分析提供方向。

数据清洗能力：能够识别和处理数据中的缺失值、异常值和重复值，对数据进行标准化和归一化处理，使数据具有可比性。

数据转换能力：能够熟练运用各种工具和技术，对不同格式、类型的数据进行清洗、整理和转换，以满足分析和建模需求。

数据分析能力：能够运用统计学和数据建模技术分析数据，理解数据之间的关系，识别模式和趋势，从中提取有用的信息。

数据挖掘能力：掌握常见的机器学习算法及应用场景，具备数据处理、分析及模式识别能力，善于从庞杂的数据中探寻规律。

电商用户建模：善于利用分析技术和工具，对电商用户数据进行建模，发现用户的行为模式、购买偏好、兴趣爱好等特征。

程序开发技能：精通数据分析算法，熟练运用编程语言及开发工具，能够高效设计、编码和测试程序，满足复杂业务需求。

学习创新能力：伴随技术和行业发展，学习新工具和技术，不断更新自己的知识和技能，并不断创新和改进数据分析方法。

首先使用 pymysql 库，从本地 MySQL 数据库读取数据，连接名是 MySQL，端口号是 3306，用户名是 root，密码是 root，数据库是 trove，利用 pyecharts 库，订单表（orders）表中有订单编号（OrderID）、订单日期（OrderDate）、门店名称（StoreName）、支付方式（PayMethod）、发货日期（DeliverDate）、实际配送天数（ActualDays）、计划配送天数（PlannedDays）、客户编号（CustomerID）、客户姓名（CustomerName）、客户类型（CustomerType）、城市（City）、省市（Province）、地区（Region）、产品编号（ProductID）、产品名称（ProductName）、供应商编号（SupplierID）、商品类别（Category）、子类别（Subcategory）、销售额（Sales）、数量（Amount）、折扣（Discount）、利润额（Profit）、利润率（ProfitRate）、是否满意（Satisfied）24 个字段。

其次查询订单表（orders）中 2023 年的数据，绘制商品不同地区销售额的雷达图，字体为宋体，字号为 15，数值保留两位有效数字，图形标题显示为不同区域销售业绩雷达图。以 HTML 的形式将其另存到本地 "D:\\DeepSeek 高效数据分析\\ch12\\" 中，并命名为销售业绩雷达图。

好的，以下是使用 pymysql 从本地 MySQL 数据库读取数据，并使用 pyecharts 绘制雷达图的代码示例：

```
import pymysql
import pandas as pd
from pyecharts.charts import Radar
from pyecharts import options as opts
```

```
# 连接数据库
connection = pymysql.connect(
    host='localhost',
    port=3306,
    user='root',
    password='root',
    database='trove'
)

# 查询2023年的订单数据
query = """
SELECT Region, SUM(Sales) as TotalSales
FROM orders
WHERE YEAR(OrderDate) = 2023
GROUP BY Region
"""
df = pd.read_sql(query, connection)
connection.close()

# 准备数据
regions = df['Region'].tolist()
sales = df['TotalSales'].round(2).tolist()

# 雷达图数据格式
data = [sales]
schema = [{"name": region, "max": max(sales)} for region in regions]

# 创建雷达图
radar = Radar()
radar.add_schema(schema)
radar.add("销售额", data)
radar.set_series_opts(label_opts=opts.LabelOpts(font_size=15,
font_family='宋体'))
    radar.set_global_opts(title_opts=opts.TitleOpts(title="不同区域销售业绩雷
达图"))

# 保存为HTML文件
radar.render("D:\\DeepSeek高效数据分析\\ch12\\销售业绩雷达图.html")

### 代码说明：
1. **连接数据库**：使用pymysql连接到本地MySQL数据库。
2. **查询数据**：从orders表中查询2023年的订单数据，并按地区汇总销售额。
3. **准备数据**：将查询结果转换为适合pyecharts雷达图的数据格式。
4. **创建雷达图**：使用pyecharts创建雷达图，并设置字体和标题。
5. **保存文件**：将生成的雷达图保存为HTML文件。
```

　　请确保已经安装了 pymysql、pandas 和 pyecharts 库，如果未安装，可以使用以下命令进行安装：

```
pip install pymysql pandas pyecharts
```

运行上述Python代码，输出不同区域销售业绩雷达图，如图12-3所示。

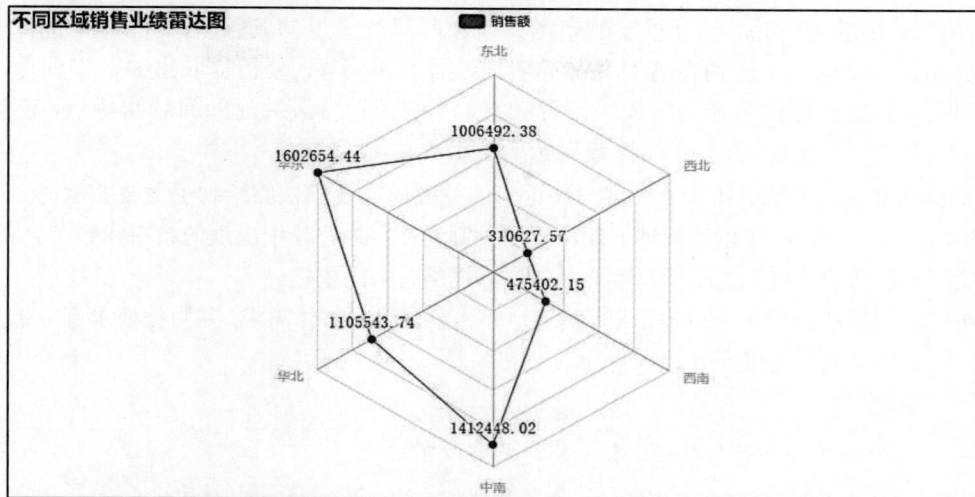

图 12-3　不同区域销售业绩雷达图

12.3　商品评论文本分析

商品评论文本分析旨在挖掘用户对商品的反馈，通过自然语言处理技术提取关键信息、情感倾向等，助力商家了解产品优缺点，改进产品与服务，提升用户满意度，促进销售与品牌发展。本节介绍如何利用DeepSeek进行商品评论文本分析。

12.3.1　中文 Jieba 分词概述

Python中的Jieba分词作为应用广泛的分词工具之一，其融合了基于词典的分词方法和基于统计的分词方法的优点，在快速地分词的同时，解决了歧义、未登录词等问题。因而Jieba分词是一个很好的分词工具。

Jieba分词工具支持中文简体、中文繁体分词，还支持自定义词库，它支持精确模式、全模式和搜索引擎模式3种分词模式，具体说明如下。

- 精确模式：试图将语句精确地切分，不存在冗余数据，适合进行文本分析。
- 全模式：将语句中所有可能是词的词语都切分出来，速度很快，但是存在冗余数据。
- 搜索引擎模式：在精确模式的基础上，对长词再次进行切分。

停用词是指在信息检索中，为节省存储空间和提高搜索效率，在处理自然语言数据之前或之后，过滤掉某些字或词，在Jieba库中可以自定义停用词。

12

12.3.2 商品评论关键词分析

商品评论关键词分析是一项重要的市场调研和产品改进工具。通过对商品评论进行关键词提取和分析，可以深入了解消费者对商品的看法、需求和期望。分析提取出的关键词可以从多个角度进行。例如，可以统计关键词的出现频率，了解消费者最关注的问题和特点，高频出现的关键词可能代表了商品的主要优势或问题所在。

为了更加准确、直观地比较商品客户评论中的关键词，我们精心绘制了主要关键词数量分布的条形图。通过这种方式，可以清晰地展现出不同关键词在客户评论中出现的频率和数量分布情况，为进一步分析商品的特点、优势以及客户的关注点提供有力的依据。

分析师小王精心构思出一段提示语，明确地阐述了自己的具体需求，从数据要求到分析方向，再到期望的结果呈现，条理清晰。

提示语和输出如下。

提示语	你作为一名资深数据分析专家，具备以下技能。 业务理解能力：具备行业和业务领域的知识，能够理解业务需求本质，解决实际问题，并提供数据驱动的建议和解决方案。 数据探索能力：熟悉数据分析与可视化工具，敏锐洞察数据的特征，发现数据中的潜在模式和趋势，为深入分析提供方向。 数据清洗能力：能够识别和处理数据中的缺失值、异常值和重复值，对数据进行标准化和归一化处理，使数据具有可比性。 数据转换能力：能够熟练运用各种工具和技术，对不同格式、类型的数据进行清洗、整理和转换，以满足分析和建模需求。 数据分析能力：能够运用统计学和数据建模技术分析数据，理解数据之间的关系，识别模式和趋势，从中提取有用的信息。 数据挖掘能力：掌握常见的机器学习算法及应用场景，具备数据处理、分析及模式识别能力，善于从庞杂的数据中探寻规律。 电商用户建模：善于利用分析技术和工具，对电商用户数据进行建模，发现用户的行为模式、购买偏好、兴趣爱好等特征。 程序开发技能：精通数据分析算法，熟练运用编程语言及开发工具，能够高效设计、编码和测试程序，满足复杂业务需求。 学习创新能力：伴随技术和行业发展，学习新工具和技术，不断更新自己的知识和技能，并不断创新和改进数据分析方法。 首先，使用 pymysql 库从本地 MySQL 数据库读取数据，连接名是 MySQL，端口号是 3306，用户名是 root，密码是 root，数据库是 trove，利用 pyecharts 库，商品评论表（comments）表中字段有评论 ID（CommentID）、订单编号（OrderID）、评论时间

（CommentDate）、评论内容（CommentText）、用户昵称（Nickname）、商品颜色（ItemColor）、商品尺寸（ItemSize）、商品得分（ItemScore）8 个字段。

其次，根据商品评论表（comments）中 2023 年的数据，绘制商品评论内容（CommentText）的关键词条形图，停用词 stop_words.txt 位于 D:\\DeepSeek 高效数据分析\\ch12 中，字体为宋体，字号为 15，数值保留两位有效数字，图形标题显示为商品评论关键词条形图。以 HTML 的形式将其另存到本地 "D:\\DeepSeek 高效数据分析\\ch12\\" 中，并命名为商品评论关键词条形图。

输　出

好的，以下是实现上述需求的 Python 代码：

1. 使用 pymysql 库从本地 MySQL 数据库读取数据。
2. 使用 pyecharts 库绘制商品评论内容的关键词条形图。

```python
import pymysql
import pandas as pd
from pyecharts.charts import Bar
from pyecharts import options as opts
from collections import Counter
import jieba
import jieba.analyse

# 连接数据库
connection = pymysql.connect(
    host='localhost',
    port=3306,
    user='root',
    password='root',
    database='trove'
)

# 读取数据
query = """
SELECT CommentText
FROM comments
WHERE YEAR(CommentDate) = 2023
"""
df = pd.read_sql(query, connection)
connection.close()

# 加载停用词
stop_words_path = "D:\\DeepSeek高效数据分析\\ch12\\stop_words.txt"
jieba.analyse.set_stop_words(stop_words_path)
```

12

```
# 提取关键词
all_comments = " ".join(df['CommentText'])
keywords = jieba.analyse.extract_tags(all_comments, topK=30,
withWeight=True)
keywords = [(word, round(weight, 2)) for word, weight in keywords]

# 准备数据
words, weights = zip(*keywords)

# 绘制条形图
bar = (
    Bar()
    .add_xaxis(list(words))
    .add_yaxis("关键词", list(weights))
    .set_global_opts(
        title_opts=opts.TitleOpts(title="商品评论关键词条形图",
title_textstyle_opts=opts.TextStyleOpts(font_size=15, font_family="宋体")),
        xaxis_opts=opts.AxisOpts(axislabel_opts=opts.LabelOpts(rotate=45)),

yaxis_opts=opts.AxisOpts(axislabel_opts=opts.LabelOpts(formatter="{value}"))
    )
)

# 保存为HTML文件
output_path = "D:\\DeepSeek高效数据分析\\ch12\\商品评论关键词条形图.html"
bar.render(output_path)

### 代码说明：
1. **连接数据库**：使用pymysql连接到本地MySQL数据库，并读取comments表中2023年的
评论内容。
2. **加载停用词**：从指定路径加载停用词文件。
3. **提取关键词**：使用jieba.analyse.extract_tags提取评论内容中的关键词，并保留权重。
4. **绘制条形图**：使用pyecharts库绘制关键词条形图，并设置标题、字体等样式。
5. **保存图表**：将生成的图表保存为HTML文件到指定路径。
```

请确保在运行代码前安装所需的库，如果未安装，可以使用以下命令进行安装：

```
pip install pymysql pandas pyecharts jieba
```

运行上述Python代码，生成如图12-4所示的条形图。绘制的条形图以直观的视觉形式呈现，使得人们能够一目了然地看出各个关键词的重要程度和分布差异，有助于深入了解客户对商品的评价和需求，为商品的改进和优化提供有价值的参考。

商品评论关键词条形图

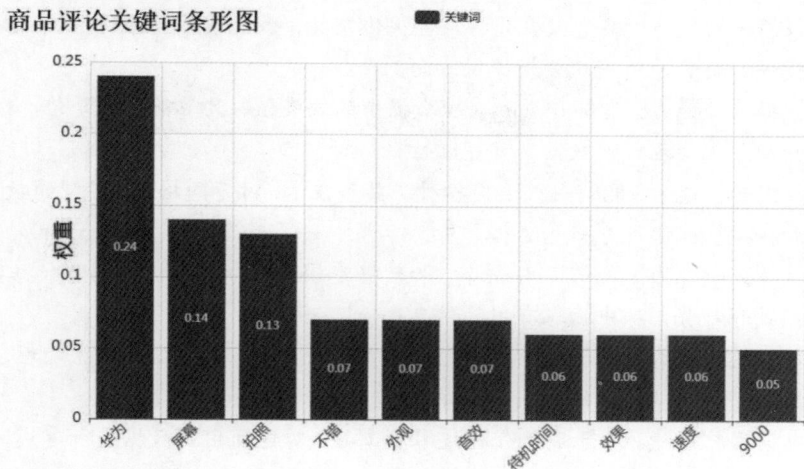

图 12-4 关键词条形图

可以看出，排名前6的关键词是华为、屏幕、拍照、不错、外观和音效，说明客户对这些方面是比较关注的。

12.3.3 商品评论关键词词云

商品评论关键词词云是一种极具表现力和洞察力的可视化工具。它通过提取商品评论中的关键词，并根据关键词的出现频率赋予不同的字体大小和颜色，形成一个独特的视觉图像。在商品评论关键词词云中，高频出现的关键词会以较大的字体突出显示，让我们一眼就能看出消费者关注的重点。

这些关键词可能涉及产品的质量、性能、外观、服务等各个方面。通过分析词云，我们可以快速了解消费者对商品的主要评价和关注点，为产品改进和市场营销提供有力的依据。同时，词云的美观和直观性也使得它易于分享和传播，能够吸引更多人的关注和参与讨论。

为了更加形象地展示商品评论中的关键词，下面使用WordCloud库绘制商品评论的关键词词云，首先使用Jieba分词库对文本进行分词，然后过滤掉不需要和无意义的词汇，并统计词频，最后进行可视化。

分析师小王精心构思出一段详细的提示语，明确地阐述了自己的具体需求，从数据要求到分析方向，再到期望的结果呈现，条理清晰。

提示语和输出如下。

提示语

你作为一名资深数据分析专家，具备以下技能。

业务理解能力：具备行业和业务领域的知识，能够理解业务需求本质，解决实际问题，并提供数据驱动的建议和解决方案。

12

数据探索能力：熟悉数据分析与可视化工具，敏锐洞察数据的特征，发现数据中的潜在模式和趋势，为深入分析提供方向。

数据清洗能力：能够识别和处理数据中的缺失值、异常值和重复值，对数据进行标准化和归一化处理，使数据具有可比性。

数据转换能力：能够熟练运用各种工具和技术，对不同格式、类型的数据进行清洗、整理和转换，以满足分析和建模需求。

数据分析能力：能够运用统计学和数据建模技术分析数据，理解数据之间的关系，识别模式和趋势，从中提取有用的信息。

数据挖掘能力：掌握常见的机器学习算法及应用场景，具备数据处理、分析及模式识别能力，善于从庞杂的数据中探寻规律。

电商用户建模：善于利用分析技术和工具，对电商用户数据进行建模，发现用户的行为模式、购买偏好、兴趣爱好等特征。

程序开发技能：精通数据分析算法，熟练运用编程语言及开发工具，能够高效设计、编码和测试程序，满足复杂业务需求。

学习创新能力：伴随技术和行业发展，学习新工具和技术，不断更新自己的知识和技能，并不断创新和改进数据分析方法。

首先，使用 pymysql 库从本地 MySQL 数据库读取数据，连接名是 MySQL，端口号是 3306，用户名是 root，密码是 root，数据库是 trove，利用 pyecharts 库，商品评论表（comments）表中字段有评论 ID（CommentID）、订单编号（OrderID）、评论时间（CommentDate）、评论内容（CommentText）、用户昵称（Nickname）、商品颜色（ItemColor）、商品尺寸（ItemSize）、商品得分（ItemScore）8 个字段。

其次，根据商品评论表（comments）中 2023 年的数据，绘制商品评论内容（CommentText）的关键词词云，停用词 stop_words.txt 位于 D:\\DeepSeek 高效数据分析\\ch12 中，图形标题显示为商品评论关键词词云。以 HTML 的形式将其另存到本地"D:\\DeepSeek 高效数据分析\\ch12\\"中，并命名为商品评论关键词词云。

输 出

好的，下面是一个完整的 Python 脚本，使用 pymysql 库从本地 MySQL 数据库读取数据，并使用 pyecharts 库绘制商品评论内容的关键词词云。

```python
import pymysql
import pandas as pd
from pyecharts.charts import WordCloud
from pyecharts import options as opts
from collections import Counter
import jieba

# 数据库连接配置
db_config = {
    'host': 'localhost',
```

```
    'port': 3306,
    'user': 'root',
    'password': 'root',
    'database': 'trove'
}

# 连接数据库并读取数据
connection = pymysql.connect(**db_config)
query = """
SELECT CommentText
FROM comments
WHERE YEAR(CommentDate) = 2023
"""
df = pd.read_sql(query, connection)
connection.close()

# 加载停用词
with open('D:\\DeepSeek高效数据分析\\ch12\\stop_words.txt', 'r',
encoding='utf-8') as f:
    stop_words = set(f.read().splitlines())

# 分词并去除停用词
all_words = []
for text in df['CommentText']:
    words = jieba.cut(text)
    all_words.extend([word for word in words if word not in stop_words and
len(word) > 1])

# 统计词频
word_counts = Counter(all_words)
words, counts = zip(*word_counts.items())

# 绘制词云
wordcloud = (
    WordCloud()
    .add("", [list(z) for z in zip(words, counts)], word_size_range=[20,
100])
    .set_global_opts(title_opts=opts.TitleOpts(title="商品评论关键词词云"))
)

# 保存为HTML文件
wordcloud.render('D:\\DeepSeek高效数据分析\\ch12\\商品评论关键词词云.html')
```

代码说明：
1. **数据库连接和数据读取**：
   - 使用pymysql连接到本地MySQL数据库，并读取2023年comments表中的CommentText字段。

2. **停用词加载**：
   - 从指定路径加载停用词列表。

3 ． **分词和去除停用词**：
   - 使用jieba库对评论内容进行分词，并去除停用词和长度小于2的词。

4 ． **词频统计**：
   - 使用collections.Counter统计词频。

5 ． **绘制词云**：
   - 使用pyecharts库绘制词云，并设置标题。

6 ． **保存为HTML文件**：
   - 将生成的词云图保存为HTML文件到指定路径。

希望这段代码能满足你的需求！如果有任何问题，请随时告诉我。

运行上述Python代码，生成如图12-5所示的词云，可以很直观地看出哪些关键词是客户关注的，其中关键词越大，代表关注的客户数量越多。

图 12-5   关键词词云

12.4   本章小结

电商平台商品评论是消费者态度的直观反映，受到广大商家和消费者的重视。商家可以通过评论获得消费者的反馈，及时更新管理策略，在竞争中取得领先地位。由于评论数量巨大、结构混乱、口语化严重，人工阅读评论专业性要求高，耗费成本过高。因此，高效分析评论文本并提取目标信息具有较强的实际意义。

此外，利用评论数据进行客户需求分析可以及时获取消费者的需求，提升企业的市场竞争力。本章利用中文文本可视化技术对电商用户购买智能手机的评论数据进行深入挖掘，并据此得出结论：商城华为手机用户的评论涉猎主题很广，他们对智能手机的评价维度更为全面，涉及显示屏参数、手机性能等。此外，处理器配置、内存容量、购买产品的价格优惠、物流服务和售后服务等也受到消费者的关注。